專家推薦

ChatGPT 的發佈讓 AI 技術的發展走到了「iPhone 時刻」。這項變革性的技術為人們帶來了前所未有的互動體驗和便利，之後又湧現了各種新的模型和技術。本書從多個方面介紹了 AIGC 乃至 AGI（人工通用智慧）的原理、應用場景，以及個人和企業的應用案例，值得大家閱讀。

—— 楊守斌 微軟社區區域技術總監 MSRD

ChatGPT 的出現再次提醒我們，科技的突破是跳躍式的。AIGC 的發展關係著我們每個人。本書詳細介紹了 AIGC 的發展脈絡和技術創新，更示範了使用 AIGC 解決實際問題的方法，適合所有對 AI 感興趣的讀者閱讀。

—— 曹冬磊博士 Kavout 首席科學家

AIGC 的出現進一步激發了大眾對 AI 領域的濃厚興趣。AI 已經步入了一個全新的發展階段。生成式 AI 的研究和應用日趨成熟，其進展速度之快，即使是行業人士有時也難以跟上。本書從發展歷程、基本原理、技術框架、領域應用和動手實操等多個維度，對 AIGC 技術進行了全方位的整理。無論你是科技界的資深專家，還是對 AIGC 技術懷有強烈興趣的普通讀者，這本書都將為你提供寶貴的見解和實用的經驗！

—— 鄭睿博士 ZitySpace 智區間科技創始人

ChatGPT 的問世使得原本高端、神秘的 AI 突然走進了大眾的工作與生活。AI 並不會直接搶走你的工作，但能用好 AI 的人可能會。

本書是一本涵蓋原理、應用場景、應用案例的寶典。相信它可以幫你走出 AI 焦慮，走進 AI 世界。

—— 黃添來 高途集團高級技術總監

「百模大戰」宣告大型語言模型時代的到來，讓大家感受到了大型語言模型的威力，也讓大眾對 AIGC 的接受度更高了。在可以預見的未來，AIGC 將給那些與內容相關的行業帶來變革。

個人和企業如何更進一步地面對 AIGC 帶來的挑戰和機遇呢？本書從實戰的角度出發，詳細地介紹了 AIGC 的基礎應用、底層原理、經典案例，值得大家深入閱讀。

—— 方錦濤 美團 App 技術負責人

目前 AIGC 正處於井噴式增長，生成式文字、圖片、視訊、音樂、程式如雨後春筍一般出現。如何利用 AIGC 助力業務發展，是當前從業者普遍面臨的困難。本書對 AIGC 的應用和原理都有深度講解，同時介紹了多個典型應用的實戰案例，值得閱讀！

—— 李丁輝 58 同城前端通道主席

作為資深的網際網路使用者與開發者，我閱讀本書後感到非常興奮。AIGC 的發展進一步加速了數位化的處理程序，為我們提供了更多的可能性。希望本書能夠吸引和幫助更多的人深入了解並關注 AIGC 的發展，同時在安全、符合標準，以及不違反道德的前提下探索 AIGC 更多、更廣闊的應用場景。

—— 黃後錦 OIA 合夥人

本書是一本詳盡介紹 AIGC 技術精髓的開發寶典。全書以實戰為主線，將深奧的理論以案例的方式生動呈現。從新手入門到企業應用，本書內容覆蓋了 AIGC 技術的各個方面，其中很多內容是時下的熱點。

我相信，無論你是 AI 領域的新手還是資深專家，本書都將是你開啟 AI 世界大門的「金鑰匙」。

—— 于欣龍 奧松集團創始人、AI 商業應用顧問

自序

ChatGPT 3.5 就像引燃全球 AI 熱情的火種，激起了人們對人工智慧的廣泛關注，各大新聞平臺、播客節目和媒體紛紛開始關注並報導 ChatGPT。我們作為專業的研發團隊，決定撰寫本書以分享我們的見解和經驗。

對於 AIGC，個人的認知存在差異。在我們看來，AIGC 是一場深層次的技術革命，它像石油、電力和資訊技術一樣，將引領底層生成力的巨大變革。其中，既包含演算法和電腦相關專業人士導向的專業機會，又包含各行各業導向的重塑機會。由於 AIGC 是底層技術，其所帶來的影響將遍及所有的行業。因此，每個人都可以從自己的角度去解讀 AIGC。

AIGC 技術的核心價值始終不變——提升使用者的生產效率。我們希望透過對現有 AIGC 產品能力的深入理解，向非電腦專業人士介紹當前各領域的優秀產品及最佳實踐經驗，讓所有對 AIGC 感興趣的讀者都能夠順利使用 AIGC 產品，避免在產品選擇和使用過程中走彎路。

目前 AIGC 應用看起來門檻還很高，但未來一定會普及的。先擁有 AIGC 技能的人預期在職場上會有 5~10 年的先發優勢。可以預見，未來 AIGC 的相關課程和技能培訓會越來越多。

AIGC 的高速發展也給研發人員帶來了職業快速發展的機會，未來，AIGC 帶來的研發紅利遠大於 2010 年以來行動網際網路帶來的紅利。因此，現今投入 AIGC 的研發實踐中是非常好的時機。

本書深入淺出地介紹了 AIGC 相關技術的原理、研發框架，以及幾個非常有潛力且適合初學者上手的 AI Agent；展示了一個大型、成熟的企業級 AIGC 應用最重要的架構設計和能力分層，以及與之匹配的完整的工程化能力。

本書是我們多年實踐經驗的總結和沉澱，希望它可以彌補市場上 AIGC 企業實踐類別圖書的空白。

本書具有以下三大亮點。

（1）講解循序漸進，內容由淺入深。本書先從 AIGC 的技術躍遷展開，詳細介紹了大型語言模型和多模態的知識背景；隨後，從應用價值和行業價值兩個角度深入探討了 AIGC 帶來的重大機遇。這樣的組織方式使得讀者可以逐步深入了解 AIGC 的核心技術和應用場景。

（2）內容新穎且覆蓋面廣。本書不僅介紹了 AI 聊天對話、AI 繪畫、AI 音 / 視訊等前端應用，還深入探討了這些應用的實現原理。此外，本書介紹了如何使用這些技術來解決實際問題，讓讀者能夠更進一步地理解和應用這些知識。

（3）從個人應用到企業實踐的平滑過渡。透過閱讀本書，讀者能夠輕鬆上手 AIGC 的應用。然而，為了更靈活地運用 AIGC 技術創造商業價值，深入理解其背後的原理是不可或缺的。只有逐步深入，融會貫通，才能真正學有所成。此外，本書內容由淺入深，兼顧不同層次讀者的需求。

總之，我們希望這本書能成為 AIGC 浪潮中的一朵浪花，為推動人工智慧的發展造成一點作用。我們期待與您一同探索 AIGC 的無限可能，共同迎接人工智慧的美好未來。

趙峰

繁體中文出版說明

　　本書作者為中國大陸人士，書中多使用簡體中文之網站及軟體環境，為求本書和原書內容無誤，使用軟體及網站之圖例均沿用簡體中文畫面，請讀者閱讀時參考上下文。

目錄

第 1 篇 新手入門

第 1 章 AIGC「奇點臨近」

1.1 AIGC 的技術躍遷 1-1

    1.1.1 ChatGPT 讓 AIGC「一夜爆紅」.. 1-2

    1.1.2 內容生成方式被重新定義 1-4

    1.1.3 AIGC 引領創新賽道 1-7

1.2 大型模型百家爭鳴 1-8

    1.2.1 AI 軍備競賽引發「百模大戰」.. 1-9

    1.2.2 大型模型的「莫爾定律」.. 1-11

    1.2.3 「模型即服務」成為「新基礎建設」.. 1-12

1.3 多模態「星火燎原」... 1-12

    1.3.1 Transformer 帶來新曙光 1-13

    1.3.2 多模態模型理解力湧現 1-17

    1.3.3 多模態是通往 AGI 路上的又一座「聖杯」............................... 1-20

1.4 商業應用日新月異 1-21

    1.4.1 創意內容生產引爆社交媒體 1-21

    1.4.2 自然語言互動開啟新天地 1-22

    1.4.3 AI Copilot 提升十倍效率 1-23

第 2 章 AI 和 AIGC 的價值洞見

2.1 AIGC 應用價值思辨 2-1

    2.1.1 社會的底層技術變革... 2-2

    2.1.2 企業的生死轉型視窗... 2-3

    2.1.3 個人的「十倍大殺器」... 2-10

2.2 AIGC 行業應用洞見 2-17

2.2.1　數位化基礎改造 2-17

2.2.2　AIGC 全面應用的前端領域——電子商務 2-21

2.2.3　AIGC 引領各行業轉型 2-27

第 2 篇　個人應用

▌第 3 章　AI 聊天對話

3.1　ChatGPT 大揭秘 3-1

　3.1.1　ChatGPT 的基本使用 3-1

　3.1.2　用提示詞（Prompt）與 AI 對話 3-5

3.2　提示詞最佳化——讓 ChatGPT 更懂你的提問 3-7

　3.2.1　什麼是提示詞最佳化 3-7

　3.2.2　提示詞最佳化的基礎 3-9

　3.2.3　提示詞最佳化的策略 3-14

3.3　使用 ChatGPT 外掛程式擴充垂直內容 3-24

　3.3.1　ChatGPT 外掛程式的必要性 3-24

　3.3.2　ChatGPT 外掛程式的基本原理 3-28

　3.3.3　ChatGPT 外掛程式實戰——開發一個 Todo List 3-31

3.4　警惕 ChatGPT 潛在問題 3-41

▌第 4 章　AI 繪畫

4.1　快速上手 Midjourney 4-1

　4.1.1　架設 Midjourney 繪畫環境 4-1

　4.1.2　常用的 Midjourney 繪畫命令 4-4

　4.1.3　撰寫 Midjourney 提示詞的技巧 4-5

　4.1.4　Midjourney 命令的參數 4-6

4.2　快速上手 Stable Diffusion 4-6

　4.2.1　Stable Diffusion 的介面 4-7

　4.2.2　使用 Stable Diffusion 進行繪畫的步驟 4-8

4.2.3　使用 Stable Diffusion 進行繪畫的技巧 4-9

4.2.4　Stable Diffusion 參數的設置技巧 4-10

4.3　ChatGPT + Midjourney 讓創造力加倍 4-11

4.3.1　場景一：僅有一個大致的想法，缺乏細節 4-11

4.3.2　場景二：看到優秀的圖片及其提示詞，想生成類似的圖片 4-13

4.4　AI 繪畫的應用 4-14

4.4.1　AI 繪畫在電子商務領域的應用 4-14

4.4.2　AI 繪畫在遊戲開發、服裝設計、建築設計領域的應用 4-17

4.5　當前 AI 繪畫工具的局限性 4-19

第 5 章　AI 音 / 視訊生成

5.1　音訊智慧：能聽，會說，還會唱 5-1

5.1.1　音訊智慧技術全景和發展介紹 5-1

5.1.2　音訊智慧技術的典型應用場景 5-3

5.1.3　實戰：基於 SeamlessM4T 實現「語音到語音」直譯 5-7

5.2　視訊智慧：從拍攝到生成 5-9

5.2.1　文生視訊 5-10

5.2.2　合成視訊 5-16

5.2.3　後期處理 5-19

5.3　數字人：影音交融 5-21

5.3.1　數字人技術簡介 5-21

5.3.2　虛擬人形：虛擬人臉和動作控制 5-24

5.3.3　虛擬人聲：人聲模擬轉換、唇形表情匹配 5-26

5.3.4　商業化整體解決方案 5-27

5.3.5　實戰：架設自己的動漫數字人 5-29

第 3 篇 深入原理

第 6 章 AIGC 原理深度解析

6.1 AIGC 技術原理概覽 6-1

6.1.1 AIGC 技術概述 6-1

6.1.2 AIGC 技術架構 6-3

6.2 ChatGPT 技術原理介紹 6-4

6.2.1 ChatGPT 技術概述 6-4

6.2.2 GPT 模型：ChatGPT 背後的基礎模型 6-6

6.2.3 大規模預訓練：ChatGPT 的能力根源 6-8

6.2.4 有監督的指令微調和基於人類回饋的強化學習：讓 ChatGPT 的輸出符合
人類期望 6-10

6.3 AI 繪畫的擴散模型 6-12

6.3.1 AI 繪畫技術發展史 6-12

6.3.2 AI 繪畫技術取得突破性進展的原因 6-16

6.3.3 穩定擴散模型原理簡介 6-17

第 7 章 AI 應用程式開發框架

7.1 初識 AI 應用程式開發框架 LangChain 7-2

7.1.1 LangChain 基本概念介紹 7-2

7.1.2 LangChain 應用的特點 7-4

7.2 LangChain 的核心原理和實踐 7-6

7.2.1 Chain 和 Prompt Template：智慧的最小單元 7-7

7.2.2 Memory：記住上下文 7-13

7.2.3 Agent 和 Tool：代理，解決外部資源能力互動和多 LLM 共用問題 ... 7-18

7.2.4 Indexes：大型知識庫的索引解決方案 7-33

7.3 LangChain 應用場景舉例 7-36

7.3.1 場景一：LLM API 存取不穩定，請用 LLM 代理 7-36

7.3.2 場景二：MVP 專案啟動難，請看四行程式實現資料分析幫手 7-37

7.3.3　場景三：開發、部署、運行維護的專案化遇到難題........................7-38

7.3.4　場景四：不寫程式也能發佈 LangChain 應用，利用 Flowise 7-44

第 8 章　AI 代理協作系統——用於拆分和協作多個任務

8.1　借助「AI 任務拆分」實現的 AutoGPT 系統 8-1

8.1.1　複雜 AI 任務的拆分與排程 8-2

8.1.2　在本地執行 AutoGPT 8-4

8.1.3　AutoGPT 的基本原理 8-14

8.1.4　AutoGPT 的架構 8-16

8.1.5　深入解讀 AutoGPT 的原始程式 8-18

8.1.6　AutoGPT 現階段的「不完美」...8-27

8.2　利用大型語言模型作為控制器的 HuggingGPT 系統 8-29

8.2.1　HuggingGPT 和 Hugging Face 的關係...............................8-29

8.2.2　快速體驗 HuggingGPT 系統 8-30

8.2.3　在本地執行 HuggingGPT 8-32

8.2.4　HuggingGPT 底層技術揭秘 8-41

8.2.5　HuggingGPT 與 AutoGPT 的本質區別 8-47

8.2.6　HuggingGPT 是通用人工智慧的雛形 8-49

第 4 篇　企業應用

第 9 章　實戰——架設企業級「文生視訊」應用

9.1　理解「文生視訊」技術 9-1

9.1.1　類比電影製作來理解「文生視訊」......................................9-1

9.1.2　「文生視訊」的三大技術方案...9-2

9.1.3　「文生視訊」通用的技術方案...9-3

9.2　「文生視訊」應用的行業領軍者 9-5

9.2.1　Meta 公司的 Make-A-Video 9-5

9.2.2　Google 公司的 Imagen Video 與 Phenaki.........................9-8

9.3 從零開始架設一個「文生視訊」應用 9-10

9.3.1 選擇合適的開放原始碼模型 9-10

9.3.2 架設應用 9-10

9.3.3 體驗「文生視訊」的效果 9-16

第 10 章　實戰——基於 AI 全面升級軟體研發系統

10.1 軟體研發智慧化全景 10-2

10.1.1 傳統軟體開發的現狀和困境 10-2

10.1.2 智慧化軟體研發系統介紹 10-3

10.2 巧用第三方研發工具 10-7

10.2.1 智慧文件工具——Mendable、Docuwriter 10-7

10.2.2 智慧開發工具——GitHub Copilot、Locofy、Code Language
Converter、Jigsaw、Codium 10-10

10.2.3 智慧運行維護工具——Dify 10-20

10.3 自研相關工具 10-22

10.3.1 AI 運行維護系統：私有化部署 Dify 10-22

10.3.2 AI 文件工具：教 AI 讀懂內部研發手冊 10-28

10.3.3 AI 開發工具：利用一句話生成網站 10-31

第 11 章　實戰——打造領域專屬的 ChatGPT

11.1 整體方案介紹 11-1

11.1.1 整體流程 11-1

11.1.2 整體模組 11-2

11.2 基於 ChatGPT 開發領域專屬問答機器人 11-4

11.2.1 架設領域專屬知識庫 11-4

11.2.2 架設向量資料庫 11-7

11.2.3 架設文字問答服務 11-10

11.3 本地部署開放原始碼的大型語言模型 11-13

11.3.1 選擇開放原始碼的大型語言模型 11-13

11.3.2 本地部署 ChatGLM-6B 大型語言模型 11-14

11.3.3　本地部署並微調 ChatGLM-6B-SFT 大型語言模型 11-18

第 12 章　AIGC 安全與符合標準風險

12.1　AIGC 風險分類 12-3

　　12.1.1　演算法類風險 12-4

　　12.1.2　資料類風險 12-5

　　12.1.3　應用類風險 12-6

　　12.1.4　其他風險 12-7

12.2　安全政策與監管 12-8

　　12.2.1　國際安全政策進展 12-9

12.3　安全治理框架 12-11

　　12.3.1　多措並舉的治理措施 12-12

　　12.3.2　多元治理模式 12-14

第 1 篇
新手入門

第 1 章

AIGC「奇點臨近」

人工智慧展現的創造力將打破人類已知的邊界，將重塑文案寫作、音樂創作、藝術設計，甚至會深刻影響科學研究和教育的傳統模式。

AIGC（AI Generated Content，人工智慧生成內容）是由人工智慧驅動的內容創作工具。它不僅在繪畫和寫作領域具有重要應用，在遊戲場景建模、虛擬人物設計、AI 聊天、AI 科學研究（AI for Science）、AI 人臉替換、音樂創作等多個領域也有重要應用。

由於 AIGC 與使用者之間建立了緊密的社交聯繫，並且其入門門檻相對較低，同時擁有出色的創作效率，因此這項創新技術在網路上引起了人們的廣泛關注。

面對 AIGC 突如其來的熱度，我們不免心生疑惑：它是如何發展起來的？又因何「一夜爆紅」？

1.1 AIGC 的技術躍遷

眾所皆知，人工智慧（AI）的發展經歷了以下 6 個核心階段。

- 階段 1（早期理論和圖靈測試）：這個階段的焦點是在理論層面上理解和模擬人腦的行為。艾倫·圖靈提出了圖靈測試，定義了一台機器被認為具有智慧的標準。
- 階段 2（達特茅斯會議和 AI 的初始繁榮）：在 1956 年的達特茅斯會議上，「人工智慧」的概念被正式提出。接下來的幾年，許多 AI 應用被建立，並且在一些基礎任務上成就非凡。
- 階段 3（專家系統的繁榮）：在這個階段，專家系統開始流行，人工智慧可以模擬人類專家進行決策。

- 階段 4（機器學習的崛起）：這個階段的重點轉向了機器學習，尤其是神經網路。在這個階段，IBM 的 Deep Blue 象棋系統擊敗了世界冠軍，這是 AI 發展的重要里程碑。

- 階段 5（深度學習和巨量資料）：在巨量資料和演算法的推動下，深度學習成為主流。深度學習在影像辨識、語音辨識、自然語言處理等多個領域獲得了顯著的進步。

- 階段 6（預訓練模型和強化學習）：預訓練模型如 GPT（Generative Pre-trained Transformer，生成式預訓練變換器）和 BERT（Bidirectional Encoder Representations from Transformers，預訓練的深度學習模型，用於自然語言處理）的興起，使得它在許多自然語言處理任務上的表現達到了人類的水準。同時，強化學習也在諸如棋類遊戲等領域取得了重大突破。

📧 提示 GPT 建立在 Transformer 模型之上，是在自然語言處理（NLP）任務中廣泛使用的深度學習模型。GPT 是一個大規模的無監督學習的模型，它透過預測給定文字中的下一個單字來進行訓練。模型一旦被訓練，就可以生成非常連貫的文字。

客觀地說，從 AI 到 AIGC 的轉變並不是一種絕對的轉變，而是 AI 應用領域的一種延伸和拓展。AI 從其誕生之初就一直在不斷進化，涉及各種不同的技術和應用，包括機器學習、自然語言處理、影像辨識等。AIGC 則是這些應用之一。

這種轉變主要是基於近年來 AI 技術的快速發展，尤其是深度學習技術的發展。舉例來說，OpenAI 的 GPT 系列模型就是一個典型的例子，它們能夠生成自然、連貫且在語義上合理的文字內容。這種技術的發展使得 AI 不僅可以理解和處理人類語言，而且可以創造出新的內容。

此外，資料的增長也是推動這種轉變的重要因素。在網際網路的推動下，我們現在可以獲得大量的資料，這為訓練 AI 模型提供了可能。

總的來說，從 AI 到 AIGC 的轉變是 AI 技術發展和應用範圍擴大的自然結果，也是 AI 技術將更深入地融入我們日常生活的一種表現。

1.1.1 ChatGPT 讓 AIGC「一夜爆紅」

AI 向 AIGC 的躍遷看似是一個順理成章的演進過程，但僅憑這些技術變遷本身並不足以讓 AIGC 備受矚目，真正掀起這場熱潮的「催化劑」是 ChatGPT 的震撼亮相。

1. ChatGPT 簡介

ChatGPT 是 Chat Generative Pre-training Transformer 的縮寫，直譯為「聊天生成式預訓練變換器」。

- Chat（聊天）：ChatGPT 被設計用來與人進行自然語言對話，可在各種環境中與使用者進行交流，包括問答系統、客服應用等。
- Generative（生成）：ChatGPT 是一種生成模型，它可以根據給定的上下文生成新的文字。
- Pre-training（預訓練）：在特定任務上微調之前，ChatGPT 會先在大量的文字資料中進行預訓練，這有助模型理解語言結構和學習到豐富的背景知識。
- Transformer（變換器）：ChatGPT 所使用的深度學習模型特別適合處理序列資料，如文字。

ChatGPT 是由 OpenAI 研發的一款先進的人工智慧模型，其基於 GPT 架構。ChatGPT 的主要功能是透過理解輸入的文字（例如使用者的問題或請求），生成相應的文字。這些生成的文字可以包括答案、建議、描述、故事、詩歌等多種形式。基於其強大的理解和表達能力，ChatGPT 可以被用於多種場景，如客戶服務、文字生成、智慧幫手等。

> ■ **提示** 雖然 ChatGPT 有很強的理解能力和文字生成能力，但它理解或感知世界的方式和人類並不相同。它沒有真正的意識或主觀體驗，不能理解或體驗感情。它所有的回應都是基於其所訓練的大量文字資料生成的。

ChatGPT 的核心能力源自 GPT 架構。那麼，我們該如何深入理解這一點呢？

2. 關於 GPT

GPT 是一種自然語言處理模型，它所採用的變換器（Transformer）如同一台精密的資訊「篩檢程式」。GPT 能夠接收一段輸入文字，並經過多層神經網路的深度「過濾」，提煉出語義和語法的精華，進一步產生新的、有意義的文字。

OpenAI 宣稱，GPT 在現實世界的許多場景中不如人類的能力強，但在學術基準上卻能達到人類的水準。此外，OpenAI 宣稱其花費了 6 個月的時間來迭代 GPT 的新版本（即 GPT-4），從而在事實性、可控性和防禦性上獲得了有史以來最好的結果。

GPT-4 的主要特徵如下。

- 具有更廣泛的常識和解決問題的能力：更具創造性和協作性；可以接受影像作為輸入並生成說明文字、分類和分析；能夠處理超過 25000 個單字的文字，支援建立長文內容、擴充對話，以及文件搜尋和分析等用例。

- 其高級推理能力超越了 GPT-3.5（即上一代 GPT）。

- 在 SAT（Scholastic Assessment Test，美國大學理事會主辦的一項標準化考試，主要用於評估高中生進入大學的學術準備情況）等絕大多數專業測試及相關學術基準評測中，GPT-4 的分數高於 GPT-3.5。

- 遵循 GPT、GPT-2 和 GPT-3 的研究路徑，利用更多的資料和更多的計算來建立越來越複雜和強大的語言模型（資料量和模型參數並未公佈）。

3. ChatGPT：AIGC 領域的創新「催化劑」

ChatGPT 作為 AIGC 領域的創新「催化劑」，已經在諸多方面實現了突破。該技術的主力來源，即上文提到的 GPT-4 架構，使其在生成自然、連貫且符合特定風格或語境的文字內容上展現出令人矚目的能力。

作為 AIGC 領域的一部分，ChatGPT 開創了一種新型的內容建立方式。它不僅能以人類所難以企及的速度和規模生成文字，而且可以根據特定的提示或主題建立個性化的內容。這種生成能力在新聞、社交媒體、廣告、創意寫作等領域都有極大的應用前景。

更重要的是，ChatGPT 的語言理解能力也極其出色。它能理解複雜的語境和語義，並將這種理解運用到生成的內容中。這不僅提升了生成的內容的品質，也使得生成的內容更具互動性和適應性。

總的來說，ChatGPT 的出現不僅為 AIGC 領域帶來了革新，而且為未來人們的內容創作模式指明了新的方向。

1.1.2　內容生成方式被重新定義

正是由於上述諸多因素，「內容生成方式」得以被重新塑造，並煥發出新的活力。「內容生成方式」的發展歷程充滿了未知。為了讓讀者更全面地理解這個過程，我們將從以下 3 個方面進行深入剖析。

1. 從 PGC 到 UGC，再到 AIGC

　　隨著數位化時代的來臨，內容生成方式經歷了一場巨大的變革，從 PGC（Professionally Generated Content，專業生成內容）到 UGC（User Generated Content，使用者生成內容），再到現在的 AIGC（人工智慧生成內容），其技術演進過程如圖 1-1 所示。

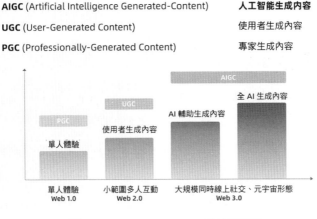

▲ 圖 1-1　PGC、UGC、AIGC 的技術演進

　　最開始是 PGC，這是我們最熟悉的一種內容生成方式，包括傳統媒體機構和專業內容生成人員建立的新聞、電影、音樂和圖書等。這些內容具有高品質和專業性的特點，但生成過程通常需要大量的時間和資源。

　　隨著 Web 2.0 的崛起，UGC 開始佔據主導地位。在這個階段，內容的創作權從少數專業人士轉向了大眾。任何人都可以在社交媒體、部落格、討論區等平臺上發佈他們的作品，這大大增加了內容的多樣性和創新性，但同時也帶來了內容品質和可信度的問題。

　　最新的 AIGC 是由 AI 技術驅動的內容生成方式。利用先進的機器學習模型（比如 GPT-4），可以自動生成我們需要的文章、詩歌、音樂，甚至藝術作品。AIGC 具有高效、可訂製和互動性等優點，它大大提升了內容的生產效率，並開啟全新的創新領域。

從 PGC 到 UGC，再到 AIGC，我們可以看到技術如何改變內容的生產和消費方式，同時也為我們的未來創造出無限的可能性。然而，這也帶來了新的挑戰，如何保證 AI 生成內容的品質、道德性和公平性，將是我們必須面對和解決的問題。

2. 從萌芽期到穩定發展期

值得注意的是，AIGC 並不是一個新技術，它也經歷了 5 個重要的發展階段，如圖 1-2 所示。

▲ 圖 1-2　AIGC 的發展階段

- 萌芽期（2010 年—2014 年）：AIGC 技術剛剛出現。受限於硬體性能和演算法效率，其應用範圍較窄。

- 初步發展期（2014 年—2018 年）：隨著硬體性能的提升和演算法效率的提升，AIGC 技術開始進入實際應用階段，出現了一些具有代表性的應用，如虛擬實境遊戲、自然語言處理等。

- 快速發展期（2018 年—2020 年）：AIGC 技術獲得了廣泛關注和應用，並逐漸成為電腦圖形學領域的熱門方向，出現了 GAN（生成對抗網路）。

- 高速發展期（2020 年—2022 年）：湧現出了一批新的技術和應用，如基於 AI 技術的圖形著色、自動化藝術創作、生成對抗網路等。Web 3.0 的興起為 AIGC 技術的發展提供了新的機遇和挑戰。

- 穩定發展期（2022 年至今）：AIGC 的發展速度保持在相對穩定的水準，同時行業內也湧現出了一些新的趨勢和變化，如 AIGC 在醫療、金融、教育、電子商務等領域的應用。

3. AIGC 模型迅速崛起

正當全球的目光都集中在 ChatGPT 時，各國的 AIGC 模型也在迅速崛起。觀察全球 AIGC 模型開發領域，頂尖 AI 機構，如 Google、Meta 及 OpenAI，也毫不異常地名列其中。

1.1.3 AIGC 引領創新賽道

　　AIGC 代表了人工智慧的一種新應用方式,即利用 AI 技術生成具有創新性、有吸引力和適應力的內容。這個領域的快速發展開啟了一條新的創新賽道,那些早期研發並成功運用 AIGC 的企業和研究者們正在領跑這場比賽。

1. AIGC 的創新表現

　　基於神經網路的複雜學習模型,AIGC 可以生成諸如文章、短篇小說、詩歌、歌詞、影片劇本、設計方案、程式、視訊遊戲內容等各種各樣的內容。這些模型首先會根據大量已有的資料進行訓練,然後模仿並創新,生成全新的內容。這種創新表現在以下兩個方面。

- 它能夠以人類難以實現的效率和品質建立出內容。
- 它能夠為我們帶來從未有過的全新角度和創意。

2. AIGC 的應用領域

　　在商業領域,AIGC 已經被廣泛應用,並帶來了顯著的效果。舉例來說,許多媒體公司和廣告公司正在使用 AI 技術生成新聞報導、部落格文章或廣告詞,以提高工作效率和創作品質。又如,一些設計公司也開始運用 AI 生成設計方案,這不僅節省了大量的人力、物力,也帶來了令人驚豔的設計作品。

　　此外,AIGC 還在教育領域發揮著重要作用。AIGC 可以生成各種教育內容,如線上課程、教材、習題等,使得教育資源的獲取和分發更加方便。更重要的是,AIGC 能夠根據每個學生的學習進度和能力,生成個性化的學習內容,使得教育更加精細化和個性化。

　　當然,還有更多的領域會應用到 AIGC,如圖 1-3 所示。

　　AIGC 作為當前新型的內容生成方式,已經率先在傳媒、電子商務、影視、娛樂等領域取得重大發展。與此同時,在推進「數實」融合、加快產業升級的處理程序中,金融、醫療、工業等各行各業的 AIGC 應用也都在快速發展。

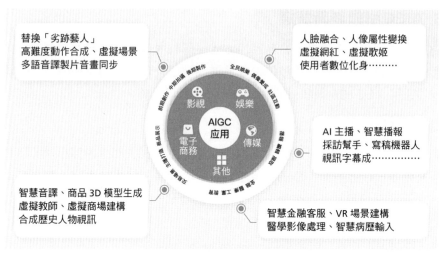

替換「劣跡藝人」
高難度動作合成、虛擬場景
多語音譯製片音畫同步

人臉融合、人像屬性變換
虛擬網紅、虛擬歌姬
使用者數位化身………

AI 主播、智慧播報
採訪幫手、寫稿機器人
視訊字幕成……………

智慧音譯、商品 3D 模型生成
虛擬教師、虛擬商場建構
合成歷史人物視訊

智慧金融客服、VR 場景建構
醫學影像處理、智慧病歷輸入

▲ 圖 1-3 AIGC 應用領域

3. AIGC：引領智慧化、創新高效的新時代

AIGC 的出現和發展是人工智慧領域的一次重要革命。它在改變我們創作、學習、工作和娛樂的方式，也在引領一場新的創新賽道。然而，這並不表示人類的創造力會被機器取代，相反，AIGC 的出現將激發出人類更多的創造力，讓人們更進一步地利用 AI 技術將自己的思想、想像和創新轉化為現實。

同時，AIGC 也帶來了新的問題：如何保證生成的內容的準確性和真實性？如何避免 AIGC 被用於生成虛假新聞或誤導性資訊？這些問題需要我們深入研究和探討。儘管挑戰重重，但我們有理由相信，在科技界的共同努力下，AIGC 將引領我們進入一個更加智慧和高效的新時代。

無論是在教育、商業、藝術領域，還是娛樂領域，AIGC 都已經開始改變我們的生活方式。它正以前所未有的速度引領著創新賽道，這是一場創新的革命，是 AI 技術與人類創造力的完美融合。在未來，我們期待 AIGC 能發揮更大的作用，引領我們向更高、更遠的科技前端進軍。

1.2 大型模型百家爭鳴

隨著 ChatGPT 在商業領域的成功應用，大型模型這個概念逐漸成為人們關注的焦點。然而，在學術界和商業界，大型模型的含義存在差異，容易混淆。

　　學術界所指的大型模型是基礎模型（Foundation Model，FM），指的是一種新型的機器學習模型，能夠在廣泛的資料集上進行大規模自監督訓練，適應各種下游任務。

　　商業界經常將 ChatGPT 和大型模型畫等號。嚴格地說，ChatGPT 是一種大型語言模型（Large Language Model，LLM），屬於大型模型的一種。相應地，處理視覺資訊的基礎模型叫作視覺大型模型（Visual Fundation Model，VFM），處理多模態輸入／輸出的叫作多模態大型語言模型（Multimodal Large Language Model，MLLM）。

　　為了避免混淆，本文將使用「大型模型」和「大型語言模型」兩個術語。「大型模型」指「基礎模型」，而非「大型語言模型」。從概念上講，大型模型包括大型語言模型，如圖 1-4 所示。

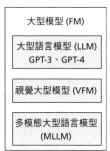

▲ 圖 1-4　基礎模型與大型語言模型之間的關係

1.2.1 AI 軍備競賽引發「百模大戰」

　　2008 年，美國團購網站 Groupon 成立。不到三年時間，其完成了 IPO（首次公開募股），估值達 250 億美金。Groupon 的團購商業模式和驚人的發展速度引起了驚人的「蝴蝶效應」。2010 年，美團及一系列團購公司成立，正式拉響了「百團大戰」。因團購市場門檻不高，截至 2011 年年底，市場上團購類企業多達 5000 家以上。歷史雖然不會完全重複，但總會有類似的地方。經過半個多世紀的發展，以及人工智慧領域三次寒冬的洗禮，通用人工智慧（AGI）的曙光終於初現。現在，我們只需等待那個能夠點燃這把火焰的火種出現，它將引領我們進入一個全新的人工智慧時代。

　　2022 年 11 月，OpenAI 發佈了基於 GPT-3.5 模型的 ChatGPT，其自然流暢的對話能力震驚世界。僅用 5 天時間，ChatGPT 的使用者量就達到了 1 百萬人；僅兩個月的時間，其月度活躍使用者便突破了 1 億人，這使得 ChatGPT 成為歷史上增長速度最快的消費類應用。ChatGPT 的走紅迅速讓各大公司和組織意識到其背後 GPT 模型的意義：模型參數量會帶來能力的「湧現」，對於之前表現不佳的任務，如果其模型量到達一定程度，則任務的表現就會迅速提升。

2023 年 2 月，人工智慧巨頭 Google 推出了基於對話程式語言模型 LaMDA 的人工智慧對話產品 Bard。LaMDA 模型共有 3 個版本，參數量最高可達 1370 億個。2023 年 3 月，Meta 發佈了大型語言模型 LLaMA，LLaMA 模型有 4 種參數規模的版本，分別為 70 億個、130 億個、330 億個和 650 億個。由 OpenAI 創始團隊出走成員組建的 Anthropic 公司，推出了類似 ChatGPT 的產品 Claude（雖然對 Claude 的實現細節並沒有詳細介紹的文章，但是可以推斷 Claude 基於 AnthropicLM v4-s3 模型，擁有 520 億個參數）。

在華語市場，2023 年 2 月，百度推出了聊天機器人「文心一言」，它基於百度文心預訓練大型模型 ERNIE 1.0。不過，最新的 ERNIE 3.0 模型的參數已經達到了 100 億個。同年 4 月，騰訊公開了混元大型模型，該模型涵蓋了自然語言處理大型模型、電腦視覺大型模型和多模態大型語言模型。據悉，混元大型模型的參數超過了兆個。也是在同年 4 月，阿里巴巴達摩院的「通義千問」開始進行企業內測，「通義千問」基於阿里巴巴達摩院的 M6 大型模型，據稱，參數量已經達到 10MB 量級。後續，華為、商湯科技、360、科大訊飛也紛紛推出類似 ChatGPT 的產品和大型語言模型。截至 2023 年 6 月，中文市場已經有超過 40 家公司或團隊在做大型模型相關的工作，「百模大戰」一觸即發。

在大型語言模型湧現的同時，另一個值得關注的趨勢是開放原始碼模型的能力在不斷提升。柏克萊大學大型模型團隊在 2023 年 5 月 30 日發佈研究 Vicuna 大型模型，並聲稱其能力已經達到 ChatGPT 90% 的能力，並指出在過去一段時間的發展中，開放原始碼模型的能力在加速追趕閉源模型，如圖 1-5 所示。LLaMA-13B 是 Meta 公司的開放原始碼大型語言模型，其尾碼 13B 代表其擁有 130 億個參數。Alpaca-13B 是史丹佛大學基於 LLaMA-13B 微呼叫出的開放原始碼大型語言模型，Vicuna-13B 是柏克萊大學基於 LLaMA-13B 微調的開放原始碼大型語言模型。Bard 是 Google 公司的閉源大型語言模型。在圖 1-5 中，垂直座標代表模型的能力，通常情況下，研究人員會使用測試資料集對大型語言模型的能力進行評估，這些測試集合通常包含幾千到上萬個問題。我們將 ChatGPT 作為能力基準，代表能力上限為 100%。其中，LLaMA 相當於擁有 ChatGPT 69.70% 的能力，表示在所有 ChatGPT 透過的測試中，LLaMA 能夠透過其中的 69.70%。從圖中可以看出，兩周後出現了 AIPaca-13B，其能力提升近 7%。一周後，Vicuna-13B 出現，其能力與 Alpaca-13 相比又提升了近 10%。從整體趨勢上看，開放原始碼模型的能力正在加速追趕閉源模型。

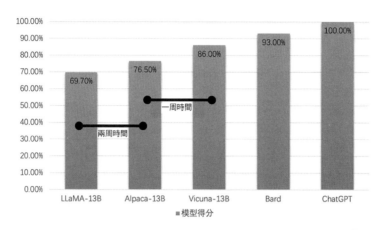

▲ 圖 1-5 開放原始碼模型的能力在加速追趕閉源模型

（參考文章：An Open-Source Chatbot Impressing GPT-4 with 90%* ChatGPT Quality）

1.2.2 大型模型的「莫爾定律」

莫爾定律是由英特爾公司的聯合創始人高登·莫爾於 1975 年提出的，其核心內容為：在積體電路中可容納的電晶體數量大約兩年就會增加一倍。後續又由英特爾公司 CEO 大衛·豪斯改為每 18 個月增加一倍。

莫爾定律雖然只是一個評估半導體發展的簡單經驗法則，並不是一個真正的物理學定律，但是其準確性獲得了歷史的驗證。

如上文所述，ChatGPT 的走紅引起了大型模型訓練的軍備競賽，各大公司希望透過增加模型參數以「大力出奇蹟」的方式進一步提升模型的能力，這引發了大型語言模型參數量的迅速攀升。從 2017 年到 2022 年，模型參數量增加了超過 5 萬倍，這似乎也在遵循著莫爾定律。不過需要注意的是，將半導體的發展與大型語言模型的發展直接類比並不一定合理。這是因為：

（1）在半導體行業中，電晶體數量的提升能夠帶來算力的提升。但是大型語言模型的參數量增加並不一定會帶來能力的顯著提升。不僅參數重要，語料、大型語言模型的架構、訓練方法也至關重要，模型參數超過 100 億個後，其效果差距沒有那麼大。

（2）類比人腦，人腦平均包含超過 860 億個神經元和 100 兆個突觸。可以肯定的是，這裡面並非所有的神經元和突觸都用於語言。GPT-4 預計有 100MB 個參數，但是其效果和學習速度也遠未達到人腦的效果，這不僅讓人懷疑目前的大型語言模型透過擴充參數提升表現是否可以持續。

1.2.3 「模型即服務」成為「新基礎建設」

大型模型是大算力和強演算法相結合的產物，它通常在大規模無標注的資料上進行訓練，並學習出一種特徵和規則。基於大型模型進行應用程式開發時，需要將大型模型微調，進行二次訓練。大型模型的這種特性使得低成本的 AI 應用成為可能，並且隨著大型模型能力的增強，應用的能力也在逐步增強。

大型模型訓練成本高，GPT-3 的訓練成本大約在 2 億美金至 4 億美金，無法做到每個應用都使用自己的大型模型。結合 ChatGPT 的訓練流程來看，共分為兩步：預訓練和調優。

- 預訓練所花費的時間和機器成本佔據整體的 90%，需要將近 1000 個 GPU 訓練幾個月時間。
- 調優分為兩個步驟：有監督的指令微調和基於人類回饋的強化學習（Reinforcement Learning from Human Feedback，RLHF）的實施成本相對較低，大約僅需數台 GPU 和幾天的時間即可完成。

因大型模型能力強、成本高、具備通用性，未來大型模型在 AI 產業鏈中將更多地承擔基礎設施式的功能──作為底座將 AI 技術賦能其他行業。目前，Microsoft（微軟）、Google（Google）、Meta、百度、阿里巴巴、騰訊等國內外科技巨頭，以及人工智慧領域的公司（如 OpenAI、科大訊飛）均開始佈局模型即服務（MaaS）領域，基於底層大型模型提供資料、智慧超算平臺、開發調優工具等，以便快速建構上層應用。

1.3 多模態「星火燎原」

模態通常與建立獨特通訊通路的特定感測器相連結，例如視覺和語言。我們感官知覺的基本機制是能夠共同利用多種感知資料模態，以便在動態、不受約束的情況下正確地與世界互動。每一種資訊的來源或形式都可以被稱為一種模態。舉例來說，人有觸覺、聽覺、視覺、嗅覺；資訊的媒介有語音、視訊、文字等；感測器有雷達、紅外感測器、加速度計等。以上每一種都可以被稱為一種模態。

　　多模態機器是指模型能夠學習、理解、對齊多種模態（文字、語音、影像和視訊）的能力，並能夠進行模態之間的轉換，比如透過文字生成影像，或基於一張圖片進行「看圖説話」。從根本上説，多模態人工智慧系統需要對多模態資訊來源進行攝取、解釋和推理，以實現類似人類水準的感知能力。

　　多模態機器學習（MultiModal Machine Learning，MMML）是建構 AI 模型的一種通用方法，該模型可以從多模態資料中提取和連結資訊。

1.3.1 Transformer 帶來新曙光

　　1958 年，法蘭克·羅森布拉特（Frank Rosenblatt）發明了感知機（Perceptron）。感知機的基本神經元是一個非常簡單的二元分類器。透過這些二元分類器建構的單層神經網路，可以確定給定的輸入影像是否屬於給定的類。當時感知機的主要目的是辨識手寫的阿拉伯數字 0 ～ 9。

　　1968 年，神經科學家大衛·休伯爾（David H. Hubel）和托斯坦·威澤爾（Torsten N. Wiesel）發現了貓的視覺神經工作原理。他們在貓的視覺皮層中發現了「簡單細胞」「複合細胞」和「超複合細胞」。簡單細胞對影像中的靜態線條、線條的開閉有選擇性反應，複合細胞則對線條的運動方向有選擇性反應，超複合細胞對線條的末端有選擇性反應。他們的研究表明，視覺資訊的處理是分層進行的，不同層級的神經元對不同類型的視覺特徵有不同的反應。這一理論被稱為「分層處理理論」，視覺神經工作原理如圖 1-6 所示。

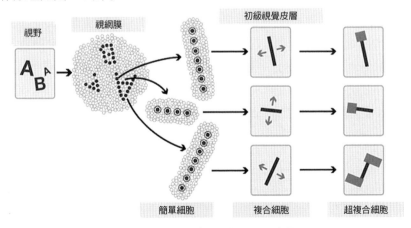

▲ 圖 1-6 視覺神經工作原理示意圖

除此之外，研究還發現以下兩個現象。

- 過濾。不同細胞只對特定的輸入感興趣，會過濾其他資訊，舉例來說，有的細胞只回應 45° 的線條，有的只回應某些顏色。

- 平移不變性。即使我們將螢幕中的光棒平移，貓的複雜細胞依然能夠被啟動。之後的研究發現，這種不變性不僅表現在平移不變上，同時也可以處理影像的翻轉、裁剪、放縮等。

接下來介紹的卷積神經網路（Convolutional Neural Networks，CNN）的整體想法與這兩人的研究密不可分。

CNN 特別適合處理網格形資料，如影像和時間序列資料。CNN 的靈感來源於生物視覺皮層，並在一定程度上模仿了人類的視覺感知機制。CNN 由一系列的層組成，這些層通常包括卷積層、啟動函數層、池化層和全連接層。這些層能夠從輸入的原始像素資料中有選擇地提取出有意義的特徵，並最終用於分類或其他任務，就像視覺神經中的簡單細胞、複合細胞和超複合細胞一樣。CNN 在影像辨識和語音辨識等任務中都獲得了顯著的成功。但 CNN 無法有效地處理帶有時序的資訊（如語音辨識等），因此 RNN 應運而生。

遞迴神經網路（Recurrent Neural Networks，RNN）是一種在處理序列資料（如時間序列或自然語言）時特別有效的神經網路架構。RNN 的關鍵特性是它們具有「記憶」，可以使用其內部狀態（或「隱藏狀態」）來處理輸入序列的元素。儘管 RNN 在理論上能夠捕捉任意長的依賴關係，但在實踐中，它們常常難以處理長序列中的依賴關係。這主要是由於所謂的梯度消失和梯度爆炸問題使得 RNN 難以在訓練過程中學習到遠離當前位置的資訊。為了解決這些問題，研究者們提出了一些改進的 RNN 架構，如長短期記憶網路（Long Short-Term Memory，LSTM）和門控循環單元（Gated Recurrent Unit，GRU）。基於以上方法，雖然「長序列中的依賴關係」獲得了改善，但是並沒有從根本上解決問題，隨著資料量的增加，演算法複雜度和模型訓練成本也大幅提升了。而 Transformer 模型的出現有效地解決了這樣的問題。

Transformer 是一種在處理序列資料（如自然語言）時表現出色的深度學習模型。它於 2017 年在「Attention is All You Need」論文中首次被提出。Transformer 模型的架構如圖 1-7 所示。

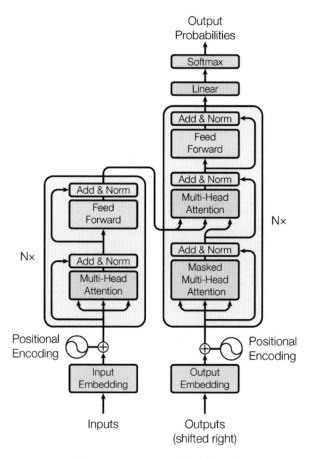

▲ 圖 1-7 Transformer 模型的架構圖

　　Transformer 模型的主要目標是解決序列預測任務中的長距離依賴問題,並且透過平行計算提高了訓練的效率。Transformer 層有以下幾個核心的組成部分。

- 程式碼器和解碼器:一個完整的 Transformer 模型包括多個程式碼器和解碼器的堆疊。程式碼器讀取輸入序列並生成一系列表示,解碼器則使用這些表示來生成輸出序列。在解碼器中,有一個額外的基於遮罩的多頭注意力層,它被用來防止模型在生成當前位置的輸出時「看到」未來的位置。

- 基於位置的詞嵌入(Positional Encoding):由於注意力機制並不考慮元素的順序,Transformer 模型使用位置程式碼來注入序列中的順序資訊。位置程式碼是一個維度與輸入序列相同的向量,它被增加到輸入序列的每個元素中。

- 多頭注意力（Multi-head Attention）層：簡單地說，多頭注意力計算一句話裡的多個單字與句子中其他單字的匹配程度，並基於學習的知識來找到最匹配的單字。

Transformer 模型相比之前的 CNN 和 RNN 有明顯的優勢，如能處理長距離依賴，可大規模地平行計算，靈活性更強，具有可解釋性，並且，Transformer 模型有成功的案例，如 Google 的 BERT 模型和 OpenAI 的 GPT-3 模型。不僅如此，Transformer 模型先天對多模態訓練友善，原因如下。

- 自然處理序列資料：Transformer 模型天然適合處理序列資料，這對處理文字、音訊和視訊等多模態資料非常有利。舉例來說，文字可以被視為詞或字的序列，音訊可以被視為聲音幀的序列，視訊可以被視為影像幀的序列。
- 處理異質輸入：透過設計不同的輸入程式碼策略，Transformer 模型可以處理各種類型的輸入資料，包括文字、影像、音訊等，這對於多模態學習任務非常重要。
- 建模互動性：在多模態學習中，不同模態之間的互動通常包含重要的資訊。Transformer 模型的自注意力機制可以有效地模擬不同模態之間的互動關係。
- 強大的表示能力：Transformer 模型能夠學習到深層次、豐富的表示，這對於理解和整合來自不同模態的資訊是非常重要的。
- 可擴充性：Transformer 模型可以被輕鬆地擴充為更大的模型和處理更複雜的任務。這是多模態學習中的關鍵優勢，因為多模態任務通常需要處理大量的資料和複雜的模式。

ViT（Vision Transformer）是一個將 Transformer 模型應用於影像處理的例子，它首先將影像切分為多個小塊（像是一個序列），然後用 Transformer 模型來處理這些序列。ViT 已經在一些影像分類任務中獲得了與最先進的 CNN 模型相媲美的性能，其整體架構如圖 1-8 所示。其中，MLP（Multilayer Perceptron）是多層感知機，是神經網路和深度學習的基礎，被廣泛用於各種機器學習任務，包括分類、迴歸、影像辨識、語音辨識等。

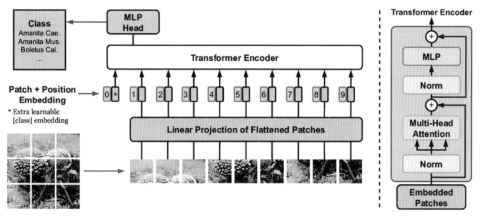

▲ 圖 1-8 ViT 模型架構圖

1.3.2 多模態模型理解力湧現

相較於影像、語音、文字等多媒體資料劃分形式,「模態」是一個更為細粒度的概念,在同一種媒介下可以存在不同的模態。比如,我們可以把兩種不同的語言當作兩種模態,甚至在兩種不同情況下擷取到的資料集也可以被認為是兩種模態。

多模態可能有以下 3 種形式。

- 描述同一個物件的多媒體資料。如在網際網路環境中描述某個特定物件的視訊、圖片、語音、文字等資訊。

- 來自不同感測器的同一類媒體資料。如醫學影像學中不同的檢查裝置所產生的圖像資料,包括 B 超、電腦斷層掃描(CT)、核心磁共振等;物聯網背景下不同感測器所檢測到的同一個物件的資料等。

- 具有不同的資料結構、表示形式的符號與資訊。如描述同一個物件的結構化、非結構化的資料單元;描述同一個數學概念的公式、邏輯符號、函數圖及解釋性文字;描述同一個語義的詞向量、知識圖譜及其他語義符號單元等。

人與人交流時的多模態資訊形式通常可以總結為 3V,即文字(Verbal)、語音(Vocal)、視覺(Visual),如圖 1-9 所示。

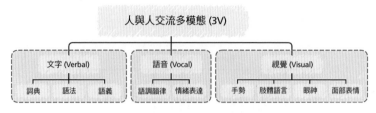

▲ 圖 1-9 人與人交流時的多模態資訊形式

多模態機器學習（MultiModal Machine Learning，MMML）是近幾十年來的重要研究領域。多模態機器學習是從多種模態的資料中學習並提升自身的演算法，它不是某一個具體的演算法，它是一類演算法的總稱。

從語義感知層面看，多模態資料涉及不同的感知通道（如視覺、聽覺、觸覺、嗅覺）所接收到的資訊。從資料層面看，多模態資料則可被看作多種資料型態的組合，如圖片、數值、文字、符號、音訊、時間序列，或集合、樹、圖等不同資料結構所組成的複合資料形式，乃至來自不同資料庫、不同知識庫的各種資訊資源的組合。對多來源異質資料的挖掘分析可被理解為多模態機器學習。多模態機器學習的基本流程如圖 1-10 所示，其關鍵步驟有 4 個：模態表示、模態對齊（包含模態無關、模態相關）、模態融合和結果預測 / 生成。

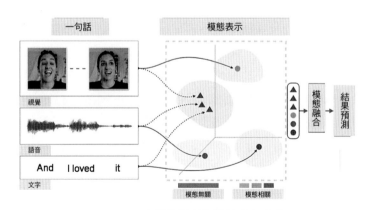

▲ 圖 1-10 多模態機器學習的基本流程

Google 發佈的 VideoBERT 模型是第一個將 Transformer 模型擴充到多模態上的。VideoBERT 展示了 Transformer 模型在多模態環境中的巨大潛力，如圖 1-11 所示。VideoBERT 可以將文字轉為視訊，如圖 1-11（a）所示；還可將視訊轉為視訊特徵，此特徵可以與文字匹配，如圖 1-11（b）所示。

（a）將文字轉為視訊

（b）將視訊轉為視訊特徵

▲ 圖 1-11　VideoBERT 模型功能示意圖

2021 年，OpenAI 提出的 CLIP（Contrastive Language–Image Pre–training，對比性語言 - 影像預訓練）開啟了一個新的里程碑，它使用多模態預訓練將分類任務轉為檢索任務，使預訓練模型能夠進行零樣本辨識。它可以處理文字和影像輸入，並在這兩種模態之間建立連結。CLIP 模型的核心想法如下。

- 訓練目標：CLIP 模型的訓練目標是使模型學會將相關的影像和文字靠近（即在特徵空間中的距離近），並將不相關的影像和文字遠離（即在特徵空間中的距離遠）。

- 模型結構：CLIP 模型包含兩個主要組成部分，一個是用於處理文字的 Transformer 模型，另一個是用於處理影像的 Vision Transformer 或 CNN 模型。這兩個模型都會將其各自的輸入轉為高維特徵向量，如圖 1-12 所示。

- 對比學習：在訓練過程中，給模型一個配對的「文字 - 影像」輸入（正樣本）和一系列不配對的「文字 - 影像」輸入（負樣本）。模型的目標是將匹配的文字和影像在特徵空間中的距離拉近，將不匹配的文字和影像在特徵空間中的距離拉遠，如圖 1-12 中步驟（1）所示。

- 提示詞引導：使用者可以透過提示詞來引導預測結果，比如 A photo of a dog，將該提示詞輸入模型，模型就可以找到圖片集中與 dog 相關的圖片，如圖 1-12 中步驟（2）所示。

- 零樣本預測：經過上述訓練後，CLIP 模型能夠在沒有額外標籤資料的情況下完成各種任務，這被稱為零樣本學習。比如，給定一個文字描述和一組影像，

CLIP 模型可以透過比較文字和影像的特徵向量來確定哪個影像最符合文字描述，如圖 1-12 中步驟（3）所示。

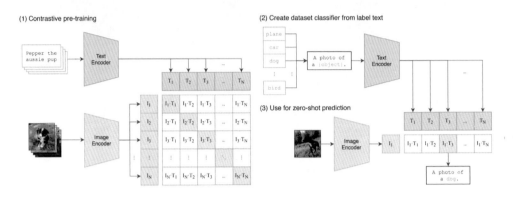

▲ 圖 1-12 CLIP 模型演算法示意圖

CLIP 模型演算法的核心作用是將文字與影像對應到統一的向量空間計算距離函數中，所以 CLIP 模型演算法不僅可以進行影像分類和物件檢測等傳統的視覺任務，還可以進行文字到影像的生成、影像到文字的描述等多模態任務。

隨著近年來在自動駕駛汽車、影像和視訊理解、文字到影像生成，以及機器人和醫療健康等應用領域中感測器融合方面的發展，我們現在比以往任何時候都更接近能夠整合許多感官形態並從中學習的智慧體。

1.3.3 多模態是通往 AGI 路上的又一座「聖杯」

人工智慧的發展致力於實現一個宏偉的目標──通用人工智慧（Artificial General Intelligence，AGI）。這種系統旨在擁有全面的智慧能力，以勝任人類或其他動物所能執行的各種智力任務，從而推動科技進步和社會變革。然而，目前的 AI 技術大多只能在某個特定的領域或任務上表現出智慧，而不能像人類那樣具備廣泛和靈活的智慧。這是因為單一模態的資料往往不能提供足夠豐富且全面的資訊，也不能適應不同的場景和需求。舉例來說，僅透過語音或影像就很難理解一個複雜的情境或問題。

多模態機器學習能夠賦予系統更豐富、更全面的知識庫與理解能力，也可以讓系統與人類和環境進行更自然、有效的互動，還可以提高系統的泛化性和健壯性，讓系統能夠適應不同的場景和任務。最終，多模態機器學習可以讓系統模仿人類的感知和認知過程，從而更接近人類的智慧水準。

因此，多模態是通往 AGI 的一座重要的「聖杯」，並且已經在多個領域和場景中獲得了應用和發展，例如：

- 情感計算。利用多模態（比如語音、面部表情、生理訊號等）來辨識和分析人類的情緒和情感狀態。

- 工業決策和控制系統。透過利用多模態資料（如影像、視訊、聲音、溫度、壓力等），實現對工業裝置和過程的全面監測與精準控制，從而提高了工業生產的效率和安全性。

- 多媒體。利用多模態（比如文字、影像、音訊、視訊等）來建立和處理多媒體內容，比如影像檢索、視訊摘要、語音辨識等。

- 自主系統。利用多模態（比如雷達、雷射、攝影機、GPS 等）來實現自主導航和避障，比如無人駕駛汽車和無人機。

- 醫療系統。透過綜合利用多模態資料（如醫學影像、基因組學、蛋白質組學、臨床記錄等），實現對疾病的精準診斷、預後評估和治療方案的制定，尤其在癌症檢測和配製個性化藥物方面獲得了顯著進展，為患者提供了更加高效和個性化的醫療服務。

1.4 商業應用日新月異

下面將展開介紹 AIGC 商業的應用。

1.4.1 創意內容生產引爆社交媒體

2022 年 8 月，在美國科羅拉多州博覽會上舉辦了一項繪畫比賽，數位藝術類別的一等獎獲獎作品 *Théâtre D'opéra Spatial*（《太空歌劇院》）在賽後被證實是 AI 自動生成的畫作。

這幅畫獲得一等獎後爭議不斷。

有人認為這幅畫是對藝術的褻瀆，因為它是透過 AI 技術生成的，而非出自人類藝術家的創意和情感。他們認為，AI 繪畫只是模仿和複製，沒有真正的創造性和審美觀，不能被稱為藝術作品。

也有人認為這幅畫是對藝術的創新，因為它展示了 AI 技術在繪畫領域的可能性和潛力。他們認為，AI 繪畫是一種新的藝術形式，可以給人類帶來新的角度和靈感，也可以與人類藝術家合作和互動。

還有人認為這幅畫是對藝術的一種挑戰，因為它引發了關於 AI 繪畫的倫理、版權、價值等問題。他們認為，AI 繪畫會對人類藝術家造成威脅，引起競爭，也會影響藝術市場和審美標準。他們呼籲對 AI 繪畫進行標準和監管。

無論如何，這件事帶動了 AI 繪畫，AIGC 一時風靡全網，備受矚目。

數字人可以大幅降低短視訊創作的人力成本和時間成本，可以避免真人出鏡的種種麻煩，也可以避免因真人形象崩塌而對品牌造成負面影響。數字人分身可以應用於直播帶貨、短視訊、教育培訓、企業宣傳等多個領域，具有成本低、效率高、靈活多變等優勢。

數字人事件引發了網友們的廣泛關注和討論，有些網友對數字人分身的技術感到驚歎和好奇，有些網友則對數字人分身的真實性和道德性提出了質疑和擔憂。一些專家也對數字人分身的發展前景和潛在風險進行了分析和評價。

綜上所述，AIGC 不僅可以幫助使用者節省時間和精力，還可以提供給使用者更多的選擇和可能性。AIGC 也可以激發使用者的靈感和想像力，讓使用者與 AI 進行合作和互動，共同創造出更加精彩和有趣的內容。AIGC 已經成為社交媒體領域的一股新興力量，引爆了一場創意內容生產的熱潮。

1.4.2　自然語言互動開啟新天地

人與機器的對話模式被稱為人機互動（Human-Computer Interaction，HCI）。人機互動涉及電腦科學、心理學、設計、人為因素工程等多個學科領域。

2022 年 11 月 30 日，ChatGPT 從天而降，它具有強大的自然語言理解和內容生成能力，可以根據使用者的需求和背景，生成各種類型和風格的文字，並提供有用的資訊和建議。它不僅可以用於聊天，還可以用於自動生成文字、自動問答、自動摘要等多種任務。ChatGPT 可以扮演生活中各種各樣的角色，如醫生、翻譯員、辦公幫手、程式設計師、歷史學家、情感分析師、心理諮詢師、寫作潤色師等，這給了人機互動一個新的想像空間：基於語言使用者介面（Language User Interface，LUI）的時代來了。

相較於圖形介面互動，自然語言使用者介面進一步降低了人們學習和使用的門檻。使用者不需要了解複雜的介面操作流程，只要說出自己的意圖，機器就會自動辨識或確認使用者的意圖，經過不斷的對話，機器明確使用者的目標後，就會操作應用完成任務。比如：

- ChatGPT 與 Wolfram Alpha 結合，可以讓使用者透過自然語言查詢數學、科學、歷史等領域的知識和資料。

- ChatGPT 與 Expedia、KAYAK、OpenTable、攜程國際版等結合，可以讓使用者透過自然語言規劃旅行、訂機票、訂酒店、訂餐等。

- ChatGPT 與 Speak、多鄰國（一款語言學習軟體）結合，可以讓使用者透過自然語言學習外語，獲取語言導師的指導和回饋。

- ChatGPT 與 Zapier 結合，可以讓使用者透過自然語言與超過 5000 個應用程式互動，如 Google Sheets、Trello、Gmail、HubSpot、Salesforce 等，建立專屬自己的智慧工作流。

1.4.3 AI Copilot 提升十倍效率

大型語言模型在歸納總結、文字生成、意圖辨識和程式碼等方面雖然有著超強的能力，但它也會出現資訊不準、胡編亂造、結果隨機的問題。這就表示，目前的大型語言模型仍然無法獨立勝任要求較高的工作，還需要與人類配合。

為了進一步發揮大型語言模型的優勢，降低其副作用，微軟首次提出了 AI Copilot 的概念。Copilot 表示「副駕駛」，即希望 AI 以「副駕駛」的定位輔助人類「駕駛員」快速、有效地完成複雜的工作。

微軟的 Copilot 於 2023 年 9 月 26 日正式發佈。它是一種基於大型語言模型的人工智慧輔助工具，可以將使用者輸入的自然語言轉化為高效的生產力。微軟的 Copilot 以兩種方式被整合到 Microsoft 365（包括 Word、Excel、PowerPoint、Outlook、Teams 等）中，以釋放創造力、提高生產力和增強技能。

■ 提示 微軟的 Copilot 還提供了一種全新的連線方式：商務聊天（Business Chat），它可以跨越大型語言模型、Microsoft 365 應用程式和使用者的資料，根據使用者輸入的自然語言生成文字內容。其功能包括：摘要長篇電子郵件、快速草擬建議回覆、總結討論要點、建議下一步行動、建立漂亮的演講簡報、分析趨勢並建立專業的資料視覺化、生成文章草稿、重寫或縮短敘述等。

　　GitHub Copilot 是一種基於大型語言模型和 GitHub 上龐大程式資料集的 AI 驅動的程式補全擴充。它能夠智慧地根據使用者輸入的自然語言描述或當前正在編輯的程式上下文，提供給使用者精準的程式建議和程式部分，甚至能生成完整的函數，從而極大地提升了程式設計效率和便捷性。GitHub Copilot 的最新版有 4 大功能：自動補齊程式、智慧重構程式、生成文件和生成測試用例。GitHub Copilot 生成的程式可直接使用的機率為 30% ～ 70%，有效提升了程式設計師的開發效率。

　　XMind Copilot 是結合思維導圖和大型語言模型的一種輔助工具，它可以將使用者輸入的任務拆解為思維導圖。它整合了 XMind 的基本思維導圖功能和節點操作，同時利用 GPT-3.5/4 等大型語言模型提供給使用者智慧的內容生成和拓展。XMind Copilot 有 4 大功能：一鍵生成思維導圖、一鍵拓展新想法、一鍵總結文章想法、一鍵高效生成文章。

第 2 章

AI 和 AIGC 的價值洞見

AI 和 AIGC 這兩個概念有很強的連結性。

- AI 是指透過電腦系統模擬人類智慧的能力。它涵蓋了多個領域，包括機器學習、自然語言處理、電腦視覺等。

- AIGC 是 AI 在生成內容方面的應用。它利用機器學習和自然語言處理等技術，使電腦能夠生成各種形式的內容，如文章、音樂、影像等。

2.1 AIGC 應用價值思辨

20 世紀以來，依託於網際網路和行動網際網路技術的發展，出現了一波波典型的網際網路創新產品。回顧網際網路的發展歷程，大致分為以下幾個階段。

- 門戶時代：以門戶網站為代表，把報紙、雜誌搬上了網路平臺，以靜態資訊線上化為主。典型企業有新浪、網易、搜狐、騰訊等。這個時代的機會是做網站站長。

- 網際網路時代：以線上廣告、電子商務和線上社交為代表，把更豐富的商品和互動式的資訊進行了線上化重做，顛覆了一大批廣告、實物零售和交友仲介企業。典型企業有百度、阿里巴巴、騰訊、京東等。這個時代的機會是做淘寶賣家。

- O2O 時代：進一步把線下生活服務轉為線上化重做，網際網路滲透到資訊服務、餐飲外賣和達成等領域。典型企業有字節跳動、美團、滴滴等。這個時代的機會是營運公眾號和利用小程式做線上線下的快速對接。

- 短視訊時代：隨著網路頻寬增強，網路上的資訊從文字和圖片變為視訊。網路的重構能力已經從資訊、商品、服務擴大到了娛樂內容。典型企業有抖音、快手、小紅書等。這個時代的機會是做短視訊 UP 主（即上傳視訊 / 音訊檔案的人）和直播主播。

綜上所述，基於行動網際網路的商業創新是在新網路平臺上的「軟創新」，是基於門戶網站、電子商務平臺、公眾號和短視訊平臺等新載體上的內容和資訊遷移。

2.1.1 社會的底層技術變革

「軟創新」只是在使用者互動上的創新，新的互動通常只與特定的行業方向匹配，所以其影響範圍一般在單一行業內。

從更巨觀的角度看，我們一直處在第三次工業革命中，如圖 2-1 所示。第三次工業革命的典型創新包括：個人電腦、網際網路、行動通訊技術和巨量資料技術等。

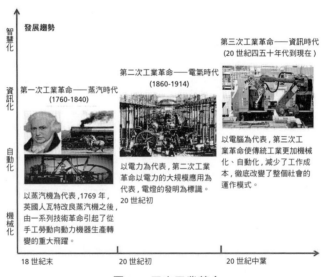

▲ 圖 2-1 三次工業革命

- 個人電腦的出現，使得資訊技術得以普及，它目前已經成為人們日常生活和工作中必不可少的工具。代表載體有：桌上型電腦和筆記型電腦，以及執行在個人電腦上的作業系統和軟體。以 Office 為代表的電子化辦公工具替代傳統的紙質化辦公工具。同期的典型創新企業行為是在個人電腦上開發軟體。

- 網際網路的發展，使得資訊的傳遞和共用變得更加容易和快捷，同時也促進了電子商務的興起。代表載體有：瀏覽器和電子電子郵件，以及透過瀏覽器造訪的網站。以網易、搜狐和新浪為代表的網站和討論區替代了傳統的社區看板和報刊。同期的典型創新企業行為是在瀏覽器上開發網站。

- 行動通訊技術的發展，使得人們可以隨時隨地進行資訊交流和資訊獲取，同時也催生了行動網際網路的興起。代表載體有：智慧型手機和 5G 網路，以及執行在手機上的應用。以淘寶和微信為代表的手機應用逐步替代個人電腦時代的網站。同期的典型創新企業行為是在手機上開發 App。

- 巨量資料技術的發展，使得人們可以更進一步地理解和利用資料，從而提高了生產效率和經濟效益。代表載體有：分散式資料庫和伺服器，以及執行在伺服器上的 SaaS 服務。以阿里雲和亞馬遜 AWS 為代表的雲端服務逐步替代中小企業的私人服務。同期的典型創新企業行為是在雲端平台上開發服務介面。

總的來說，第三次工業革命的特點是：資訊技術的廣泛應用和普及，以及電子化、網路化和數位化的發展。這些創新用資訊技術改變了生活的各方面，使得人們的生活和工作方式發生了巨大的變化，同時也為經濟和社會的發展帶來了新的機遇和挑戰。

我們認為，AI 技術不應被簡單地類比為互動創新或在新技術平臺上開發軟體的網際網路式創新。相反，它更像蒸汽技術、電力技術和資訊技術一樣，具有深遠而劃時代的意義。AI 技術正重塑著一切生產力，從而催生出新時代的生產關係和新型企業。這個變革不僅將徹底改變我們的工作方式，還將對社會經濟格局產生深遠影響，引領我們進入一個全新的「智慧時代」。

現在擁抱 AI 技術就像在原始時代少部分人先擁抱石器工具；在蒸汽時代用蒸汽機代替帆船；在電氣時用電燈代替蠟燭；在資訊時代用微信代替書信。

在一個時代的初期，通常無法預見到最終形態，就像馬車公司無法想像今天的高速公路。同樣，在智慧時代的初期，我們也無法預見最終的技術形態，但先進的生產力會替代落後的生產力是確定的。

2.1.2 企業的生死轉型視窗

當下處於智慧時代初期。隨著 AI 技術的發展，它將在各個領域中發揮越來越重要的作用。在日趨激烈的商場和職場競爭中，那些能夠理解並利用 AI 的企業和個人將能夠從中受益，而那些不能或不願適應這種新技術的企業和個人可能會被邊緣化。

在這種趨勢下，大企業和投資機構都開始紛紛投入 AI 賽道。

1. AI 與 AIGC 的市場規模

預計到 2025 年，全球人工智慧產業規模將達到 6.4MB 美金。

隨著 AI 技術的不斷發展和遊戲行業的持續繁榮，AIGC 市場規模也在不斷擴大。AIGC 市場作為全球最具發展潛力的市場之一，展現出了蓬勃的發展活力。

2. AIGC 商業模式

目前 AIGC 企業主要有以下幾種商業模式。

- **作為底層平臺連線其他產品對外開放，按照資料請求量和實際計算量計算**：GPT-3 對外提供 API，4 種模型分別採用不同的按量收費方式。
- **按產出內容量收費**：包括 DALL·E、Deep Dream Generator 等 AI 影像生成平臺大多按照影像張數收費。
- **直接對外提供軟體**：舉例來說，個性化行銷文字寫作工具 AX Semantics 以約 1900 元 / 月的價格對外出售，並以約 4800 歐元 / 月的價格提供支援訂製的電子商務版本。大部分 C 端 AIGC 工具則以約 80 元 / 月的價格對外出售。
- **模型訓練費用**：適用於 NPC 訓練（遊戲領域）等個性化訂製需求較強的領域。
- **根據具體屬性收費**：舉例來說，版權授予（支援短期使用權、長期使用權、排他性使用權和所有權多種合作模式，擁有設計圖案的版權）、是否支援商業用途（個人使用、企業使用、品牌使用等）、透明框架和解析度等。

> **💬 提示** 基礎層最先受益，中間層巨頭佔優，長期會有新商業企業崛起。

- 在商業化初期，模型和演算法的迭代始終是核心主線。因此，**具備 AI 模型、演算法技術優勢的科技公司有望在未來 AI 商業化浪潮中保持核心競爭優勢**。
- 在商業化中期，為模型和演算法提供基礎算力的 AI 晶片將成為競爭戰略的關鍵，硬體優勢將直接決定演算法和模型優勢。因此，**未來具備 AI 硬體優勢的廠商（如英偉達）或將迎來廣闊的發展空間**。
- 隨著商業化的深入，由於許多開放原始碼平臺的存在，以及軟體技術的可複製性，**單純的技術和演算法很難成為 AIGC 行業的主要競爭門檻**。在細分場景中，AIGC 企業需要在業務場景的深度理解、AI 賦能的一體化解決方案（偏重

廣度，如素材擷取、生產、媒資管理、分發消費等全生命週期）、行業深度
綁定（偏重深度，不僅限於應用場景，更好的是連線平臺或底層系統）等領
域持續提升競爭力。因此，未來**理解 AI 商業化實際應用場景和具備業務優勢
的廠商將具有競爭優勢。**

3. 大廠的 AI 佈局

國內外各大科技企業都在積極佈局 AI 技術，從底層能力到上層應用，先佔 AI 技
術能力。

（1）OpenAI 公司。

OpenAI 是一家非營利性人工智慧研究公司，成立於 2015 年，總部位於美國三
藩市。該公司的目標是：推動人工智慧技術的發展，同時確保人工智慧的安全性和
可控性，以避免其對人類造成潛在的威脅。OpenAI 的研究領域涵蓋自然語言處理、
電腦視覺、機器學習等多個方向，包括領域內著名的 ChatGPT 和 GPT-4。

GPT-4 相比於 ChatGPT 在以下方面有了顯著的提升：創造力有所提升，可以與使
用者一起生成、編輯、迭代創造；視覺輸入有所提升，支援圖片輸入，並能夠生成
標題、分類和分析報告等；文字處理能力有所提升，能夠一次處理超過 25000 個單
字的文字，是 GPT-3.5 文字處理速度的 12 倍多；推理性有所提升，與 ChatGPT 相比，
GPT-4 的推理性有顯著提升；專業和敘述水準更接近人類，GPT-4 通過了模擬的律師
資格考試，其成績在考生中排名前 10%，GPT-3.5 的成績則排在後 10%。

OpenAI 的中期目標是創造出通用人工智慧（AGI）。AGI 的目標是要在智慧上達
到與人類相同的水準——幾乎可以勝任人類所有的工作，並且比人類做得更有效率
和品質。

OpenAI 的長期目標是創造出遠比 AGI 強大的超級人工智慧（Artificial Super
Intelligence，ASI）。ASI 不僅可以達到與人類相同的水準，而且可以遠遠超過人類的
水準。

（2）微軟公司。

微軟公司早已與 OpenAI 公司合作：在 ChatGPT 爆紅之前就一直為 OpenAI 提供
超大的 GPU 叢集。後來微軟也進行了一段時間的摸索，它們的最後一個模型 Tuing-
NLG 在 GPT-2 之後，當時其語言理解能力是 GPT-2 的 10 倍之多。

2023 年 2 月，微軟宣佈追投數十億美金給 OpenAI，同時微軟產品先後深度整合了 ChatGPT 和 GPT-4 的能力。舉例來說，在 Bing 搜尋引擎整合 ChatGPT 一個月的時間中，微軟宣佈 Bing 搜尋引擎每日活躍使用者突破 1 億人，每天大約有 1/3 的 Bing 搜尋引擎使用者與 Bing Chat 進行互動。Bing 搜尋引擎不僅可以滿足簡單的搜尋需求，而且可以回答旅遊行程、訂製諮詢等複雜問題，如圖 2-2 所示。

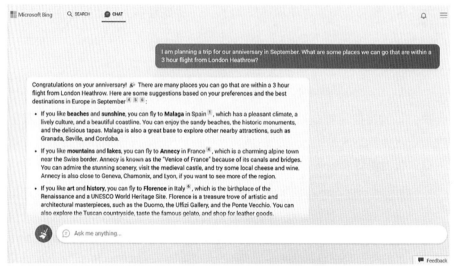

▲ 圖 2-2 Bing Chat 搜尋引擎制定行程規劃

微軟將 GPT-4 全面連線 Office，新功能名叫 Microsoft 365 Copilot，如圖 2-3 所示。

Copilot 的能力不只是可以連線 PPT、Word 和 Excel 軟體，而是打通了整個微軟的辦公生態。郵件、連絡人、線上會議、日曆、工作群聊……所有的資料全部被連線大型語言模型，組成新的 Copilot 系統。

例如：你正在開會，AI 就把會議紀要都記好了。它不僅可以記錄，還可以總結，並且清楚寫出待解決的問題。如果你因為開會錯過了群裡的重要資訊，那麼 AI 也可以自動幫你整理成一份報告。如圖 2-3 所示。

微軟總結了 AI 對人類未來工作的影響，表明 AI 可以讓人類在更高起點上開始工作，將時間花在更重要的任務上，幫助人們更高效率地完成工作任務，實現更好的職業發展。

後續微軟將致力於打造 GPT 應用生態，不僅將 GPT 嵌入 Bing、Office 中，還發佈了第 35 屆遊戲開發者大會全球點播頁面，分享了關於 Azure OpenAI 服務在遊戲開發中的應用場景。

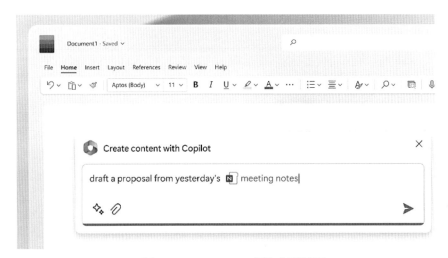

▲ 圖 2-3 Word Copilot 提取會議摘要

（3）Google 公司。

Google 是 AIGC 的鼻祖。早在 2017 年，該公司就提出了「Transformer」的概念，該概念成為此後大型語言模型的標準配置。現在的 OpenAI GPT 系列模型正是受此啟發獲得了突破性的進展。

2023 年 3 月，Google 與柏林工業大學合作發佈了 PaLM-E 視覺語言模型，其參數量高達 5620 億個，約為 GPT-3 參數量的 3 倍。在微軟剛發佈多模態 AI 大型模型幾天後，Google 就宣佈推出一系列生成式 AI 功能，用於其各種辦公軟體中，包括 GoogleGmail（郵件）、Docs（文件）、Sheets（表格）和 Slides（幻燈片）。Google 這次將辦公軟體與 AI 整合，其實與微軟剛剛發佈的內容大同小異。

（4）百度公司。

搜尋功能本身就是 AI 的產物，無論是文字、語音，還是圖片搜尋。從最早的小度智慧音響，到小度智慧型機器人，再到百度自動駕駛，最後到如今的「文心一言」，百度一直堅持在人工智慧領域進行探索。

2023 年 3 月 16 日，百度發佈「文心一言」大型模型，該模型基於百度自研的知識增強大型語言模型，能直接與人對話互動、回答問題、協助創作。當天李彥宏演示了 5 個場景的視訊 Demo，包括文學創作、商業文案創作、數理推算、中文理解、多模態生成。其中，利用「多模態生成」功能可以生成文字、圖片、音訊和視訊等，如圖 2-4 所示。

▲ 圖 2-4 百度「文心一言」生成圖片

百度的 AIGC 逐步走向大型模型化、平民化和普惠化。

- **大型模型化**：ChatGPT 和「文心一言」帶來的不僅是自然語言處理技術的躍升，更是算力時代大型模型變革到來的昭示。百度其實早就在進行大型模型化佈局，百度 AI 底層計算平臺、中層飛槳平臺都是為「文心一言」大型模型打下堅實底座的，最終形成「不斷應用、不斷吸納資料、不斷訓練、不斷增加能力、繼續擴大應用」的大型模型能力「滾雪球」發展路線。

- **平民化**：隨著各種 AIGC 工具的發佈，以及 AIGC 學習熱度的提升，越來越多的人加入 AIGC 使用中。百度希望打造人人能用的 AI 開發平臺，並計畫設計一整套高效好用的 AI 標準與標準、工具平臺，而這需要「產學研」多方力量共同努力。

- **普惠化**：百度希望在架設 AI 中台後，將其「回饋驅動創新」的科學方法論賦能給企業，更將其 AI 普惠價值傳達給行業。

（5）騰訊公司。

騰訊公司擁有開發和應用 AI 技術的長期歷史，早期以各事業群 AI 團隊為主。從 2016 年開始，騰訊從公司層級投入 AI 基礎研究，於 2017 年提出了「基礎研究—場景共建—能力開放」的三層戰略架構。2019 年，騰訊人工智慧和前端科技兩大實驗室矩陣成型，並將 AI 研究聚焦於更高層級的多模態研究和通用人工智慧。2022 年，騰訊首次揭露了混元大型模型的研發進展，並在 2022 年年末推出混元 NLP 兆級參數的大型模型。2023 年 3 月，騰訊管理層在業績會上將 AI 技術看作未來重要的增長乘數，表示正在快速推進混元 AI 大型模型。未來前端應用可以與現有業務結合以提升商業化效率，推進人機互動業務也可帶來新增長機遇。

目前，騰訊已經明確表態不會錯過大型模型浪潮，內部已經展開以混元幫手為代表的專案研發，但現在看來，內部自研還不是全部，騰訊再次使出行動網際網路時代的秘訣──「投研」並舉。2023 年 6 月，大型模型賽道創業公司 MiniMax 又完成了新一輪 2.5 億美金的融資，其整體估值超過 12 億美金。據報導，其中騰訊以 4000 萬美金參投。

（6）阿里巴巴公司。

阿里巴巴公司研發通義大型模型，讓 AI 更通用，並提出「產業 AI」的概念，將大型模型底座層的架構、模態、任務統一。通用模型層更趨向統一大型模型的演化，並且在金融、工業、城市、零售、汽車、家居這 6 大方向進行立體佈局。

2023 年 5 月 10 日，淘寶天貓「618」啟動會在杭州召開。在啟動會現場，淘天集團 CEO 戴珊表示，新的一年，淘寶將舉集團的科技和資料能力，升級所有現有商家的工具，並創造 AI 時代全新的使用者產品和服務。

此外，戴珊表示，淘寶始終是一個科技驅動、引領商業的平臺，接下來，淘寶要讓 AI 普及、普惠，爆發真正改變行業、推動社會進步的生產力，如圖 2-5 所示。

阿里選擇的 AI 改造路徑與本書 2.1.1 節中描述的「AI 技術是社會的底層技術革命」的論斷相同，在短期內，AI 將首先作為商家和營運端的生產力工具，顯著提升工作效率。然而，真正的變革將發生在「AI 時代的使用者端 iPhone 時刻」，屆時 AI 將與使用者端的新對話模式全面融合，為企業帶來前所未有的發展機遇。這是企業做 AI 改造的關鍵路徑。

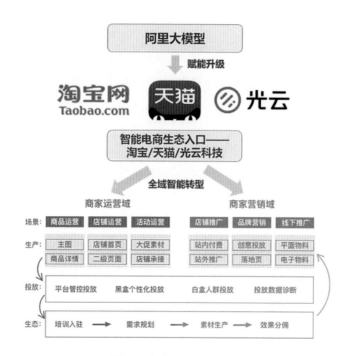

▲ 圖 2-5　淘寶天貓大型模型改造

2.1.3　個人的「十倍大殺器」

在一個越來越依賴 AI 技術的世界中，不會使用 AI 技術的人可能會在職業市場、經濟競爭等方面處於劣勢。反之，則可能帶來新的機遇，實現超越。因此，不論是企業還是個人，都應該趕上這波 AI 技術的浪潮。

1. 十倍員工

十倍員工指的是那些比普通員工的業績更出色、工作更高效、創造力更強的員工。這個概念最早由 PayPal 的創始人彼得・蒂爾提出。他認為十倍員工可以比普通員工創造更多的價值。因此，十倍員工在公司中非常寶貴。

十倍員工通常具備以下特點。

- 出色的技能：十倍員工通常在某個領域擁有非常出色的技能，能夠比其他員工更快、更準確地完成任務。
- 創造力強：十倍員工通常能夠提出獨特的想法和解決方案，能夠為公司帶來更多的創新和價值。

- 自我驅動力強：十倍員工通常具備強烈的自我驅動力，能夠自主地完成任務並不斷提高自己的能力。
- 團隊合作力強：十倍員工通常能夠與其他員工良好地合作，共同完成任務並為公司創造更多的價值。

個人充分使用 AI 技術是領先成為十倍員工的重要時機。隨著人工智慧技術的不斷發展，越來越多的企業開始使用 AI 技術來提高工作效率和品質。因此，掌握和使用 AI 技術已經成為現代員工必備的技能之一。

- 提高工作效率：AI 技術可以自動化一些重複性、煩瑣的工作，讓員工可以更快地完成任務。
- 提高工作品質：AI 技術可以幫助員工更準確地完成任務，減少錯誤率，提高工作品質。
- 提高創造力：AI 技術可以幫助員工更快地獲取資訊和資料，從而更進一步地進行分析和判斷，提高創造力和決策能力。
- 增強競爭力：掌握和使用 AI 技術可以讓員工在職場上更具競爭力，更容易獲得晉升和更好的薪酬待遇。

因此，個人充分使用 AI 技術可以幫助自己成為十倍員工，提高自己的工作效率和品質，同時也提高了自己在職場上的競爭力。

2. AIGC 工具集

表 2-1 中按照應用場景列出了 AIGC 的常見工具。

▼ 表 2-1 AIGC 應用場景

場　　景	代表產品	場景說明
文字生成	ChatGPT、Notion AI 等	結構化寫作（新聞播報等，有比較強的規律）；非結構化寫作（劇情續寫、行銷文字等，需要一定的創意和個性化）；輔助性寫作（推薦相關內容、幫助潤色）；閒聊機器人（虛擬男女友、心理諮詢等）；文字互動遊戲（AI dungeon 等）；文字生成程式（Copilot、OpenAI 的 Codex 模型可將自然語言翻譯成程式）
音訊生成	MusicLM（Google）	語音複製；根據文字生成特定語言（生成虛擬人歌聲和播報等）；樂曲 / 歌曲生成（包含作曲及編曲，在實際應用中常包含自動作詞）
影像生成	Midjourney、Stable Diffusion 等	影像編輯（去浮水印、提高解析度、特定濾鏡等）；影像自動生成、創意圖像生成（隨機或按照特定屬性生成畫作等）；功能性影像生成（根據指定要求生成行銷類海報、Logo 等）

場　景	代表產品	場景說明
視訊生成	Topaz Video Enhance AI 等	視訊屬性編輯（刪除特定主體、生成特效、追蹤剪輯等）；視訊自動剪輯（對特定部分進行檢測及合成）、視訊部分編輯（視訊換臉等）
影像、視訊、文字間跨模態生成	文心一格等	文生圖（根據文字生成創意圖像）；文生視訊（拼接圖片素材生成視訊）；文生創意視訊（完全從頭生成特定主題的視訊）；根據影像/視訊生成文字（視覺問答系統、自動配字幕/標題等）
策略生成	AlphaGO	NPC（Non-Player Character，非玩家角色）邏輯劇情生成；數字資產生成
數字人生成	D-ID（De-identification）、騰訊智影等	虛擬人視訊生成、虛擬人即時互動

（1）文字生成。

文字生成主要包括以下幾種。

- 應用型文字：大多為結構化寫作，以客服類的聊天問答、新聞撰寫等為核心場景。最典型的是基於結構化資料或標準格式，在特定情景類型下的文字生成，如體育新聞、金融新聞、公司財報、重大災害等簡訊寫作。如圖 2-6 所示，在選擇文體風格和面向的讀者受眾，並輸入故事的開頭後，AIGC 工具就可以輸出續寫的內容。

▲ 圖 2-6　應用型文字生成

- 創作型文字：主要適用於劇情續寫、行銷文字等細分場景，具有更高的文字開放度和自由度，需要一定的創意和個性化，對生成能力的技術要求更高。AIGC 工具在處理長篇幅文字時仍存在明顯的問題，並且生成穩定性不足，尚不適合直接進行實際使用。由於人類對文字內容的理解並不是單純理性和基於事實的，所以，創作型文字還需要特別關注情感和語言表達藝術。

- 輔助文字：基於素材爬取的 AI 寫作工具，能定向擷取資訊素材、文字素材前置處理、自動聚類去重，並根據創作者的需求提供相關素材。輔助文字寫作是目前供給及實作最廣泛的場景。

- 文字互動遊戲：微軟與小冰公司合作發佈了小冰島 App，每個使用者均可建立自己的島嶼，同時擁有一個功能類似於微信和 LINE 等社交產品的完整社交互動介面，如圖 2-7 所示。

▲ 圖 2-7　小冰島 App 文字互動遊戲

（2）音訊生成。

- 文生聲音：它被廣泛應用於客服及硬體機器人、有聲讀物製作、語音播報等任務。舉例來說，「倒映有聲」與音訊使用者端「雲聽」App 合作打造了 AI 新聞主播，提供音訊內容服務的整合式解決方案；喜馬拉雅運用 TTS 技術重現了單田芳聲音版本的《毛氏三兄弟》作品。圖 2-8 所示為「一視同人」音訊合成介面。

▲ 圖 2-8 「一視同人」音訊合成介面

- 配音生成：隨著內容載體的變遷，短視訊內容配音已成為重要的應用場景。AI 音訊軟體能夠基於文件自動生成解說配音。目前線上的 AI 音訊工具提供了大量 AI 智慧配音主播，它們可以用不同的方言和音色完成配音。代表公司有九錘配音、加音和剪映等。圖 2-9 所示為「加音」的智慧配音介面，在使用者輸入要配音的文字並選擇主播後，就可以自動完成配音。

▲ 圖 2-9 「加音」智慧配音介面

- 樂曲 / 歌曲生成：AIGC 在詞曲創作中的功能可被拆解為作詞（NLP 中的文字創作 / 續寫）、作曲、編曲、人聲錄製和整體混音。目前，AIGC 已經支援基於開頭旋律、圖片、文字描述、音樂類型、情緒類型等生成特定樂曲。透過這個功能，創作者可以得到 AI 創作的純音樂或樂曲中的主旋律。舉例來說，2021 年年末，貝多芬管弦樂團在波恩首演 AI 譜寫完成的貝多芬未完成之作《第十交響曲》。

（3）影像生成。

- 影像屬性編輯：該功能可以被理解為經 AI 降低門檻的 Photoshop。目前，圖片去浮水印、自動調整光影、設置濾鏡、修改顏色紋理、複刻 / 修改影像風格等應用已經非常常見。

- 影像部分編輯：更改影像的部分組成（如英偉達的 CycleGAN 支援將圖內的斑馬和馬進行更改）、修改面部特徵（如調節照片人物的情緒、年齡、微笑表情等）。

- 影像素對點生成：基於草圖生成完整影像、線稿上色、有機組合多張影像生成新影像、根據指定屬性生成目標圖像（如 Rosebud AI 支援生成虛擬的模特面部）等。

- 功能性影像生成（即範本生圖）：根據指定要求生成行銷類海報、Logo 等。該工具的系統中預設了一些範本，使用者根據需求選擇範本，並對範本進行更改後，即可形成所需圖片，如圖 2-10 所示。

▲ 圖 2-10 同一個範本輸出的多種效果

（4）視訊生成。

- 視訊屬性編輯：舉例來說，視訊畫質修復、刪除畫面中特定的主體、自動追蹤主題剪輯、生成視訊特效、自動增加特定內容、視訊自動美顏等。騰訊天衍工作室開發了可以在結腸和直腸內鏡專案中切換視訊風格的工具，以最佳化醫學影像視覺效果。

- 視訊自動剪輯：基於視訊中的畫面、聲音等多模態資訊的特徵融合進行學習，按照環境氣氛、人物情緒等高級語義限定，對滿足條件的部分進行檢測並合成。目前該功能還處於技術嘗試階段。

- 視訊部分生成：視訊到視訊生成技術的本質是，基於目標圖像或視訊對來源視訊進行編輯和偵錯。其中人臉生成技術已被用到刑偵領域中。透過基於語音等要素逐幀複刻，能夠完成人臉替換、人臉再現（人物表情或面部特徵的改變）、人臉合成（建構全新人物），甚至全身合成、虛擬環境合成等功能。

（5）影像、視訊、文字間跨模態生成。

- 文字生成影像：多款模型/軟體證明了基於文字得到效果良好的影像的可行性。因此目前 Diffusion Model（擴散模型）受到廣泛關注。

- 文字生成視訊：可以被看作是文字生成影像的進階版技術，目前其還處於技術嘗試階段。按照生成難度和生成內容不同，文字生成視訊可以分為拼湊式生成和完全從頭生成兩種方式。

  ➤ 拼湊式生成是指，基於文字搜尋合適的配圖、音樂等素材，在已有範本的參考下完成自動剪輯。這類技術本質是「搜尋推薦 + 自動拼接」，其門檻較低，背後授權素材庫的體量、已有範本數量等成為關鍵因素。

  ➤ 完全從頭生成是指，由 AI 模型基於自身能力（不直接引用現有素材），生成最終視訊。

- 影像 / 視訊到文字：具體應用包括視覺問答系統、配字幕、標題生成等。

（6）策略生成。

- 遊戲營運工具：以騰訊 AI 實驗室在遊戲製作領域的佈局為例，AI 在遊戲前期製作、遊戲中營運的體驗及營運最佳化、遊戲週邊內容製作的全流程中均有應用。

- 遊戲操作決策生成：可以將其簡單理解為 AI 玩家，重點在於生成真實對戰操作。2016 年，Deepmind 的 AlphaGO 在圍棋領域獲得了令人矚目的成就，隨後 AI 在德州撲克、麻將等遊戲領域也展現出了強大的實力，這為 AI 在遊戲領域的發展奠定了堅實的基礎。

- NPC（Non-Player Character，非玩家角色）邏輯及劇情生成：由 AI 生成底層邏輯。此前，NPC 具體的對話內容及底層劇情需要由人工創造驅動指令稿，由製作人主觀聯想不同 NPC 所對應的語言、動作、操作邏輯等,創造性及個性化相對有限。NPC 邏輯自動生成技術已經被應用在《駭客帝國:覺醒》、*Red Dead Redemption* 2、*Monster Hunter: World* 等大型遊戲中。

(7)數字人生成。

- 數字人視訊生成:是目前計算驅動型虛擬人應用最廣泛的領域之一。不同產品間主要的區分因素包括:唇形及動作驅動的自然程度、語音播報的自然程度、模型呈現效果(2D/3D、卡通 / 高保真等)、視訊著色速度等。

- 數字人的即時互動:被廣泛應用於視覺化的智慧客服,多見於 App、銀行大堂等。

2.2 AIGC 行業應用洞見

AIGC 技術正在發揮著越來越重要的作用,推動著行業的數位化轉型和智慧化發展。下面將從三個方面進行探討。

2.2.1 數位化基礎改造

AI 技術可以幫助企業提高效率、降低成本、提升創新能力,從而在激烈的市場競爭中獲得更大的優勢。然而,在進行 AI 改造之前,企業需要先進行數位化改造,建立完整的數位化基礎設施,以便更進一步地管理和利用資料,為 AI 技術的應用打下堅實的基礎。

因此,數位化改造已經成為企業全面擁抱 AI 的必要步驟。企業的 AI 數位化改造分為以下幾部分。

1. 流程標準化

企業要做到流程標準化,就需要先明確自己的數位化戰略,並確定數位化改造的方向和重點。當然,其前提是企業領導層具備數位化認知能力。

縱觀企業內部,其平臺的發展過程就是不斷地將資訊進行標準化,對現有的業務流程進行最佳化,以提高效率,降低成本。這需要企業對業務流程進行全面分析和評估,找出最佳化空間和機會。平臺一直致力於提升資訊獲取成本標準化、體驗過程標準化、服務標準化。在日常生活中,我們經常會見到酒店宣傳圖中的第一張圖會選擇放一張夜景圖，房間的圖片都會選擇放大床房 45°的照片；酒店也會指明是否有停車場和 Wi-Fi。這就是資訊的標準化。

平臺做的所有事情都是在把資訊標準化、內容標準化、體驗過程標準化、服務標準化。例如：預訂 KTV 房間時，原來按房間大小資費，現在按小時資費。平臺標準化的過程就是將流程提取出來，或將某部分客群提取出來進行標準化，或將標準化的資訊前置 / 標準化的履約後移。

標準化對平臺的重要價值是：可交易、可重複累積、可擴充。

- 可交易：是標準化最重要的衡量標準之一，表示雙方信任和理解，支付簡單。
- 可重複累積：服務體驗需要具有一致性，平臺才能重複地累積資料。舉例來說，買房子這件事，對大部分人而言，交易的談判過程和交易體驗都是差別很大的，但是經紀人的服務體驗是類似的，是可以標準化的。
- 可擴充：如團購，就是將原來非標準的商品和服務包裝成一個標準的套餐，讓消費者的需求進行集約化。類似的還有網約車打車服務。

2. 營運資料化

企業需要收集和整合各種資料（包括內部資料和外部資料），以便對這些資料進行深度分析和挖掘。這需要企業建立完整的資料獲取和整合系統，以確保資料的準確性和完整性。

按照亞馬遜的方法，團隊首先要定義業務增長飛輪。圖 2-11 所示是亞馬遜的業務增長飛輪圖。

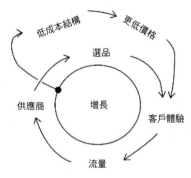

▲ 圖 2-11 亞馬遜的業務增長飛輪圖

大家只有深刻理解了自己的業務和「飛輪效應」的價值，才能畫出自己的業務增長飛輪。根據增長飛輪圖中的組成要素，先想明白什麼是輸出指標，要能夠區分個人的輸出和所負責的組織的輸出的差異。個人的輸出就是把個人能做的貢獻清晰、結構化地整理出來。如果你管理的是一個完整閉環的業務，那麼你的輸出就是實現業務增長。

為了實現業務增長這個輸出目標，接下來要明確應該在哪些關鍵要素上做功——這就是你的關鍵輸入。亞馬遜業務增長飛輪的關鍵輸入有 4 個，分別是客戶體驗、流量、供應商、選品。建議關鍵輸入的數量一般不要超過 6 個或 7 個。

透過增長飛輪圖可以整理哪些輸入要素是關鍵的，哪些輸入要素相對而言不是關鍵的。這裡要注意輸入與輸入指標的區別。

> 🔎 **提示** 輸入是高度抽象的要素描述，而輸入指標是具體的、明確的、可衡量業績產出的數字目標。
> 舉例來說，「賣家」是一個輸入，不是一個輸入指標，因為它是一個元素或一個方向，可以是更多或更少；類似「當月動銷的賣家數」才是輸入指標。
> 輸入指標是反映輸入的，它會根據業務的變化而變化——業務剛啟動時，關於「賣家」的輸入指標可能是「動銷賣家數」；當業務逐步發展後，「賣家數」的輸入指標可能就會變成「年銷售額超過 100 萬元的賣家數」。

最後構造指標樹，並選取可控輸入指標。一般來說，建議畫一個輸入指標樹，其中需要一層層地列清楚，確定哪一個輸入指標分佈在哪一層比較重要。輸入指標樹要能反映業務邏輯（在輸入指標樹上加註釋會更加清晰，相當於在程式中寫註釋）。假設我們有一個飛輪圖，從頂點的輸出可以不斷向下拆解，理論上可以無窮地拆解，但是也不用拆那麼多，這與管理層級有關，或說與管理半徑有關。我們的管理半徑最多到下面兩層。確定輸入指標和這個邏輯類似，並不是所有的輸入指標都要寫上，我們要選擇最重要的、在快速變化的、做功多的、消耗資源大的指標，而非選擇狀態相對穩定的、不受干擾的指標。亞馬遜的指標樹如圖 2-12 所示。

3. 決策資料化

有了大量的業務資料和指標系統以後，企業需要運用各種資料分析和挖掘技術（如機器學習、資料探勘、自然語言處理等）對資料進行深度分析和挖掘，發現潛在的商業機會和風險。為實現這一目標，企業必須建構與之相適應的管理指標系統與決策機制，並配備相應的技術平臺和工具，以確保資料分析的高效性、準確性和實用性。

　　資料決策的核心內容是資料分析，其核心的理論基礎是統計程序控制（Statistical Process Control，SPC）。正確的資料決策需要有 3 個關鍵要素。

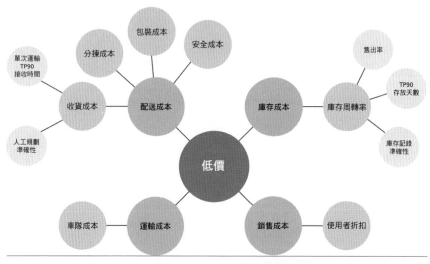

▲ 圖 2-12　亞馬遜的指標樹

　　（1）選擇並掌握正確的資料：核心關注點應放在對輸入指標的深入分析上，透過不斷迭代和最佳化輸入指標，我們發現輸出指標的佔比通常小於 10%。在保留輸入指標足夠細化的同時，我們可以畫輸入指標樹，確保指標可以逐級下鑽，同時避免對資料進行過度聚合。透過全面檢查業務中「點對點」、全鏈條的指標，並將這些指標「連點成線」，我們能夠發現單獨觀察某個環節時難以察覺的問題，從而實現指標系統的迭代。指標系統是持續迭代的，對於發現的問題應立即透過修改指標系統沉澱下來，最後形成的相對穩定和有效的指標系統是業務最寶貴的資產之一。

　　（2）資料需要採用恰當的呈現方式：要使用週期較長的時間序列資料，可以採用折線圖把近 6 周和 12 個月的資料放在一張圖中，用兩筆線分別代表當年和上一年的資料年。

　　（3）採用簡單有效的分析方法：第一，找到指標變化中的「訊號」；第二，分析變化背後的根本原因；第三，針對根本原因制訂行動計畫。

以上是全面擁抱 AI 的數位化基礎，企業需要建立相應的技術團隊、技術平臺和工具，以及豐富的資料資源，才能更進一步地實現數位化轉型和創新。

2.2.2 AIGC 全面應用的前端領域——電子商務

電子商務是全面應用 AIGC 技術的前端領域。在電子商務領域，利用 AIGC 技術對使用者資料進行分析，可以提高使用者個性化推薦的準確率和效率；對銷售人員的對話內容進行分析，可以提高銷售人員的工作效率和客戶訴求辨識的精準度。此外，利用 AIGC 技術對供應鏈資料結構進行學習，可以提高營運和商家的上單（將商品資訊上傳到商家系統中）體驗。

可以預見，未來 AIGC 技術將在電子商務領域中發揮越來越重要的作用，進而推動電子商務的數位化轉型和智慧化發展。

1. AIGC + 行銷

（1）生成行銷推薦語。

在電子商務領域，商品的行銷文案以前需要大量的人力進行文案設計和潤色，這裡所說的行銷文案包括商品的標題、簡介、說明，以及配合不同人群、不同季節、不同活動的特色行銷標籤等。如圖 2-13 所示的餐飲文案，使用 AIGC 可以根據系統中菜品資訊和使用者評價等資訊，自動生成菜品的特色推薦語。

▲ 圖 2-13　餐飲文案

AIGC 生成推薦語的具體處理過程是：按照評分、長度等規則，為每件商品選出 10 筆評價資訊。

🗨 **提示詞** 你是餐飲行業的產品營運人員，現在需要你基於真實使用者舉出的評價，提煉出正向資訊，進而概括為推薦語，需滿足以下要求：

1. 字數嚴格控制在 12 個中文字以內。
2. 言辭要優美，是情緒積極的，使用有趣、個性化、網路化的語言。
3. 可以適當潤色：使用一些修辭手法來吸引人，如比喻、誇張、對比。

推薦語範例：鮮美多汁，鮑魚，正宗涮鍋。肉質細嫩，富含優質蛋白。

按照上述想法，運用恰當的提示詞，我們也可以完成商品標題的改寫，如表 2-2 所示。

▼ 表 2-2 AIGC 標題改寫效果

商品原始名稱	AIGC 修改後
雞尾酒雙人套餐	雞尾酒雙人餐，享受舒適酒吧氣氛
【經濟實惠】肩背舒緩 SPA|60 分鐘	輕鬆舒緩 60 分鐘肩背 SPA，享受養生之美
網費充值 501 元贈 550 元	網費充值 501 元贈 550 元，暢享無限遊戲樂趣
【心動五一】單人洗浴 1 次	夏日福利單人洗浴 + 自助餐，享受清涼一夏

（2）設計行銷圖片。

在行銷活動中經常需要設計大量的宣傳圖，這些宣傳圖以前都需要設計師手繪，透過 AI 技術可以大幅提升宣傳圖的生產效率。

以設計師的工作流程為例，一張主題海報的生產通常分為 3 步：線稿→鋪色→終稿。一名經驗豐富的設計師通常需要 1.5 天完成。如果透過 Midjourney 生成主題海報，則分為 3 步：撰寫提示詞→利用 AI 生圖→設計版式，如圖 2-14 所示。同樣一名設計師，只需 1.5 小時即可完成。

（1）撰寫提示詞 　（2）利用 AI 生圖 　（3）版式設計

▲ 圖 2-14 利用 Midjourney 生成主題海報

另外，利用 AI 還可以提高圖片品質，即透過 AI 美化商品圖片、對於一些拍攝不完整或商品資訊展示不全的圖片進行智慧補全。

（3）智慧問答。

商品的問答模組一直都是使用者購買該商品的重要決策依據，其中很多常見問題是關於商品基礎資訊和規則的，如圖 2-15 所示。

▲ 圖 2-15 景點規則問答

所以，在商品問答模組中回覆的準確性和及時性就非常重要。下面以景點規則問答為例説明。

首先，將線上使用者關心的問題進行分類。舉例來説，在 2023 年線上旅遊景點的問答中，排名前三的問題分別是：入園規則、門票基礎資訊和攻略資訊。

然後，針對入園規則和門票基礎資訊的問題，只需要將少量的基礎資訊輸入大型模型，就能得到相對準確的基礎回答。

接下來，再從使用者評價等資訊中補充人流量、暫存、停車和季節活動等資訊，用來訓練大型模型，攻略資訊也就獲得了完善。

有了以上資訊的學習，AI 的回答就可以同時做到覆蓋面廣、準確率高、回覆快。再進一步最佳化問題回覆的即時性，就可以生成線上旅行或購物的小幫手。

2. AIGC + 銷售幫手

在電子商務領域，企業團隊的管理效率和員工培訓效果是其核心競爭力。AI 技術可以從多個方向為銷售和客服團隊打造自動化、智慧化的先進工具，從而幫助企業在競爭中取得優勢。

（1）話術質檢。

話術質檢任務是對銷售人員與商家通話過程中的話術進行語義點的辨識。語義點有多種類型，包含句子等級的語義點（如是否確定營業狀態）和通話等級的語義點（如是否為負責人、商戶合作意願等）。

在話術質檢任務中，「是否為負責人」這一項需要辨識的內容是銷售人員的溝通物件是否為店鋪負責人。這是一個三分類任務，其中，三個類別分別為「是負責人」「不是負責人」「未確定負責人身份」。

我們可以透過對問答的評測，來判斷 ChatGPT 辨識的準確率和召回準確率。通常情況下，如果辨識準確率達到 85% 以上，則具備商業實際應用價值。

（2）過程分析。

過程分析任務是對銷售過程中的關鍵環節進行辨識，如確認門店資訊、產品介紹、案例分享等。這是一個多分類多標籤的任務，需要對通話過程中說話人為銷售人員的句子進行辨識，一個句子可以對應多個標籤。

為了更進一步地理解，我們舉一個簡單的例子。如：「我們會收取 5800 元的合作費用，並且同步在美團和大眾點評兩個平臺做相應的店鋪展示。」這句話包含「產品介紹」「講解合作模式及費用」兩筆內容。

實驗表明，當提示詞（Prompt）中的標籤定義比較具體且與測試句子內容連結度高的時候，ChatGPT 的辨識效果較好（如「產品介紹」）。當提示詞中的標籤定義太過抽象或業務性較強時，ChatGPT 的辨識效果較差（如「講解合作模式及費用」）。

（3）通話摘要。

通話摘要任務是從通話內容中自動辨識和提取出具有特定意義的關鍵字（如時

間、競對公司等）。

實驗選擇了特定場景下——銷售人員與商戶約定下一次溝通時，對溝通內容、約定溝通方式、溝通時間進行提取。如「銷售人員：那我明天上午十點半電話聯繫您可以嗎？」這句話中的「溝通時間」是「明天上午十點半」。

實踐表明，ChatGPT 在「約定時間」場景中取出關鍵字的準確率能達到 100%。

3. AIGC+ 智慧上單

在電子商務領域，銷售人員與商家簽訂合作合約後，商家最多也是最重要的工作是透過營運背景把商品資訊輸入電子商務交易系統中。這個上傳商品資訊的過程在行業內叫作上單，即透過上單系統把線下產品資訊標準化後上傳。一件商品通常需要大量的結構化欄位填寫工作，如圖 2-16 所示。

▲ 圖 2-16 上單系統

由於大型電子商務系統中的商品數量能達到千萬級甚至億級，並且需要即時維護、更新商品的價格和庫存等關鍵交易資訊。所以這些電子商務企業都有一支龐大的營運隊伍，保證商品資訊的即時更新。另外，由於大量商家的線上化操作水準較低，提供給營運人員的資訊很多時候是多張截圖或一大段語音。如果把大段的語音資訊和多張圖片資訊整理到結構化的系統中，則通常需要幾天時間。

利用 AI 可以解決銷售人員和商家在上單過程中遇到的上述問題。

第一步：AI 透過 NLP 技術和 OCR（文字辨識）技術將語音和圖片全部轉換成文字資訊。

第二步：首先將文字資訊輸入 ChatGPT，並透過提示詞輸入需要辨識的結構化資訊，然後分析上面的文字，將對應的資訊映射到指定欄位中，最後傳回 JSON 結構資料。

> **☛ 提示詞**　有一個菜品結構關係：×××；有一份菜品資料：涼菜：大拌菜 19 元；熱菜：三杯雞 42 元，峨嵋山筍回鍋肉 48 元；飲品：青檸冰爽兩杯 16 元。白飯兩碗 4 元，餐包兩份兩元。按照上面的菜品結構關係從菜品資料中提取結構化資訊，並以 JSON 結構輸出。

第三步：透過程式自動化將 JSON 結構資料填入上單系統中，如圖 2-17 所示。

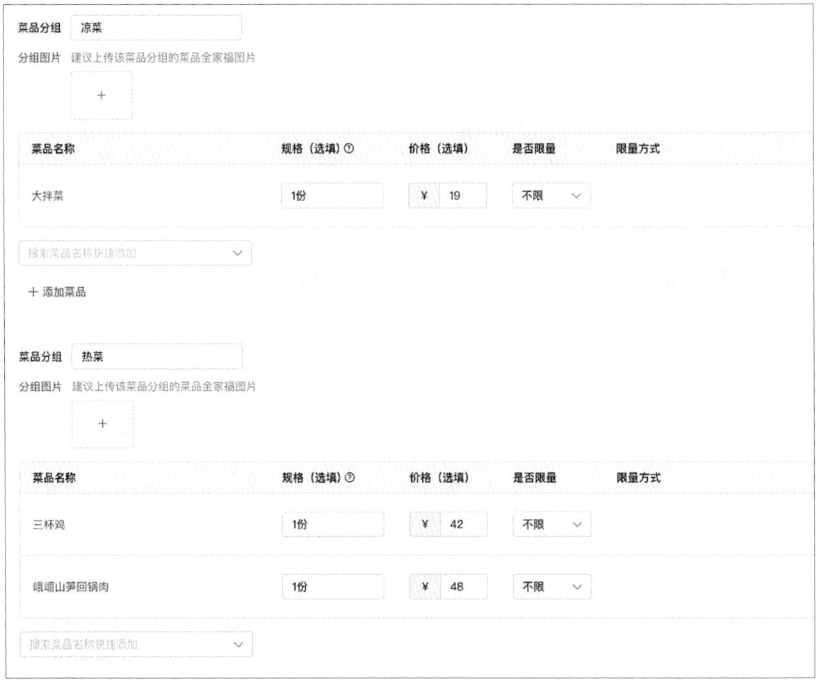

▲ 圖 2-17　上單系統自動填寫

第四步：人工驗證資訊，填寫準確後提交，完成上單。

經驗證，智慧上單系統將零散的資訊統一處理後，可以將原本需要 3 到 4 天完成的工作縮短到 10 分鐘就完成了。

2.2.3 AIGC 引領各行業轉型

如今，各行業對數位內容的需求呈現出井噴態勢，數位內容的供給與消耗之間存在巨大的缺口。AIGC 具備真實性、多樣性、可控性和組合性等特點，可以提高企業的內容生產效率，並為其提供更加豐富、多元、動態且可互動的內容。因此，在數位化程度高、內容需求豐富的行業，舉例來說，傳媒、電子商務、影視和娛樂等領域，AIGC 均有望實現重大創新和發展。

1. AIGC + 傳媒

AIGC 身為新型的內容生成方式，正在為媒體的內容生產全面賦能。隨著相關應用的不斷湧現，如寫稿機器人、採訪幫手、視訊字幕生成、語音播報、人工智慧合成主播等，AIGC 已經滲透到媒體內容生產的各個環節，包括採編和傳播等，並深刻地改變著媒體的內容生產模式。AIGC 已經成為推動媒體融合發展的重要力量，為媒體行業帶來更多的創新和機遇。

（1）採編環節。

在新聞採編環節中，AIGC 的語音辨識技術為傳媒工作者帶來了極大的便利。透過將採訪錄音轉為文字，它有效地減輕了傳媒工作者在錄音整理方面的工作負擔，避免了煩瑣的手動轉錄過程。這不僅提高了傳媒工作者的工作效率，還進一步確保了新聞的時效性。AIGC 的應用在新聞行業中發揮了重要作用，為傳媒工作者提供了更高效、精準的工作體驗。

當然，AIGC 還實現了智慧視訊短片。視訊短片人員透過使用視訊字幕生成、視訊拆分、視訊超分等視訊智慧化剪輯工具，可以節省人力成本和時間成本，最大化版權內容價值。

（2）傳播環節。

在傳播環節，AIGC 的應用主要集中於以 AI 合成主播為核心的新聞播報等領域。AI 合成主播開創了新聞領域即時語音及人物動畫合成的先河，使用者只需要輸入所需要播發的文字內容,電腦就會生成相應的 AI 合成主播播報的新聞視訊,並確保在視訊中人物的音訊和表情、唇動保持自然一致,展現與真人主播無異的資訊傳達效果。

傳媒機構透過引入 AIGC 技術,可以更進一步地適應數位化時代的發展趨勢,提高生產效率,降低成本,提高內容品質,增強使用者體驗。

總的來說,AIGC 作為新型的內容生成方式,正在深刻地改變著傳媒行業的內容生產模式和傳播方式,成為推動傳媒融合發展的重要力量。隨著技術的不斷發展和應用場景的不斷拓展,相信 AIGC 將在未來的傳媒行業中發揮越來越重要的作用,為傳媒行業的數位化轉型和智慧化發展注入新的動力。

2. AIGC + 遊戲

AI 在遊戲前期製作、遊戲營運的體驗及最佳化、遊戲週邊內容製作的全流程中均有應用,我們將其中的核心要素提煉為 AI Bot、NPC 相關生成和相關資產生成。目前,由於大型遊戲廠商在數年前就開始廣泛嘗試在其遊戲製作過程中應用 AIGC 技術,因此從整個行業的角度來看,遊戲領域已成為 AIGC 技術實現商業變現最為明確和成功的領域之一。

遊戲 AI 目前在行業領域中算是技術最成熟、行業接受度最高的部分,代表機構或實驗室包括騰訊 AI Lab、啟元世界、超參數等。

(1)遊戲內容生成。

AI 生成遊戲配樂,更即時、更高效。2022 年 10 月,動視暴雪申請了新專利,致力於探索「基於遊戲事件、玩家資料和玩家反應動態生成音樂的想法」,其在多人遊戲中,借助 AI 技術將能建立與玩家的遊戲環境,選擇和進度相匹配的獨特配樂,而非預設的動態配樂。動視暴雪初步計畫將該專利用於類似《使命召喚:現代戰爭 3》(Call of Duty: Modern Warfare III)的多人遊戲中。同年 11 月,微軟也提交了一項「用於合成音訊的人工智慧模型」的專利,透過 AI 為電影、電視、遊戲等媒體生成聲音,並且可以配合玩家的即時行為生成。

AI 生成 3D 模型,賦能開放遊戲突破產能限制。2020 年,微軟上線了全球最大的模擬遊戲《微軟模擬飛行 2020》,還原了全球 200 萬個城鎮和 3.7 萬市話場,讓玩家體驗到在真實世界裡開飛機的感覺。微軟透過與初創公司 Blackshark.ai 合作,借助 AI 技術和雲端運算資源,從 2D 影像生成 3D 建築模型,從而提高了產能。

（2）遊戲策略生成。

2016 年，Google 旗下 Deepmind 推出的 AlphaGO 在圍棋比賽中戰勝了圍棋世界冠軍李世石。隨後，決策型 AI 在 Dota2、StarCraft2、德州撲克、麻將等遊戲領域中均展現出了良好的實力。

「絕悟」是騰訊 AI Lab 研發的決策型 AI，它透過強化學習的方法來模仿真實玩家，包括發育、營運、協作等指標類別，以及每分鐘手速、技能釋放頻率、命中率、擊殺數等具體參數，讓 AI 玩家的表現更接近「正式服玩家」（特指在遊戲的正式營運版本中進行遊戲的玩家）的真實表現。

啟元世界的 AI Being 被應用於掉線託管、AI 勢力、AI Bot 陪玩、智慧 NPC 等領域，以提升使用者的遊戲體驗。AI Being 具備更高的認知和決策能力，表現更逼真，戰鬥水準更智慧，不僅對 3D 開放世界有更全面、敏銳的感知，對聽聲辨位、多人配合、索敵、繞後、找掩體、補狀態等任務也能更進一步地完成。它已經被應用到莉莉絲的 FPS 大作 *Farlight* 84 中。

3. AIGC + 影視

由於影視和內容的連結性較強，AIGC 對這一行業的整體影響更明顯。

具體受影響的細分領域包括電影及長視訊（換臉、背景著色、廣告自動植入等）、網路直播（虛擬人）、短視訊（影視作品剪輯）、線上音樂（自動編曲、作曲、AI 唱歌）、圖片版權（AI 生圖、AI 修圖）、網路文學（小說續寫）等。

隨著影視行業的快速發展，從前期創作、中期拍攝到後期製作的過程性問題也隨之顯現。這些問題包括高品質劇本相對缺乏、製作成本高昂，以及部分作品品質有待提升等，亟待進行結構升級。AIGC 技術的應用能夠激發影視劇本創作想法，擴充影視角色和場景的創作空間，極大地提升影視產品的後期製作品質，實現影視作品的文化價值與經濟價值最大化。

（1）AIGC 為劇本創作提供了新想法。

經過對龐大的劇本資料集進行深度分析與歸納，我們能夠依據預設風格迅速生成多樣化的劇本初稿。創作者隨後可以根據自己的需求對這些初稿進行篩選和精細化的二次加工，這一流程不僅能夠有效地激發創作者的靈感，拓寬他們的創作視野，還能顯著縮短劇本創作的整體週期，實現高效且富有創意的產出。對此，國外率先開展相關嘗試，早在 2016 年 6 月，紐約大學利用人工智慧撰寫的電影劇本 *Sunspring*，經拍攝和製作後，入圍倫敦科幻電影 *Sci-Fi London* 48 小時挑戰前十強。2020 年，美國查普曼大學的學生利用 OpenAI 的大型模型 GPT-3 創作劇本並製作短片《律師》。

　　分垂直領域的科技公司開始提供智慧劇本生產相關的服務，如海馬輕帆推出的「小說轉劇本」智慧寫作功能，服務了包括《你好，李煥英》《流浪地球》等爆款作品在內的劇集 / 劇本 30000 多集、電影 / 網路電影劇本 8000 多部、網路小說超過 500 萬部。

　　（2）AIGC 擴充角色和場景創作空間。

- 透過 AI 技術合成人臉、聲音等相關內容，可以實現「數位復活」已故演員、多語言譯製片音畫同步、演員角色年齡的跨越、高難度動作合成等，減少由於演員自身侷限對影視作品的影響。

- 透過 AI 技術合成虛擬物理場景，將無法實拍或成本過高的場景生成出來，大大拓寬了影視作品展現力的邊界，給觀眾帶來更優質的視覺效果和聽覺體驗。工作人員在前期進行大量的場景資料擷取，經由特效人員進行數位建模，製作出模擬的拍攝場景。演員則在綠幕影棚中進行表演。後期結合即時摳像技術，將演員動作與虛擬場景進行融合，最終生成視訊。

　　（3）AIGC 賦能影視剪輯，升級後期製作。

- AIGC 可以實現對影視影像進行修復、還原，提升影像資料的清晰度，保障影視作品的畫面品質。

- 實現影視預告片生成。IBM 旗下的 AI 系統 Watson 在學習了上百部驚悚預告片的視聽手法後，從 90 分鐘的 *Morgan* 影片中挑選出符合驚悚預告片特點的電影鏡頭，並製作出一段 6 分鐘的預告片。儘管這部預告片需要在製作人員的重新修改下才能最終完成，但預告片的製作週期從一個月左右縮短到 24 小時。

- 實現將影視內容從 2D 向 3D 自動轉製。

　　綜上所述，AIGC 技術在影視行業中的應用不僅能夠解決影視行業的痛點問題，還能夠提升影視作品的文化價值和經濟價值。未來，隨著 AIGC 技術的不斷發展和應用場景的不斷拓展，相信 AIGC 技術將在影視行業中發揮越來越重要的作用，為影視行業的數位化轉型和智慧化發展注入新的動力。

4. AIGC + 娛樂

在數位經濟時代，娛樂行業不僅在拉近產品服務與消費者之間的距離方面發揮著重要作用，而且間接滿足了現代人對歸屬感的渴望，因此其重要性與日俱增。借助 AIGC 技術，娛樂行業可以透過生成趣味性影像或音 / 視訊、打造虛擬偶像、開發 C 端使用者數位化身等方式，迅速擴充自身的輻射邊界，以更加容易被消費者所接納的方式，獲得新的發展動能。

（1）實現趣味性影像或音 / 視訊生成，可以激發使用者的參與熱情。

在影像、視訊生成方面，以 AI 換臉為代表的 AIGC 應用可以極大地滿足使用者獵奇的需求。例如：

- FaceApp、ZAO、Avatarify 等影像視訊合成應用一經推出，就立刻病毒式地在網路上引發熱潮，登上 App Store 免費下載榜首位。
- 2020 年 3 月，騰訊推出化身遊戲中的「和平菁英」與「火箭少女 101」同框合影的活動，這些互動的內容極大地激發出了使用者的情感，帶來了社交傳播的迅速「破圈」。

（2）打造虛擬偶像，可以釋放 IP 價值。

一方面，透過 AI 技術實現與使用者共創合成歌曲，可以不斷增強粉絲黏性。以初音未來和洛天依為代表的「虛擬歌姬」，都是基於 Vocaloid 語音合成引擎軟體創造出來的虛擬人物，由真人提供聲源，再由軟體合成人聲。以洛天依為例，任何人透過聲庫創作詞曲，都能達到「讓洛天依演唱一首歌」的效果。從 2012 年 7 月 12 日洛天依出道至今十多年的時間裡，音樂人和粉絲已為洛天依創作了超過一萬首作品，這類應用在提供給使用者更多想像和創作空間的同時，與粉絲建立了更深入的聯繫。

另一方面，透過 AI 技術合成音 / 視訊動畫，可以支撐虛擬偶像在更多元的場景進行內容變現。隨著音 / 視訊合成、全息投影、AR、VR 等技術的成熟，虛擬偶像變現場景逐步多元化，目前可透過演唱會、音樂專輯、廣告代言、直播、週邊衍生產品等方式進行變現。同時隨著虛擬偶像商業價值被不斷發掘，品牌方與虛擬 IP 的聯動意願隨之提升。舉例來說，由魔琺科技與次世文化共同打造的網紅翎 Ling 於 2020 年 5 月出道至現在，已先後與 Vogue、特斯拉、Gucci 等品牌展開合作。

（3）開發 C 端使用者數位化身，可以佈局消費元宇宙。

自 2017 年蘋果手機發佈 Animoji 以來，「數位化身」技術經歷了由單一卡通動物圖示，向 AI 自動生成擬真人卡通形象的迭代發展，使用者擁有更多創作的自主權和更生動的形象庫。各大科技巨頭均在積極探索與「數位化身」相關的應用，加速佈局「虛擬數位世界」與現實世界大融合的「未來」。舉例來說，百度在 2020 年世界網際網路大會上展現了基於 3D 虛擬形象生成和虛擬形象驅動等 AI 技術設計動態虛擬人物的能力。在現場只需拍攝一張照片，就能在幾秒內快速生成一個可以模仿「我」的表情、動作的虛擬形象。

在可預見的未來，作為使用者在虛擬世界中個人身份和互動載體的「數位化身」，將進一步與人們的工作和生活相融合，並將帶動虛擬商品經濟的發展。

綜上所述，隨著技術的不斷發展和應用場景的不斷拓展，相信 AIGC 將在未來的娛樂行業中發揮越來越重要的作用，為娛樂行業的數位化轉型和智慧化發展注入新的動力。

除了傳媒、電子商務、影視和娛樂等數位化程度高、內容需求豐富的行業，AIGC 在教育、金融、醫療和工業等各行各業的應用也在快速發展。

- 在教育領域，AIGC 為教育材料賦予了新的活力，使課本更加具體化、立體化，以更加生動、令人信服的方式向學生傳遞知識。

- 在金融領域，AIGC 助力金融機構實現降本增效，透過自動化生產金融資訊和產品介紹視訊等方式提升金融機構內容營運的效率，同時透過虛擬數字人客服為金融服務注入溫度。

- 在醫療領域，AIGC 賦能診療全過程，提高醫學影像品質、輸入電子病歷等，提升醫生群眾的業務能力，同時為患者提供人性化的康復治療。

- 在工業領域，AIGC 助力工廠提升產業效率和價值，縮短工程設計週期，加速數位孿生系統的建構，實現與其他各類產業深度融合的橫向結合體。

總之，與 AIGC 相關的應用正加速滲透到經濟社會的各方面。

第 2 篇
個人應用

第 3 章

AI 聊天對話

GPT 是一種預訓練的生成式變換器模型，而 ChatGPT 則是其中一個領域，專門用於與使用者進行對話和互動，即我們常說的 AI 聊天對話。

本章將從 AI 聊天對話的實際應用展開，逐步揭開 ChatGPT 的底層原理。

3.1 ChatGPT 大揭秘

ChatGPT 透過大規模的無監督學習，從大量的網際網路文字資料中進行訓練，以便能夠理解和生成自然語言文字。它可以回答問題、解決問題、提供解釋、進行閒聊、進行文字摘要、翻譯等。ChatGPT 的優勢在於其功能強大且通用，它可以適應各種不同領域和主題的對話，並且無須進行特定領域的訓練。

為了更進一步地理解 ChatGPT，接下來，我們將帶領讀者做一些簡單的嘗試和體驗。

3.1.1 ChatGPT 的基本使用

下面將從以下 3 個方面介紹 ChatGPT 的使用方法。

1. 操作介面簡介

透過瀏覽器造訪 OpenAI 官方網站，可以看到，ChatGPT 的操作介面如圖 3-1 所示。

- 建立階段：讀者可以透過按一下介面左上角的「New chat」按鈕，開啟一個聊天對話。
- 聊天視窗：在該視窗中可以輸入使用者想與 AI 對話的內容。

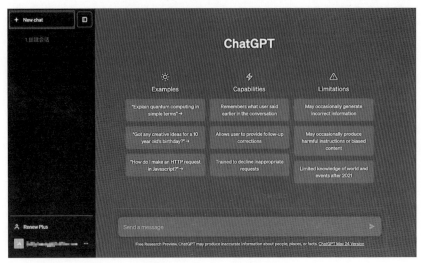

▲ 圖 3-1 ChatGPT 操作介面

2. 第一個聊天對話

在聊天視窗中輸入「你是一位專業的表演藝術家，請模仿周星馳的口吻來一段精彩的 ChatGPT 簡介」，並按一下▶按鈕，如圖 3-2 所示。

▲ 圖 3-2 聊天對話

可以看到，ChatGPT 舉出了一段周星馳風格的響應，基本符合我們的聊天預期。當然，讀者也可以自行嘗試，如編劇本、寫指令稿、分析問題等。

3. 升級 ChatGPT Plus

為了更進一步地服務使用者，OpenAI 提供了兩種階段選擇——Free plan（免費計畫）和 ChatGPT Plus，如圖 3-3 所示。Free plan 是普通版本，「ChatGPT Plus」則是會員付費版本。

▲ 圖 3-3　ChatGPT 提供的階段選擇

與普通版本相比，ChatGPT Plus 版本有哪些差異呢？

- 價格：ChatGPT Plus 是付費版本，使用者需要支付一定的費用來訂閱該服務，而免費版本是免費提供的。

- 存取優先權：ChatGPT Plus 使用者擁有優先存取權，這表示，在高峰時段或使用者需求多的情況下，付費使用者將優先獲得服務，而免費版本使用者則可能在存取時有延遲。

- 快速回應：ChatGPT Plus 使用者可以享受更快的回應速度，使他們在與 ChatGPT 進行對話時能夠更快地獲得回覆。

- 新功能先行：ChatGPT Plus 使用者可以優先體驗並存取新推出的功能，這使得付費使用者可以更早地嘗試並受益於 OpenAI 不斷改進和更新的服務。

📖 提示　ChatGPT Plus 版本使用者可以在「Settings&Beta」中開啟測試版功能，如圖 3-4 所示，以體驗新版本的特性。

▲ 圖 3-4　ChatGPT Plus 開啟測試版功能

在彈出的頁面中，讀者隨選開啟擴充能力，如圖 3-5 所示。

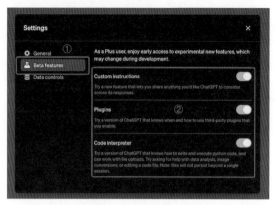

▲ 圖 3-5　開啟擴充能力

按照上述引導開啟擴充能力後，就可以傳回主頁面體驗新的特性了，如圖 3-6 所示。

▲ 圖 3-6　體驗新的特性

舉例來說，選擇 Plugins 模式後，系統會引導使用者進入「外掛程式商店」選擇需要的外掛程式，如圖 3-7 所示。

▲ 圖 3-7　外掛程式商店

3.1.2 用提示詞（Prompt）與 AI 對話

正如人與人之間透過語言和文字進行溝通一樣，人與 AI 對話也需要透過特定的方式——提示詞（Prompt）——來進行。比如，我想知道北京的天氣情況，可以使用提示詞「請告訴我今天北京的天氣」，就是我們給機器的提示詞。

恰當的提示詞對得到準確和有用的回答很重要，有助機器理解我們的意圖並提供有意義的回應。

1. 互動流程

使用者與 AI 之間的互動流程如圖 3-8 所示。

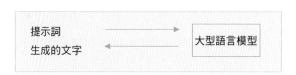

▲ 圖 3-8 使用者與 AI 之間的互動流程

- 使用者提出問題——輸入提示詞（Prompt）。
- 大型語言模型進行語義分析。
- 大型語言模型輸出生成的文字，即給出問題的答案。

2. 標準的提示詞結構

在與機器進行交流時，使用結構化的提示詞不僅可以降低溝通成本，還能加強機器的理解，從而得到更高效的問題答案。

標準的提示詞從結構上通常可以被拆分為 4 部分。

- Instruction（必選）：指令，即使用者希望模型執行的具體任務。
- Context（選填）：背景資訊，或說是上下文資訊，這可以引導模型做出更好的反應。
- Input Data（選填）：輸入資料，告知模型需要處理的資料。
- Output Indicator（選填）：輸出指示器，告知模型我們要輸出的類型或格式。

⏹ **提示** 在大多數情況下，我們在寫提示詞時並不需要包含完整的 4 個元素，可以根據實際需求靈活組合。如：推理場景的推薦採用「Instruction + Context + Input Data」結構，資訊提取場景則推薦採用「Instruction + Context + Input Data + Output Indicator」結構。

業界比較流行的提示詞框架（Prompt Framework）叫作 CRISPE。該框架的複雜度更高，適合作為 Prompt 的基礎範本進行拓展，對讀者有一定的啟發性。

- CR：Capacity and Role（能力與角色），使用者希望 ChatGPT 扮演什麼角色。
- I：Insight（洞察力），背景資訊和上下文。
- S：Statement（指令），使用者希望 ChatGPT 做什麼。
- P：Personality（個性），使用者希望 ChatGPT 以什麼風格或方式回答。
- E：Experiment（嘗試），要求 ChatGPT 提供多個答案。

⏹ **提示** 提示詞還有一個最佳實踐──「ChatGPT 中文 Prompt 調教指南」。我們可以從 GitHub 中搜尋關鍵字 ChatGPT-Prompt，找到一些參考。

3. 對話 AI

下面來寫一筆結構化的提示詞，具體如下：

Prompt：我想讓你充當 Linux 終端。我將輸入命令，你將回覆終端應顯示的內容。我希望你只在一個唯一的程式區塊內回覆終端輸出，而非其他任何內容。不要寫解釋。除非我指示你這樣做，否則不要輸入命令。當我需要用英文告訴你一些事情時，我會把文字放在中括號內 [就像這樣]。我的第一個命令是 pwd。

準備就緒後，開啟 ChatGPT，並將上述提示詞透過聊天視窗發送給它，如圖 3-9 所示。

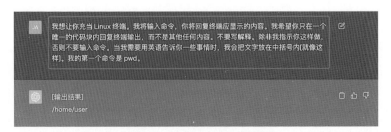

▲ 圖 3-9 設定 AI 角色和任務

完成 AI 角色和任務的設定後，ChatGPT 舉出了「/home/user」的回覆，說明它已經成功理解了我們的要求——使用 pwd 命令輸出了當前的工作目錄。

接下來進行驗證，在聊天視窗中輸入「tree」，即希望以樹形結構展示目錄結構，如圖 3-10 所示。可以看到，實驗結果還是相對準確的。

掌握標準的提示詞（Prompt）結構能夠激發 ChatGPT 的最佳表現，使得它更進一步地滿足我們的需求，並給予準確的回饋，從而提升我們的學習和工作效率。

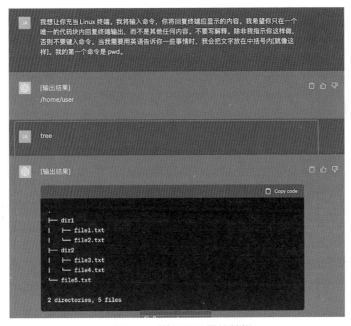

▲ 圖 3-10 樹形展示目錄結構

3.2 提示詞最佳化——讓 ChatGPT 更懂你的提問

前面介紹了 ChatGPT 的基本使用，本節將介紹最佳化提示詞的相關策略和技巧。

3.2.1 什麼是提示詞最佳化

提示詞最佳化是指，透過調整與大型語言模型的「交流」方式來挖掘模型的內在能力，提高其完成任務的成功率。下面將從原理層簡單介紹為什麼要進行提示詞的最佳化。

1. 大型語言模型的泛化能力

大型語言模型的泛化能力是指，大型語言模型在處理未見過的資料或任務時，能夠表現出良好性能的能力。

打一個比喻：某人從小就開始閱讀各種各樣的書籍，包括文學、歷史、科學、藝術等，他累積了大量的知識和詞彙，也掌握了不同的語言風格。這個人就像一個大型語言模型，他可以用語言來表達和理解各種事物。現在，我們給這個人一個新的任務（如寫一篇文章、翻譯一段話、回答一個問題等），他可能會遇到以下兩種情況。

- 他已經做過類似的任務，或有相關的知識和經驗，這樣他就可以很容易地完成這個任務，而且做得很好。我們就說他有很強的資料泛化能力，即他可以在訓練集之外的資料上保持較高的準確性和堅固性。

- 他沒有做過類似的任務，或沒有相關的知識和經驗，但他可以根據任務的要求和提示，利用自身的知識，把解決其他問題的想法遷移過來，並創造性地完成這個任務，而且效果還不錯。我們就說他有很強的任務泛化能力，即他可以在沒有專門針對某個任務進行微調的情況下，僅透過輸入的一些提示詞或範例，就可以完成各種類型和難度的任務。

> 💡 **提示**　對於上述兩種情況，我們都說這個人有很強的泛化能力，但仔細觀察會發現，在兩種情況下所具有的能力是不同的：
> 第一種情況，他在知道解題想法的前提下，能夠運用新資料去完成任務。這種情況下所具有的能力被稱為「資料泛化能力」；第二種情況，他在不知道解題想法的前提下，根據任務的要求和提示創造性地完成任務。在這種情況下所具有的能力被稱為「任務泛化能力」。

這兩種能力對應著大型語言模型的兩個重要的能力。

（1）上下文學習（In Context Learning）能力。

使用者可以透過提示詞讓大型語言模型進入某種狀態。當出現這種情況時，大型語言模型似乎進入了一種角色狀態，在這個角色或環境下，它能夠呼叫更多相關的知識和資訊，基於新的資料來完成與這個角色相關的任務。

（2）思維鏈（Chain of Thought，CoT）能力。

大型語言模型會呈現出一定的邏輯推理能力和指令跟隨能力，它可以按照提示詞一步步地完成任務。

2. 使用自然語言程式設計

在過去很長一段時間裡,自然語言處理的研究者為每個獨立的「任務」訓練一個獨立的模型,這個模型只為完成這個任務。比如,為中英翻譯、中日翻譯、中俄翻譯各訓練一個模型。在這樣的背景下,新增一個任務就需要訓練一個新模型。訓練模型需要專業的能力,普通人是無法透過訓練模型提高自己的生產效率的。

大型語言模型的出現徹底改變了這一現狀。

- 大型語言模型學習的知識多,泛化能力強。從目前的研究來看,大型語言模型在能力上已經超越或正在超越領域模型。我們在使用時大多數時候不需要針對領域訓練特有模型。

- 大型語言模型可以透過基於自然語言的提示詞與人進行互動,這使得以往需要專業程式設計經驗的工作,現在可以使用自然語言向大型語言模型直接下達指令,並得到令人滿意的結果。對於一些複雜任務(如文字摘要、翻譯、情感分析等),之前就算透過程式開發的方式也很難實現,而現在可以很容易地實現它。

3.2.2 提示詞最佳化的基礎

本節介紹提示詞最佳化的基本工具、概念和常識。

1. 體驗提示詞調試工具 Playground

下面使用 OpenAI 的 Playground 作為提示詞調試工具。

(1)開啟 OpenAI 官方網站並登入,如圖 3-11 所示。

(2)登入後會有 ChatGPT、DALL·E、API 共 3 個主要選項,如圖 3-12 所示,這裡選擇 API。

▲ 圖 3-11 登入 OpenAI 官網

▲ 圖 3-12 OpenAI 的 3 個主要選項

（3）進入如圖 3-13 所示的頁面，這裡選擇頂部的 Playground 選項。

▲ 圖 3-13 OpenAI 的 API 功能首頁

（4）進入 Playground 頁面，如圖 3-14 所示。

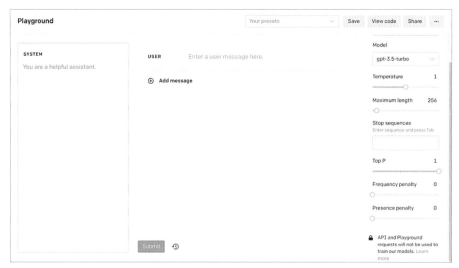

▲ 圖 3-14 OpenAI 的 Playground 頁面

下面介紹一下 Playground 頁面中的相關參數。

2. 與模型有關的重要參數

Playground 頁面分為以下 3 個部分。

- 上面的工具列：包括儲存（Save）、查看程式（View code）、分享（Share）等功能。

- 左側的互動區：包括 SYSTEM 輸入框、USER 輸入框和 Submit 按鈕。

- 右側的設置區：包括模型（Model）、溫度（Temperature）、Top P 等選項。

> 📌 **提示** ChatGPT 和 OpenAI Playground 都是 OpenAI 開發的工具，但兩者存在一些差異。
>
> - ChatGPT 的主要目的是提供一個簡單且對使用者友善的聊天介面，用於 GPT-3.5/GPT-4 生成文字。使用者輸入提示詞，模型根據提示詞生成文字。ChatGPT 最適合需要快速、輕鬆地開發文字的使用者。
> - OpenAI Playground 是一個更高級的工具，它提供了用於自訂模型行為的各種選項和設置。使用者可以從多個 GPT 模型中選擇某個模型、調整模型的大小、選擇不同的輸出格式等。OpenAI Playground 非常適合「想要嘗試不同設置，以了解它們如何影響模型行為」的使用者。

下面介紹與模型有關的一些重要參數。

- 溫度（Temperature）：其值越小，模型傳回的結果就越確定；其值越大，模型傳回的結果就越隨機。我們可以給不同的任務設置不同的溫度值，舉例來說，對於文字總結，我們希望總結的內容更符合原文的意思，那就使用小的溫度值；對於創意寫作，那就使用更大的溫度值。
- Top P：用來控制模型傳回結果的真實性。如果我們需要更加準確的答案，則調低參數值，反之，調高參數值。

大型語言模型能夠理解的上下文長度是有限的，若超出規定的長度，模型在對話中就會出現資訊遺失等問題。這個上下文長度使用 Token 這個單位進行衡量。下面簡單介紹一下「模型的最大 Token 數」的概念。

（1）什麼是 Token。

大型語言模型以 Token 的形式讀取和寫入文字。Token 可以短至一個字元，也可以長至一個單字（舉例來說，a 或 apple）。在某些語言中，Token 甚至可以短於一個字元，也可以長於一個單字。舉例來說，字串「ChatGPT is great!」被程式碼為 6 個 Token：「Chat」「G」「PT」「is」「great」「!」。一個 Token 不一定是一個單字，它可能只是一個單字的一部分，或是一個字母、符號。根據 OpenAI 的粗略估計，1 個 Token 大約相當於 4 個字元或英文文字的 0.75 個單字。

（2）最大 Token 數。

大型語言模型在與使用者進行互動時，需要保留上下文，以便獲得更好的結果，這與人類的記憶類似。「最大 Token 數」就是大型語言模型能夠記憶上下文的 Token 長度。

　　不同模型的上下文長度限制是不同的。上下文越長的模型，其能力越強，這一點在文字總結方面的表現尤為明顯，比如，如果一個模型的上下文長度限制為 10 萬個 Token，大約 7.5 萬個英文單字，那麼我們可以舉出一篇 7.5 萬字的文章讓它總結，而不需要擔心其遺失上下文資訊。

　　OpenAI 不同模型的上下文長度如下。

- GPT-4：8192 個 Token。
- GPT-4-32k：32768 個 Token。
- GPT-3.5-turbo：3096 個 Token。
- GPT-3.5-turbo-16k：16384 個 Token。

> ■ **提示**　ChatGPT 是根據對話過程中使用的 Token 量計算收費的。不同模型的單 Token 價格是不同的，模型越先進，收費越高。

3. 嘗試大型語言模型「補全」能力

　　大型語言模型的基本原理是，透過大規模的無監督學習來對下一個可能出現的 Token 進行「補全」。

　　舉個例子：大規模無監督學習，可以類比為「讓一個記憶力超強的小孩閱讀大量的書籍，他讀完後總結了一些規律」，比如，在他閱讀的所有資訊中，單字「a」後面出現「dog」的機率最大，現在，給這個小孩一個單字「a」，讓他「補全」後面的資訊，他最有可能補全的是「a dog」。

　　（1）設置 Playground，輸入內容，查看補全結果。

　　下面設置 Playground：Mode 選擇為「Complete」，Model 選擇為「text-davinci-003」（達文西模型，這是 InstructGPT 模型的一種），Temperature 選擇為 0.7，Top P 選擇為 1。

　　輸入「The sky」作為提示詞後，模型補全的內容（圖中帶有底色的文字）如圖 3-15 所示。

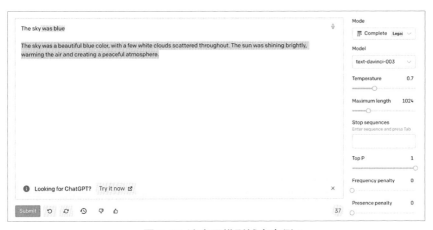

▲ 圖 3-15 達文西模型補齊案例 1

我們來看一下補齊過程。

首先，模型將「The sky」補全成了「The sky was blue」，之後，模型又發揮了創造性，把這句話擴寫成為：「The sky was a beautiful blue color, with a few white clouds scattered throughout. The sun was shining brightly, warming the air and creating a peaceful atmosphere.」（中文翻譯為：天空是美麗的藍色，散落著幾朵白雲。陽光明媚，溫暖著空氣，營造出一種寧靜的氣氛。）

（2）將溫度值調高，看看補全結果。

如果想讓補全的結果更加有創造性，則調整溫度值，比如將溫度值調整到 1.5，效果如圖 3-16 所示。

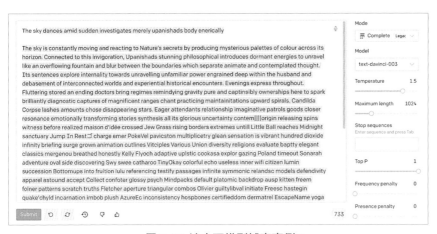

▲ 圖 3-16 達文西模型補齊案例 2

　　這次補全的內容就非常多了。我們來看第一句話「The sky dances amid sudden investigates merely upanishads body enerically」（中文翻譯為：天空在突然的舞動中探查出奧義身體的活力），語義已經完成無法被理解了。將溫度值設置較高的直觀效果是字變多了。實際上，提高溫度值確實提高了模型補齊文字的自由度。在這種情況下，模型輸出的文字甚至是多種語言的組合，語義上就更無法斟酌了。在具體的應用過程中，探索使用合理的溫度值是每個使用者的基本功。

　　我們多多嘗試就會發現，就算溫度和 Top P 值相同，多次生成的內容結果也會相差很大。

> 📀 **提示**　上面使用的「text-davinci-003」（達文西模型）是 OpenAI 推出的「Instruct-GPT」模型的最新版本，實質上是基於 GPT-3 模型進行了一定微調後得到的。
>
> 那麼，GPT-3 模型和 InstructGPT 模型有什麼區別呢？
>
> • GPT-3 模型是最基礎的預訓練模型。
>
> • InstructGPT 在 GPT-3 模型的基礎上使用了指令學習和基於人類回饋的強化學習，其結果更符合人類預期。
>
> 所以，相比 GPT-3 模型，InstructGPT 的結果更好，更符合自然對話場景。

　　這就是大型語言模型的基本能力——「補全」能力。下面我們來了解一下更加常用的對話能力。

3.2.3 提示詞最佳化的策略

　　在 Playground 設置面板中，Mode 選擇為 Chat，Model 選擇為 GPT-3.5-turbo，Temperature 設置為 0.7，Top P 設置為 1，Maximum length 設置為 1024，如圖 3-17 所示。

　　在 Chat 模式下，系統的設置介面有了較大的變化，出現了兩個輸入框，分別是 SYSTEM 和 USER。

> 📀 **提示**　SYSTEM（系統）和 USER（使用者）都是 Chat 模式下的角色。除這兩個角色外，在使用者與模型互動的過程中還有一個角色——ASSISTANT。

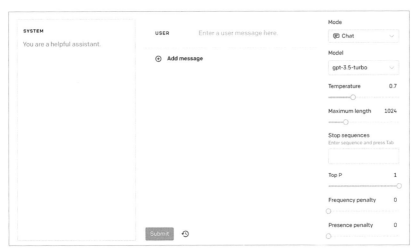

▲ 圖 3-17 聊天模式的設置

下面將詳細介紹 Chat 模式下 3 個角色的功能。

- SYSTEM：設置幫手的行為。舉例來說，可以修改幫手的個性或提供有關其在整個對話過程中應如何表現的具體説明。系統訊息是可選的，沒有系統訊息的模型的行為可能類似於使用通用 SYSTEM 資訊：「你是一個有用的幫手」。

- USER：使用者的輸入，舉例來說，「幫我創作一首現代詩」。

- ASSISTANT（幫手）；它記錄模型每次傳回的資訊。為了確保對話的上下文能夠持續存在，在每次對話時都需要把之前對話的 USER 資訊和 ASSISTANT 資訊一併傳入模型，以便產生新的回答。

本節將透過舉例的方式介紹 3 筆最常用的提示詞最佳化策略：清楚明確的提示詞、將複雜的任務進行拆分、給模型思考的時間。

1. 清楚明確的提示詞

當我們向 ChatGPT 下達任務時，可能存在以下兩個問題，這兩個問題非常影響結果的品質：

- 我們對自己想要的東西並不是那麼清楚。

- 我們不知道 ChatGPT 傳回的內容是否符合預期，有可能太長，也有可能太短，有可能很專業，也有可能很口語化。

　　我們應該最佳化提示詞，以便獲得滿意的結果。為了讓讀者更進一步地理解，下面舉例說明。我們希望使用 ChatGPT 總結以下的會議紀要，以便更進一步地開展後續工作。

喜悅的會議日期：2022 年 4 月 1 日
愉快的會議時間：上午 10:00
心安的會議地點：咖啡廳，小小角落

參與的朋友們：張小花，李大石，王曉雲，趙鐵柱，陳小明
張小花在上午 10:05 開啟了會議
1. 熱烈歡迎我們的新夥伴，陳小明

2. 討論我們最近的野餐活動：
- 張小花：「整體來說，大家玩得都很開心，但是我們的食物準備得有點少。我們需要提前做好計畫。」
- 李大石：「我同意，下次我可以帶更多的三明治。」
- 王曉雲：「我覺得我們可以試試新的遊戲，比如飛碟。」

3. 解決公園的垃圾問題
- 趙鐵柱：「我們需要更好的策略來處理這些垃圾。我們應該帶著垃圾袋，把垃圾帶走。」
- 張小花：「我會跟公園管理員反映這個問題，看看他們能不能多放一些垃圾桶。」

4. 回顧一年一度的烘焙大賽
- 王曉雲：「我很高興地報告，我們的隊伍在比賽中獲得了第二名！我們的草莓蛋糕大受歡迎！」
- 陳小明：「明年我們要爭取第一名。我有一個巧克力餅乾的秘密配方，我覺得可能會贏。」

5. 計畫即將到來的慈善義賣活動
- 張小花：「我們需要一些創新的想法來佈置我們在義賣活動的攤位。」
- 趙鐵柱：「我們可以搞一個'猜猜我是誰'的遊戲嗎？我們可以讓人們猜猜扮成動物的人是誰。」
- 李大石：「我可以設置一個'你知道這首歌嗎'的問答遊戲，並為贏家提供獎品。」

6. 即將進行的團隊建設活動

- 陳小明:「我建議我們可以組織一個到動物園的團隊建設活動。這是一個很好的機會,讓我們在完成最近的活動後能夠有機會放鬆和加強團隊的凝聚力。」

- 張小花:「聽起來是一個超級好的主意,我會查看預算,看看我們能否實現。」

7. 下次會議的議程

- 更新野餐食物準備的進度(李大石)

- 垃圾問題的回饋結果(張小花)

- 義賣活動的最後準備(所有人)

上午 11:15 時,大家歡快地結束了會議。下次會議定於 2022 年 4 月 15 日上午 10:00,在咖啡廳小小角落進行。

我們可以透過提示詞來指導 ChatGPT 進行會議紀要整理,但是不同寫法的效果差別很大,具體步驟如下。

(1)輸入提示詞。

在 SYSTEM 輸入框中輸入以下提示詞:

SYSTEM:為我們提供會議紀要

首先,在 Playground 設置面板中輸入最基本的設置,輸入 SYSTEM 和 USER 的內容,如圖 3-18 所示,然後按一下下面的「Submit」(提交)按鈕。

結果如圖 3-19 所示。模型傳回的結果並不理想。首先,我們希望突出會議重點結論,而非羅列會議內容且放在最上面;其次,我們希望明確舉出會後參會人的待辦,以及下次會議待討論的內容。現在的結果中沒有這些內容。

(2)第一次最佳化提示詞。

我們將提示詞改為以下內容:

SYSTEM:你是一個專業會議記錄員,你將為我們總結會議紀要,首先幫我們對會議進行重點概述,然後總結會議的待辦,以及下次會議的議題。

可以看到結果好了不少,如圖 3-20 所示。

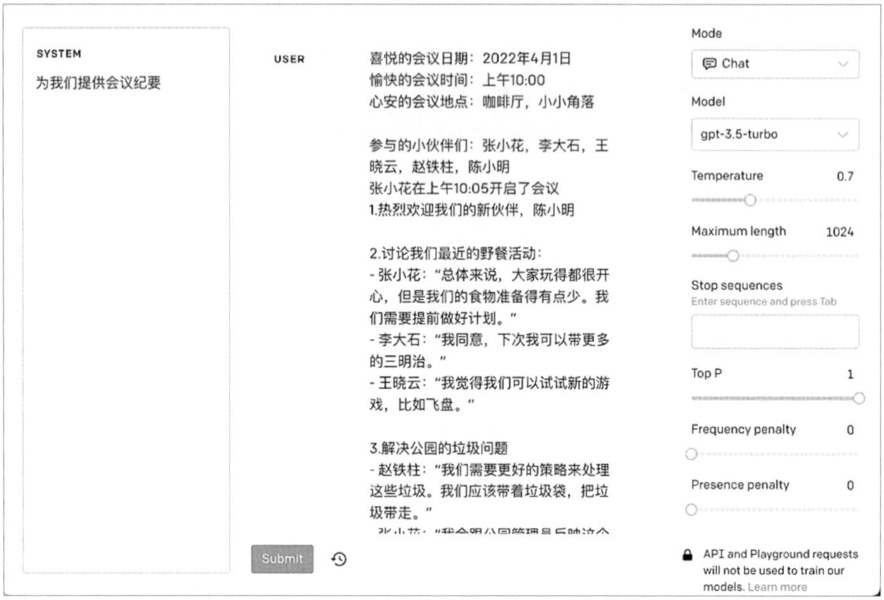

SYSTEM
为我们提供会议纪要

USER
喜悦的会议日期：2022年4月1日
愉快的会议时间：上午10:00
心安的会议地点：咖啡厅，小小角落

参与的小伙伴们：张小花，李大石，王晓云，赵铁柱，陈小明
张小花在上午10:05开启了会议
1.热烈欢迎我们的新伙伴，陈小明

2.讨论我们最近的野餐活动：
- 张小花："总体来说，大家玩得都很开心，但是我们的食物准备得有点少。我们需要提前做好计划。"
- 李大石："我同意，下次我可以带更多的三明治。"
- 王晓云："我觉得我们可以试试新的游戏，比如飞盘。"

3.解决公园的垃圾问题
- 赵铁柱："我们需要更好的策略来处理这些垃圾。我们应该带着垃圾袋，把垃圾带走。"

Submit

Mode
Chat

Model
gpt-3.5-turbo

Temperature 0.7

Maximum length 1024

Stop sequences
Enter sequence and press Tab

Top P 1

Frequency penalty 0

Presence penalty 0

API and Playground requests will not be used to train our models. Learn more

▲ 圖 3-18 會議紀要提示詞設置

ASSISTANT
会议纪要：2022年4月1日

会议日期：2022年4月1日
会议时间：上午10:00
会议地点：咖啡厅，小小角落

参与人员：
1. 张小花
2. 李大石
3. 王晓云
4. 赵铁柱
5. 陈小明（新伙伴）

会议内容：
1. 张小花开启会议，并欢迎陈小明加入团队。
2. 讨论最近的野餐活动，大家表示玩得很开心，但食物准备不足，决定下次要提前做好计划。
3. 解决公园的垃圾问题，决定带垃圾袋把垃圾带走，并与公园管理员反映问题。
4. 回顾烘焙大赛，团队获得第二名，草莓蛋糕大受欢迎。陈小明分享了巧克力饼干的秘密配方，决定明年争取取第一名。
5. 计划即将进行的慈善义卖活动，讨论摊位布置和游戏活动的想法。决定布置一个'猜猜我是谁'的游戏和'你知道这首歌吗'的问答游戏。
6. 讨论即将进行的团队建设活动，陈小明建议组织一次到动物园的活动，以放松和加强团队凝聚力。张小花表示会查看预算可行性。
7. 下次会议议程：
　 - 更新野餐食物准备的进度（李大石）
　 - 垃圾问题的反馈结果（张小花）
　 - 义卖活动的最后准备（所有人）

会议结束时间：上午11:15
下次会议时间：2022年4月15日上午10:00，在咖啡厅小小角落进行。

▲ 圖 3-19 會議紀要提示詞結果

ASSISTANT

会议重点概述：
1. 讨论了最近的野餐活动，提出了增加食物准备和尝试新游戏的建议。
2. 解决公园的垃圾问题，提出了带垃圾袋和向公园管理员反映的解决方案。
3. 回顾了烘焙大赛的成绩和计划明年争取第一名。
4. 计划即将到来的慈善义卖活动，提出了布置摊位和游戏策划的想法。
5. 讨论了即将进行的团队建设活动，提议组织去动物园的活动。

待办事项：
1. 更新野餐食物准备的进度（由李大石负责）
2. 垃圾问题的反馈结果（由张小花负责）
3. 义卖活动的最后准备（所有人）

下次会议议题：
1. 野餐食物准备的进度更新
2. 垃圾问题反馈结果
3. 义卖活动的最后准备

下次会议日期：2022年4月15日
下次会议时间：上午10:00
下次会议地点：咖啡厅，小小角落

▲ 圖 3-20 第一次最佳化提示詞的結果

（3）第二次最佳化提示詞。

我們有了新要求：①會議重點概述透過兩句話介紹清楚，重點突出。②在內容順序上，下次會議議題放在待辦事項上面。

為了得到更好的結果，我們會要求模型的輸出格式如下。

SYSTEM：你是一個專業會議記錄員，你將為我們總結會議紀要，首先幫我們對會議進行重點概述，然後總結下次會議的議題和本次會議的待辦，並標注下次會議的時間和地點。

最終的會議紀要需要有三個部分，分別是：

- 會議重點概述（不多於兩句話）
- 下次會議議題
- 會議待辦（需要做什麼，以及由誰來做）

如圖 3-21 所示，這次結果比較符合我們的預期：會議重點的總結很簡短，能夠突出重點；下次會議議題和會議待辦的順序也已經按照要求做了調整。

ASSISTANT

会议重点概述：讨论了最近的野餐活动、解决公园的垃圾问题、回顾烘焙大赛、计划慈善义卖活动和即将进行的团队建设活动。

下次会议议题：
- 更新野餐食物准备的进度（李大石）
- 垃圾问题的反馈结果（张小花）
- 义卖活动的最后准备（所有人）

会议待办：
- 李大石负责更新野餐食物准备的进度
- 张小花负责向公园管理员反馈垃圾问题的结果
- 所有人一起准备义卖活动的最后准备

下次会议时间：2022年4月15日上午10:00
下次会议地点：咖啡厅，小小角落

▲ 圖 3-21 第二次最佳化提示詞的結果

讀者可以從這個例子體會到不斷最佳化的過程,該過程更類似於使用自然語言撰寫指令,整個過程與偵錯程式類似。

> **提示** 我們一般會規定輸出的句子數量,而非字數,原因如下。
> (1) 在實際使用時,在提示詞中規定模型的輸出字數是無效的,比如,要求輸出 10 個字,最後生成的內容可能是 50 個字,也可能是 5 個。
> (2) 大型語言模型更希望產出語義完整的句子。在有字數限制的情況下常常無法產生語義完整的句子,所以大型語言模型一般會忽略對於字數限制的要求。

總結一下,在上面這個例子中使用了以下技巧。

- 提示詞中應儘量詳細地包含我們需要的資訊。在上面這個例子中,我們要求「重點概述」「下次會議的議題」「會議的待辦」這 3 部分內容。
- 提示詞中應指定完成任務所需的步驟。在上面這個例子中,我們使用了「首先幫我們對會議進行重點概述,然後總結會議的待辦,以及下次會議的議題」這樣的提示詞。
- 提示詞中應規定輸出格式及長度。在上面這個例子中,我們規定了輸出的格式,以及會議重點概述不多於兩句話。
- 提示詞中應規定模型的角色。在上面這個例子中,我們要求模型是一個「專業會議記錄員」。使用不同的角色,會有不同的輸出效果,比如,可以要求模型是一個「俏皮的會議記錄員」,有興趣的讀者可以嘗試一下。

2. 將複雜的任務進行拆分

將複雜的任務進行拆分的核心想法與撰寫程式中子問題分解的想法類似。

子問題分解是指,首先將複雜的問題拆分成更簡單的獨立的子問題,然後將這些子問題再次拆分。當子問題足夠簡單時,我們就可以解決子問題了。當所有的子問題都被解決後,複雜問題也就得以解決。

> **舉例** 有一台計算機,它只能一次計算兩個整數的乘法。如果我們希望計算 5 的階乘(即 5×4×3×2×1),直接在計算機內輸入 5 個數字相乘是不可能的,但如果把 5 的階乘看作「5 與 4 相乘,結果與 3 相乘,結果再與 2 相乘」,那麼就可以使用這個計算機了。

大型語言模型的能力限制的瓶頸主要存在於上下文的長度。如果超過最大上下文 Token 數，則模型就會對超出的部分「失憶」，並極大地影響完成任務的效果。

> **提示** 在文字摘要任務中，如果文字內容超過模型的最大上下文 Token 數，則總結出的內容往往會出現重點內容的缺失。這時我們可以採取子問題分解的想法：將長文章的每段內容進行總結（即將長文章變為摘要內容），在此基礎上，對所有的摘要再做摘要，避免遺漏重要的內容。

我們對維基百科中的「南極洲」這個詞條做一個摘要，如果輸入的內容超過了 GPT-3.5 的最大上下文 Token 數量（4097 個 Token），則系統會出錯，如圖 3-22 所示。

▲ 圖 3-22 文字摘要任務內容過長顯示出錯

接下來我們可以嘗試將子問題分解。「南極洲」這個詞條中包括：序言、命名和辭源、地理、地質、人口和經濟等多個目錄。其中，地理目錄下又有多個子目錄：地形、水文水系、氣候、生物等二級目錄。生物二級目錄下又包括動物、植物和其他生物等三級目錄。

我們針對下一級的每個目錄進行摘要，組合成由摘要組成的文章，再進行二次摘要。其詳細操作過程在這裡就不贅述了。

最終生成的摘要中涉及南極洲在地理、地質、人口、經濟等多個維度的總結和抽象，避免出現重點資訊的遺漏。

3. 給模型思考的時間

在使用模型處理一些複雜的任務時，模型在進行簡單嘗試後無法舉出正確的結果，這很多時候不是因為模型的能力不足，而是因為模型沒有掌握正確的方法，因此需要我們引導。

我們來看下面這個例子。在這個例子中，我們給出問題和學生的答案，希望模型能夠幫我們判斷學生的解答是否正確，如圖 3-23 所示。

▲ 圖 3-23 太陽能建設花銷問題結果

模型舉出的結果為：學生的答案是正確的。這個判斷明顯是錯誤的，模型的回答很乾脆，也沒看出有邏輯推理的動作。我們嘗試先讓模型自己算一遍，再與 USER 的結果進行對比，試試模型是否能夠發現其中的問題。我們將提示詞進行修改，要求模型先計算。修改後的提示詞如下：

SYSTEM：你先自己解決問題。然後將你的解決方案與學生的解決方案進行比較，評估學生的解決方案是否正確。在你自己解決問題之前，不要判斷學生的解決方案是否正確。

將提示詞輸入工具後，得到的結果如圖 3-24 所示。可以看到，這次模型舉出了正確的判斷。

在這次嘗試中，我們舉出了一個具體的判斷方法，模型基於這個判斷方法，一步一步地進行處理，最終舉出了正確的結果，如下：

ASSISTANT: 我的解答：假設 y 是佔地面積。

- 土地成本為 100y
- 太陽能電池板成本為 250y
- 維護成本為 100000+10y

因此，第一年營運的總成本是 100y + 250y + 100000 + 10y = 360y + 100000。

對比學生的解答，發現學生在計算維護成本時，每平方英尺的額外花費應為 10 美金，而非 100 美金。所以他的計算結果 450x+100000 是错誤的。正確答案應該是 360x+100000。

▲ 圖 3-24 太陽能建設花銷問題最佳化

我們可以看到，透過最佳化提示詞，讓模型進行思考和解決，並對比後舉出結論的方式能夠提高解決這類任務的成功率。雖然我們這次的嘗試成功了，但細心的讀者會發現我們使用了更加先進的 GPT-4 模型，主要是因為 GPT-3.5 模型的指令跟隨能力較弱，它可以獨立解決這個數學問題，但是無法進行有效的對比。有興趣的讀者可以自己嘗試，發現 GPT-3.5 可以獨立解決這道數學題並舉出答案，但是在與已有答案進行對比後仍然舉出了「回答正確」的錯誤結果。

> **提示** GPT-4 在解決幾乎所有的任務時都優於 GPT-3.5，但是目前限制使用 GPT-4 的瓶頸在於推理成本和回應時間，不過相信這種情況很快就會得到改善。
>
> 另外，隨著模型能力的不斷提升，它能夠解決的問題會越來越複雜，提示詞最佳化主要會應用在這些複雜問題中，如複雜的學科領域知識，對於簡單問題，提示詞最佳化中很多策略的重要性會逐漸下降。

在「給模型時間思考」這個策略中，上面的例子使用了一個最常用的技巧：在判定問題中，讓模型先自己解決問題，再與已有的答案進行對比，會有效地提升任務的成功率。除這個技巧外，還有一些其他的技巧，有興趣的讀者也可以深入嘗試。

- 在提示詞中要求模型進行內部計算而不向使用者展示計算過程。這個策略適用於那些計算過程複雜的應用場景（向使用者展示過於複雜的計算過程可能會對使用者造成困擾或分散其注意力），簡化的輸出可以提供更加清晰的答案。

- 詢問模型是否有遺漏，或詢問模型是否確定。這個技巧非常簡單，對上述會議摘要案例更加適用，當會議內容很長時可以使用這個技巧。但是對於本節的判定問題來説，很有可能引導模型傳回錯誤的結果。總之，使用這個技巧需要判斷場景是否合適。

3.3 使用 ChatGPT 外掛程式擴充垂直內容

隨著我們對 ChatGPT 的理解逐漸加深，ChatGPT 存在的盲點和不足也逐步浮出水面。在目前的版本（截至 2023 年 8 月）中，ChatGPT 只能查詢到 2021 年 9 月之前的資訊。這就導致在某些特定領域，如房產資訊、飲食推薦、投資評估等，無法進行即時的網路查詢，從而使得應用場景大多受限於訓練資料集所覆蓋的範圍內。

此外，對於一些計算複雜的數學問題，如微積分、線性代數、概率論等，ChatGPT 可能無法準確地解答，這主要是因為，這些問題通常需要精確的計算和邏輯推理能力，這些能力超出了基於文字的模式辨識和生成的範圍。

那麼，有什麼解決方案可以破除 ChatGPT 自身訓練資料範圍的限制呢？這就不得不提到 ChatGPT 的外掛程式功能。

3.3.1 ChatGPT 外掛程式的必要性

正是基於上述的種種考慮，OpenAI 宣佈推出 ChatGPT 外掛程式功能，將會包括即時資料獲取、個性化的資料知識連線、精確的數學計算等能力，從而使 ChatGPT 的應用範圍更廣，實用性得以顯著提升。現在，ChatGPT 不僅能夠直接檢索最新的新聞，還可以幫助使用者查詢航班、酒店資訊，甚至協助使用者規劃出差行程，存取各大電子商務平臺的資料，幫助使用者進行價格比較，甚至直接下單。這標誌著 ChatGPT 將在更多的領域扮演更為重要的角色。

接下來，我們將一步步揭開 ChatGPT 外掛程式的神秘面紗。

1. ChatGPT 外掛程式是什麼

ChatGPT 外掛程式是一種特殊的應用程式，其作用是拓展並增強 ChatGPT 的核心功能，能夠執行特定的任務。換句話說，如果我們把 ChatGPT 視為一部「智慧型手機」，那麼外掛程式就可以被視為手機中的各種應用軟體，其重要性顯而易見。

ChatGPT 外掛程式的確好用，但也有一些注意事項需要我們留心。以下是 OpenAI 官方舉出的 3 筆重要提醒。

- 外掛程式由不受 OpenAI 控制的第三方應用程式提供支援。使用者在安裝前需要確保外掛程式安全且可信任。

- 外掛程式將 ChatGPT 連接到外部應用程式。如果使用者啟用外掛程式，則 ChatGPT 可能會將使用者的對話、自訂指令，以及使用者所在的國家 / 地區資訊發送到該外掛程式。

- ChatGPT 會根據使用者啟用的外掛程式自動選擇在對話期間何時使用外掛程式。

2. ChatGPT 外掛程式的使用體驗

接下來，讓我們一起體驗一下 ChatGPT 外掛程式的魔法所在。

開啟 ChatGPT 主頁面，選擇「Plugin store」，如圖 3-25 所示。

▲ 圖 3-25 外掛程式商店

📭 **提示** 如果讀者在主頁面無法看到「Plugin store」選項，則建議按照 3.1.1 節中的介紹開啟對應的配置選項。

開啟外掛程式商店後,搜尋「Link」並完成安裝,如圖 3-26 所示。

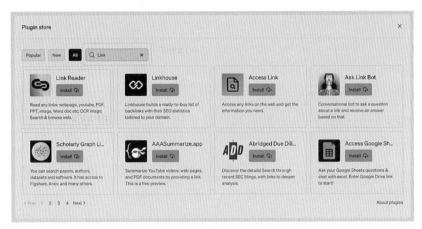

▲ 圖 3-26　安裝 Link Reader

接下來傳回主頁面,確保 Link Reader(該外掛程式可以透過文章連結來概括主旨內容和總結要點)已經正常啟用,如圖 3-27 所示。

▲ 圖 3-27　啟用 Link Reader

準備好後,我們就可以開始使用外掛程式了。在聊天視窗輸入一個網址進行測試,如圖 3-28 所示。

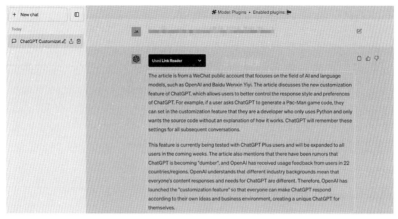

▲ 圖 3-28 透過文章連結分析內容摘要

透過與原文進行對比發現，內容摘要還是比較準確的。因為是國外的外掛程式，所以內容摘要是英文格式。如果讀者覺得不容易懂，則可以要求 ChatGPT 對上述內容進行中文翻譯，如圖 3-29 所示。

至此，我們已經完整地體驗了 ChatGPT 外掛程式的使用流程。效果是不是令人眼前一亮？各式各樣的外掛程式仿佛就是不同領域的專家，我們只需在「外掛程式商店」中尋找到「合適的人選」，便可得到所需的幫助。

總之，ChatGPT 的擴充外掛程式猶如一顆深水炸彈，在大型模型領域引發的漣漪無法預測。但毫無疑問，其在最貼近使用者「應用層」的發展將變得更加廣泛而充滿活力。

▲ 圖 3-29 使用 ChatGPT 將內容翻譯成中文

3.3.2 ChatGPT 外掛程式的基本原理

顧名思義,「外掛程式商店」提供了許多獨特的「外掛程式產品」。作為軟體開發者的我們可能已經迫不及待地想要開發出一款屬於自己的、獨特的 ChatGPT 外掛程式。然而,熟知「工欲善其事,必先利其器」的道理,在開始之前,我們需要先了解並掌握一些關於 ChatGPT 外掛程式的基本原理和知識。

1. ChatGPT 外掛程式的使用流程

通常來說,ChatGPT 外掛程式的標準工作流程有 4 步,即安裝外掛程式、使用者提問、使用外掛程式、傳回結果,其核心流程如圖 3-30 所示。

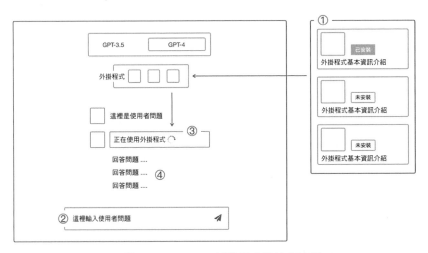

▲ 圖 3-30 ChatGPT 外掛程式的核心流程

(1)安裝外掛程式:使用者可以在「外掛程式商店」中找到所需的外掛程式,並完成安裝。

(2)使用者提問:這裡與標準流程完全一致,使用者只需在聊天視窗輸入問題,併發送給 ChatGPT 即可。

(3)使用外掛程式:ChatGPT 會根據問題和外掛程式文件,選擇已安裝的合適外掛程式,並將使用者問題作為參數傳遞給外掛程式。

(4)傳回結果:外掛程式處理完成後,會將結果或進一步的問題回傳給 ChatGPT,ChatGPT 在得到結果之後對資訊進行整合,最終傳回結果給使用者。

2. ChatGPT 外掛程式的工作原理

　　細心的讀者可能已經發現了，在使用 ChatGPT 外掛程式的過程中，使用者基本上不用進行額外的操作，那麼這又是如何做到的呢？接下來，我們將對 ChatGPT 外掛程式的工作原理進行逐步拆解，進一步剖析其中的奧秘，如圖 3-31 所示。

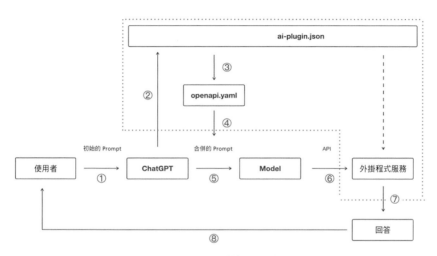

▲ 圖 3-31　ChatGPT 外掛程式的工作原理

　　步驟①：使用者輸入問題（即初始的 Prompt），ChatGPT 對問題進行分析，並查詢使用者已安裝的外掛程式是否有相關資訊。

　　步驟②：ChatGPT 將從外掛程式的 ai-plugin.json 檔案中獲取基礎的描述資訊，如：外掛程式名稱、版本編號、外掛程式介紹等。

> 📷 **提示**　ai-plugin.json 檔案記錄外掛程式的一些中繼資料（Metadata）資訊，這些資訊將用來在外掛程式商店展示該外掛程式，並用來告知 ChatGPT 這個外掛程式的具體作用。

　　步驟③：如果命中了某個外掛程式，那麼 ChatGPT 會連帶查詢 openapi.yaml 檔案，得到對應的外掛程式服務資訊。

> 📷 **提示**　openapi.yaml 是一個標準化文件，向 ChatGPT 解釋了 API 所提供的函數方法，並說明了如何呼叫函數和函數回應的具體格式等。

步驟④：ChatGPT 將步驟②和步驟③中的資訊進行整合，並形成一個「合併的 Prompt」。

步驟⑤：ChatGPT 呼叫大型語言模型，提示詞使用步驟④中「合併的 Prompt」。

步驟⑥：大型語言模型根據步驟⑤中傳入的相關資訊，直接呼叫「外掛程式服務」的 API。

步驟⑦：透過「外掛程式服務」處理之後，ChatGPT 將查詢的資料結果整合。

步驟⑧：使用者得到外掛程式服務提供的資料，ChatGPT 外掛程式呼叫完畢。

3. ChatGPT 外掛程式中 API 的認證機制

在實際應用的過程中，外掛程式可能會涉及服務鑑權等操作。為了滿足該類使用者場景，OpenAI 提供了 ChatGPT 外掛程式中 API 的認證機制，主要滿足以下 4 類場景。

（1）無須認證。

如果僅是資訊檢索類外掛程式，則不需要認證。在清單檔案（manifest）中配置以下資訊即可。

```
"auth": {
  "type": "none"
}
```

（2）伺服器端 Token 驗證。

在該場景下，ChatGPT 在呼叫開發者 API 時，會在請求標頭中增加 Authorization 認證參數，並把清單檔案（manifest）中配置的 Token 傳回給開發者，由開發者完成驗證。

```
"auth": {
  "type": "service_http",
  "authorization_type": "bearer",
  "verification_tokens": {
    "openai": "ab******************66"
  }
},
```

（3）使用者端 Token 驗證。

這種方式與伺服器端 Token 驗證的區別是：使用者在安裝外掛程式時，首先需要向外掛程式開發者申請 Token，然後用 Token 啟動外掛程式。與我們使用啟動碼的方式類似，ChatGPT 呼叫 API 時同樣在請求標頭中增加 Authorization 認證參數，並把使用者申請的 Token 啟動碼回傳給外掛程式開發者完成驗證。

```
"auth": {
  "type": "user_http",
  "authorization_type": "bearer",
},
```

（4）OAuth 認證

OAuth（開放授權）認證是一個開放標準，允許使用者讓第三方應用存取他們儲存在另一服務提供者上的某些資訊，而無須將使用者名稱和密碼提供給第三方應用。OAuth 充當了使用者和服務提供者之間的橋樑，但在這個過程中，使用者的登入憑據是受保護的。

```
"auth": {
  "type": "oauth",
  "client_url": "https://[server 位址 ]/authorize",
  "scope": "",
  "authorization_url": "https://[server 位址 ]/token",
  "authorization_content_type": "application/json",
  "verification_tokens": {
    "openai": " ab*******************66"
  }
},
```

同樣，也是在清單檔案（manifest）中完成配置，其中有兩個欄位需要注意。

- client_url：即授權位址，會調轉到這個位址完成登入授權。
- authorization_url：在授權成功後，ChatGPT 會呼叫這個介面查詢認證資訊。

這種方式的好處是，使用者可以控制第三方應用的存取資料（如唯讀存取或讀寫存取），並且可以隨時撤銷存取權限。此外，由於使用者的登入資訊從未直接提供給第三方應用，因此，這種方法比直接使用使用者名稱和密碼登入更安全。

3.3.3 ChatGPT 外掛程式實戰——開發一個 Todo List

下面透過 ChatGPT 外掛程式實戰來加強讀者對 ChatGPT 外掛程式的理解。

1. 申請開發許可權

ChatGPT 外掛程式現在可供所有的 ChatGPT Plus 訂閱者使用，如果你是一名軟體開發者，並且對使用 ChatGPT Plus 來建立外掛程式感興趣，則可以按照官方要求填寫申請表格。外掛程式開發許可權申請方法是：進入 OpenAI 官網搜尋關鍵字「waitlist/plugins」。

申請的內容如圖 3-32 所示。

完成申請表格的填寫後，使用者只需等待 OpenAI 審核透過，即可開始開發 ChatGPT 外掛程式。

▲ 圖 3-32 加入 ChatGPT 外掛程式申請名單

2. 下載專案範本

為了便於開發者快速開發 ChatGPT 外掛程式，OpenAI 官方提供了一個程式範例，位址如下：

```
# 專案範本位址
# 進入 GitHub 首頁，搜尋專案關鍵字：plugins-quickstart.git
# 下載專案範本
```

```
git clone https://[GitHub 位址 ] /openai/plugins-quickstart.git
```

如圖 3-33 所示，為下載專案範本的日誌資訊。

```
→  Project git clone █████ ████ ████openai/plugins-quickstart.git
Cloning into 'plugins-quickstart'...
remote: Enumerating objects: 40, done.
remote: Counting objects: 100% (24/24), done.
remote: Compressing objects: 100% (21/21), done.
remote: Total 40 (delta 17), reused 3 (delta 3), pack-reused 16
Receiving objects: 100% (40/40), 11.66 KiB | 132.00 KiB/s, done.
Resolving deltas: 100% (17/17), done.
```

▲ 圖 3-33 下載專案範本的日誌資訊

之後，讀者透過上述 Clone 命令將專案範本複製到本地，並透過 pip 命令安裝專案相依檔案。

```
pip install -r requirements.txt
```

如果在安裝過程中出現「command not found: pip」問題，則需要確定以下兩個問題。

- 本地環境是否安裝 Python，如果沒有，建議參考 Python 官網完成安裝。
- 本地環境可能存在 Python2 和 Python3 兩個版本，此時只需將命令替換成「pip3 install -r requirements.txt」即可。

3. 專案原始程式介紹

專案目錄比較簡單，具體如下。

```
.
├── .gitignore
├── .well-known
│   └── ai-plugin.json
├── LICENSE
├── README.md
├── logo.png
├── main.py
├── openapi.yaml
└── requirements.txt
```

我們只需要關注以下 3 個核心檔案即可。

（1）.well-known/ai-plugin.json 檔案。

　　在 3.3.2 節中提到了，ai-plugin.json 檔案用於記錄外掛程式的一些中繼資料資訊，
具體如下。

```
{
    "schema_version": "v1",
    "name_for_human": "TODO List (no auth)",
    "name_for_model": "todo",
    "description_for_human": "Manage your TODO list.",
    "description_for_model": "Plugin for managing a TODO list",
    "auth": {
      "type": "none"
    },
    "api": {
      "type": "openapi",
      "url": "http://localhost:5023/openapi.yaml"
    },
    "logo_url": "http://localhost:5023/logo.png",
    "contact_email": "legal@example.com",
    "legal_info_url": "http://example.com/legal"
}
```

　　這些資訊將用於在外掛程式商店展示該外掛程式，並用來告知 ChatGPT 這個外
掛程式的具體作用。

　　（2）openapi.yaml 檔案。

　　該檔案是一個標準化文件，用於向 ChatGPT 解釋 API 所提供的函數方法，並說
明如何呼叫函數和函數回應的具體格式等。

```
openapi: 3.0.1
info:
  title: TODO Plugin
  description: A plugin that allows the user to create and manage a TODO list using
ChatGPT. If you do not know the user's username, ask them first before making
queries to the plugin. Otherwise, use the username "global".
  version: 'v1'
servers:
  - url: http://localhost:5023
paths:
  /todos/{username}:
    get:
      operationId: getTodos
      summary: Get the list of todos
```

```
    parameters:
    - in: path
      name: username
      schema:
          type: string
      required: true
      description: The name of the user.
    responses:
      "200":
        description: OK
        content:
          application/json:
            schema:
              $ref: '#/components/schemas/getTodosResponse'
```

為列表增加一個 todo，程式如下：

```
post:
  operationId: addTodo
  summary: Add a todo to the list
  parameters:
  - in: path
    name: username
    schema:
        type: string
    required: true
    description: The name of the user.
  requestBody:
    required: true
    content:
      application/json:
        schema:
          $ref: '#/components/schemas/addTodoRequest'
  responses:
    "200":
      description: OK
```

從列表中刪除一個 todo，程式如下：

```
delete:
  operationId: deleteTodo
  summary: Delete a todo from the list
  parameters:
  - in: path
```

```
    name: username
    schema:
        type: string
    required: true
    description: The name of the user.
 requestBody:
    required: true
    content:
      application/json:
        schema:
          $ref: '#/components/schemas/deleteTodoRequest'
 responses:
    "200":
      description: OK
```

定義一組協定標準，如：獲取 todo 的回應（getTodosResponse）、增加 todo 的請求（addTodoRequest）、刪除 todo 的請求（deleteTodoRequest）等，程式如下：

```
components:
  schemas:
    getTodosResponse:
      type: object
      properties:
        todos:
          type: array
          items:
            type: string
          description: The list of todos.
    addTodoRequest:
      type: object
      required:
      - todo
      properties:
        todo:
          type: string
          description: The todo to add to the list.
          required: true
    deleteTodoRequest:
      type: object
      required:
      - todo_idx
      properties:
        todo_idx:
```

```
            type: integer
            description: The index of the todo to delete.
            required: true
```

（3）main.py 檔案。

　　該檔案為外掛程式服務的核心程式，它基於 quart 框架和 quart_cors 函式庫簡單的 RESTful API 服務，用於處理待辦事項（todo）資料的 CRUD（建立、讀取、更新、刪除）操作。

■ 提示　quart 是 Python 的非同步 Web 框架，相當於非同步版本的 Flask。quart_cors 函式庫是一個用於處理跨域資源分享（CORS）的函式庫。

　　quart 框架的引用和使用方式的程式如下。

```
import json

import quart
import quart_cors
from quart import request

# 建立一個 quart 應用，並允許來自「chat.openai.com」的跨域請求
app = quart_cors.cors(quart.Quart(__name__), allow_origin="https://[openai 位址 ]")
```

　　接下來，定義一個全域的 _TODOS 字典，用於儲存使用者的 todo 列表。此外，增加 todo 的函數（add_todo）和獲取 todo 的函數（get_todos）。

```
# 儲存待辦事項。如果重新啟動 Python 階段，則不會持續存在
_TODOS = {}

@app.post("/todos/<string:username>")
async def add_todo(username):
    request = await quart.request.get_json(force=True)
    if username not in _TODOS:
        _TODOS[username] = []
    _TODOS[username].append(request["todo"])
    return quart.Response(response='OK', status=200)

@app.get("/todos/<string:username>")
async def get_todos(username):
    return quart.Response(response=json.dumps(_TODOS.get(username, [])),
status=200)
```

定義刪除（delete_todo）todo 的介面服務，並處理傳回結果。

```
@app.delete("/todos/<string:username>")
async def delete_todo(username):
    request = await quart.request.get_json(force=True)
    todo_idx = request["todo_idx"]
    # fail silently, it's a simple plugin
    if 0 <= todo_idx < len(_TODOS[username]):
        _TODOS[username].pop(todo_idx)
    return quart.Response(response='OK', status=200)
```

傳回 logo 檔案，用於顯示外掛程式的圖示。

```
@app.get("/logo.png")
async def plugin_logo():
    filename = 'logo.png'
    return await quart.send_file(filename, mimetype='image/png')
```

傳回外掛程式的 manifest 檔案，其中包含外掛程式名稱、版本、描述等。

```
@app.get("/.well-known/ai-plugin.json")
async def plugin_manifest():
    host = request.headers['Host']
    with open("./.well-known/ai-plugin.json") as f:
        text = f.read()
        return quart.Response(text, mimetype="text/json")
```

傳回 OpenAPI 標準檔案。在 3.3.2 節中已提到過，該檔案主要用於描述和文件化 RESTful API 的標準。

```
@app.get("/openapi.yaml")
async def openapi_spec():
    host = request.headers['Host']
    with open("openapi.yaml") as f:
        text = f.read()
        return quart.Response(text, mimetype="text/yaml")
```

最後，定義主函數。主函數會在檔案被作為指令稿執行時期啟動 quart 服務。

```
def main():
    app.run(debug=True, host="0.0.0.0", port=5003)


if __name__ == "__main__":
    main()
```

整體而言，這段程式的作用是為一個面向使用者的待辦事項應用程式（Todo List）建構一套 RESTful API。透過這些 API，應用程式能夠實現增加、查詢和刪除待辦事項的功能。

4. 執行外掛程式服務

程式撰寫完成後，就可以透過下述命令執行外掛程式服務。

```
# Python 2 啟動命令
python main.py
# Python 3 啟動命令
python3 main.py
```

正常啟動外掛程式服務後的效果如圖 3-34 所示。

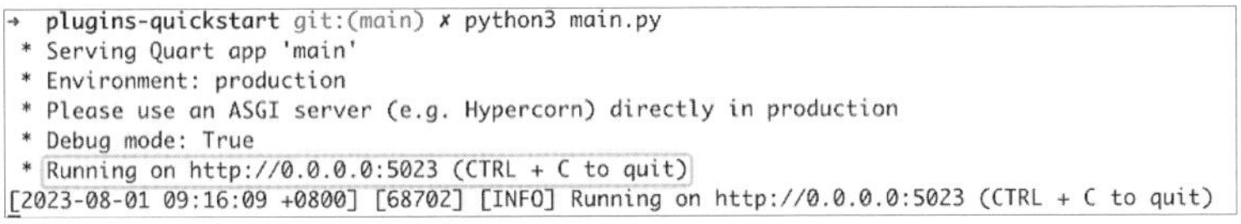

```
→ plugins-quickstart git:(main) ✗ python3 main.py
* Serving Quart app 'main'
* Environment: production
* Please use an ASGI server (e.g. Hypercorn) directly in production
* Debug mode: True
* Running on http://0.0.0.0:5023 (CTRL + C to quit)
[2023-08-01 09:16:09 +0800] [68702] [INFO] Running on http://0.0.0.0:5023 (CTRL + C to quit)
```

▲ 圖 3-34 執行外掛程式服務

5. 使用本地外掛程式

當本地外掛程式服務正常執行後，需要按照以下操作完成「本地外掛程式註冊」。

（1）導航至 OpenAI 官網（其網址見本書書附資料）。

（2）在「Model」（模型）下拉清單中選擇「Plugin」（外掛程式）（注意，如果看不到「外掛程式」選項，則說明沒有存取權限，可參考 3.1.1 節中的介紹進行配置）。

（3）進入「Plugin store」（外掛程式商店），選擇「Develop your own plugin」（開發你自己的外掛程式）按鈕，如圖 3-35 所示。

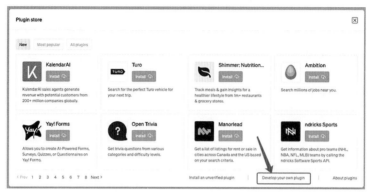

▲ 圖 3-35 開發你自己的外掛程式

（4）輸入 localhost:5023（這是本地外掛程式服務正在執行的 URL）後，按一下「Find manifest file」（查詢清單檔案）按鈕，如圖 3-36 所示。

▲ 圖 3-36 輸入網站域名

（5）進入本地外掛程式驗證介面，按一下「Install localhost plugin」（安裝本地外掛程式）按鈕，如圖 3-37 所示。

▲ 圖 3-37 外掛程式驗證

（6）完成安裝的介面如圖 3-38 所示。

▲ 圖 3-38 完成安裝的介面

下面驗證一下 Todo List 外掛程式是否可以正常執行，如圖 3-39 所示。

▲ 圖 3-39 驗證外掛程式是否可以正常執行

　　最終，我們借助 ChatGPT 進行了語義分析，並成功操作了外掛程式的服務介面。這正是大型語言模型的魔力所在，即能夠透過自然語言實現外掛程式與資料服務的無縫互動。

3.4 警惕 ChatGPT 潛在問題

　　在利用 ChatGPT 時，也存在一些潛在問題需要我們保持警惕。

1. ChatGPT 潛在問題概要

下面探討一些需要重視的要點。

- 資料隱私：ChatGPT 是基於使用者的輸入生成答案的。一般來說，這些資料應被安全地處理，並且不會用於模型的訓練。然而，使用者仍然需要注意不要在與 ChatGPT 的對話中共用敏感的個人資訊，舉例來說，密碼、銀行帳戶資訊或其他任何個人辨識資訊。

- 誤解或誤導：雖然 ChatGPT 的回答通常都是準確的，但它並非萬能，也可能會舉出錯誤的或誤導性的回答。使用者需要對此保持警惕，並從可信賴的來源驗證任何關鍵的資訊。

- 內容濫用：有人可能會利用 ChatGPT 生成誤導性、惡意或有害的內容，舉例來說，假新聞、詐騙資訊、仇恨言論或其他不道德的內容。

- 情感健康和人類互動：由於 ChatGPT 能夠提供有趣且迅速的回饋，一些人可能過度依賴它，並減少與人類的真實互動。另外，ChatGPT 無法取代專業的心理諮詢或醫療建議，尤其在處理嚴重的情感健康問題時。

- 道德和責任問題：隨著人工智慧技術的發展，一些複雜的道德和責任問題也隨之出現。舉例來說，如果 AI 生成的內容引起了一些不利的後果，那麼應該由誰負責？

2. 誤導性回答範例

考慮到 GPT-4 的訓練資料截止日期為 2021 年 9 月，關於「誤導性回答」最好的驗證方式就是問它在這個時間點之後的資訊。下面不妨來測試一下，我們先來撰寫提示詞，具體如下：

> 你是一位資深的軟體工程師，請解釋 JavaScript 執行時期框架 Bun，並告訴我如何架設一個起手專案。用簡潔的部落格風格進行展示，並使用程式區塊回覆輸出。

輸入問題後，等待 ChatGPT 傳回結果即可，如圖 3-40 所示。

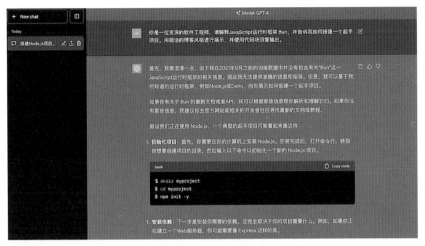

▲ 圖 3-40 誤導性回答範例

在上述範例中，ChatGPT 舉出了提示：「我無法提供準確的資訊和指導」。不難理解，儘管 ChatGPT 能夠幫助我們收集和整理一些資訊，但同時也對我們的資訊判斷能力提出了更高的要求。我們至少應該擁有基本的資訊辨別和判斷能力，以免被誤導性的回答所影響。

3. 常規解決方案

ChatGPT 是一個由大量的文字資訊訓練而來的語言模型，其主要的工作原理是根據輸入的文字來預測或生成最有可能的下一個單字。然而，由於它沒有對現實世界的實際理解或記憶，所以有時會生成不準確或「瞎編亂造」的內容。

（1）避免 ChatGPT「瞎編亂造」。

如果想要避免 ChatGPT「瞎編亂造」，則可以嘗試使用下面的一些方法。

- 提供更具體的指導：當我們在與 ChatGPT 進行互動時，提供更明確和詳細的問題或指示可以幫助它更準確地生成相關內容。

- 明確詢問事實：如果我們需要的是基於事實的回答，那麼請明確地詢問。比如，「哪一年開始第一次世界大戰？」這樣的問題，ChatGPT 會更有可能提供準確的答案。

- 驗證資訊來源：對於重要的資訊，我們應該總是嘗試去找尋其他來源以驗證其準確性。ChatGPT 並不是一個完美的知識來源，所以我們應該以其他更權威的來源作為資訊的主要來源。

- 指定資訊類型：如果我們需要的是某種特定類型的資訊（比如科學事實、歷史事件等），那麼明確地指出這一點，這樣 ChatGPT 在生成答案時就能盡可能地滿足使用者的要求。

- 使用校正功能：在某些互動中，我們可以嘗試明確指出 ChatGPT 的錯誤，並要求它糾正。這樣做可以提高 ChatGPT 對問題的理解，並幫助它生成更準確的回答。

（2）明確 ChatGPT 的「未知邊界」。

在實際應用的過程中，可以給 ChatGPT 一些限定條件，具體參考下面的提示詞資訊：

SYSTEM

你是一個命令列翻譯程式，可以將人類自然語言描述的指令翻譯成對應的命令列敘述。

1. 你只需要將翻譯好的指令直接輸出，而不需要對其進行任何解釋。在輸出的最前面加上「>」符號。

2. 如果你不明白我說的話，或不確定如何將我說的指令轉為電腦命令列，請直接輸出 7 個字母，「UNKNOWN」，無須其他解釋和「>」符號。

3. 如果翻譯後的結果不止一行命令，則請務必將它們透過 & 或 && 合併為單行命令。

4. 如果該命令存在可能的風險或危害，請在輸出的末尾另起一行，並增加「DANGEROUS」，無須其他警告或提示。

總之，以上所說的這些方法並不能完全保證 ChatGPT 不會「瞎編亂造」，但是可以在一定程度上減少這種可能性。

第 4 章

AI 繪畫

本章將介紹 AI 繪畫領域的常用工具和技巧，以幫助讀者更進一步地理解和應用相關技術。透過對本章的學習，讀者應該能夠運用所學知識創作出優秀的 AI 繪畫作品。

首先介紹兩款主流的 AI 繪畫工具 ──Midjourney 和 Stable Diffusion，然後介紹如何將 ChatGPT 和 Midjourney 這兩個工具組合起來使用，最後介紹關於繪畫的實踐應用。

4.1 快速上手 Midjourney

Midjourney 是一款由文字生成影像的人工智慧程式，它由 Midjourney 研究實驗室開發，於 2022 年 7 月開始公開測試。其特點：對新手友善，不需要太多的專業知識和技巧，只需透過提示詞（Prompt）文字指令，就可以生成各種主題和風格的高品質的影像。這種簡單好用的體驗讓很多使用者感到驚喜和滿足，因此，它一經推出便獲得了廣泛的關注。

Midjourney 目前架設在 Discord 的頻道（Channel）中。為了使用 Midjourney，讀者須先註冊 Discord 的帳號。

> 📢 **提示** Discord 是一款在國外非常流行的新型聊天工具，它可以讓使用者建立或加入各種興趣愛好、遊戲、學習、藝術等方面的伺服器，在伺服器中可以建立或加入不同的頻道，進行即時或離線的語音、視訊或文字聊天。伺服器可以被簡單類比為群聊群組，頻道可以被簡單類比為話題。

4.1.1 架設 Midjourney 繪畫環境

要讓 Midjourney 為我們作圖，則需要建立一個伺服器，並且將 Midjourney 作為一個好友加入該伺服器，之後就可以透過對話形式讓 Midjourney 生成影像。

在完成註冊並登入 Discord 後，建立 Discord 伺服器的步驟如圖 4-1 所示。

①按一下「+」按鈕建立伺服器。

②按一下「親自建立」。

③按一下「僅供我和我的朋友使用」。

④輸入名稱。

⑤按一下「建立」按鈕。

▲ 圖 4-1 建立 Discord 伺服器的步驟

在建立完 Discord 伺服器後，還需將 Midjourney 機器人加入伺服器，步驟如圖 4-2 所示。

①按一下「發現伺服器」按鈕。

②在特色社區中選擇 Midjourney 服務。

③進入 Midjourney 伺服器後,按一下「成員名單」按鈕。

④在右側成員名單中按一下 Midjourney Bot。

⑤將 Midjourney Bot 增加到上一步建立的伺服器中。

▲ 圖 4-2 將 Midjourney 機器人增加到伺服器的過程

在完成圖 4-2 所示的流程後,Midjourney Bot 將成為剛建立的伺服器中的一位好友。這個過程類似於用微信增加了一位好友,只是這位好友是一個機器人。之後就可以和這位特殊的「好友」進行對話了,只不過對話過程需要遵循它的特定命令。

圖 4-3 是給 Midjourney Bot 發送繪畫命令的範例圖。

①透過按一下進入增加了 Midjourney Bot 的伺服器。

②利用「/imagine」命令啟動提示詞輸入框,並在輸入框中輸入提示詞。舉例來說,本例中是「a cat with a red hat」,之後按 Enter 鍵發送。

③稍等片刻就可以看到 Midjourney Bot 畫出了一隻戴著紅色帽子的貓。

④利用圖片下方提供的一些按鈕進行簡單修改。在這些按鈕中,U 表示選擇該圖片並增加細節,V 表示更多類型的這類圖片,刷新圖示表示對目前生成的圖片不滿意,重新生成,U 和 V 後面的數字 1、2、3、4 則分別代表左上、右上、左下、右下。

▲ 圖 4-3 發送繪畫命令範例

4.1.2 常用的 Midjourney 繪畫命令

Midjourney 的兩個最常用的繪畫命令是「/imagine」和「/blend」。

- 「/imagine」命令用於生成圖片,在其後輸入提示詞並按 Enter 鍵,即可直接生成圖片。

- 「/blend」命令用於合併兩張或多張圖片,生成一張具有不同風格的融合圖片。

提示詞是緊接在「/imagine」或「/blend」命令後的文字。在 AI 繪畫中,提示詞是指給 AI 模型提供的一段文字描述或指示,以引導其生成特定的繪畫作品。

提示詞可以是簡短的短語、完整的句子或更長的段落,用於描述想要實現的繪畫效果、主題、風格或其他特定要求。透過使用提示詞,可以引導 AI 模型在生成繪畫作品時更加準確地滿足我們的需求。舉例來說，如果希望模型生成一幅具有夏日陽光和海灘風景的繪畫作品，則可以提供類似於「夏日海灘，陽光明媚，沙灘上的人們在享受悠閒時光」這樣的提示詞。模型會根據這些提示詞的指引，生成一幅與夏日海灘場景相關的繪畫作品。

> **◖ 提示** 提示詞在 AI 繪畫中起著引導和限定模型創作方向的作用，它可以幫助模型理解使用者的意圖，從而生成更符合預期的繪畫作品。同時，合理選擇和設計提示詞也是一項關鍵的技巧，它能夠影響繪畫作品的風格、內容和表現力。

4.1.3 撰寫 Midjourney 提示詞的技巧

Midjourney 目前的提示詞以英文為主，對中文的支援還不夠好。以下是撰寫 Midjourney 提示詞的一些技巧。

（1）提示詞不需要太複雜，可以用逗點、括號、連字號來組織提示詞。我們可以按照以下維度組織提示詞的內容。

①主題：人、動物、人物、地點、物體等。

②媒介：照片、繪畫、插圖、雕塑、塗鴉、掛毯等。

③環境：室內、室外、月球上、水下等。

④照明：柔和（光線質感）、陰天照明、霓虹燈照明、工作室燈照明等。

⑤顏色：充滿活力、明亮、單色、彩色、黑白等。

⑥情緒：穩定、平靜等。

⑦構圖：人像、特寫、鳥瞰圖等。

（2）使用更具體的詞來描述想要的內容，比如，使用 gigantic、enormous、immense 會比使用 big 效果更好。

（3）使用藝術風格、主題或藝術家的名稱來指定自己想要的效果，比如，surrealism（超現實主義）、cyberpunk style（賽博朋克風格）、watercolor（水彩）、Van Gogh´s signature style（梵古風格）。

（4）使用圖片的 URL 作為提示詞的一部分，則 Midjourney 會參考 URL 連結的圖片生成新圖片。例如「/imagine https://xx.com, supter detail, romantic scenes, cinematic edge」（說明：「//」後面的 號代表網址），利用這個提示詞，Midjourney 將以

URL 連結中的人像為基準，將其變換為迪士尼皮克斯 3D 風格。

（5）使用 A as B 或 A made out of B 的格式來生成一些有趣的組合。舉例來說，可以輸入「a rabbit as Harry Potter」或「a fish out of colorful flowers」。

> **📣 提示**　儘管撰寫提示詞並不複雜，但撰寫出一個好的提示詞仍需要一定的時間和實踐經驗。為了能夠更進一步地獲得符合預期的圖片輸出，我們需要不斷地在實踐中累積經驗，舉例來說，可以多多學習優秀案例的提示詞撰寫技巧。

4.1.4　Midjourney 命令的參數

除提示詞外，Midjourney 還提供了一些參數來控制圖片的生成。參數通常緊接在提示詞後面，如「a cat with a red hat --ar 3:2 --q 2」，其中，「--ar 3:2 --q 2」為參數。

常用的參數如下。

- --quality 或 --q：代表圖片品質，系統預設為 1。數字越大，則生成圖的時間越長，品質越高。可選擇值為 <.25, .5, 1, 2>。

- --stylize 或 --s：表示風格強度。低風格化生成的圖片與提示詞匹配度高，但藝術性較差。高風格化建立的圖片藝術性和創意性都更強，但與提示詞的匹配度低，其預設值為 100。在使用 Midjourney 4 或 Midjourney 5 時，接受 0 ～ 1000 的整數值。

- --tile：用於創造重複的圖案，適合創造壁紙、紋理這種重複拼接的圖案。

- --aspect 或 --ar：調整圖片縱橫比例，預設是 1:1。

- --no：表示不要什麼，如 --no plants，表示不要生成植物。

Midjourney 還提供了一些其他參數，讀者可自行查閱 Midjourney 官方文件了解。

4.2　快速上手 Stable Diffusion

Midjourney 的使用者體驗非常友善，它透過與使用者進行對話，就能得到優秀的結果，但是它有兩個明顯的不足。

（1）關閉了免費通路，僅向付費訂閱使用者提供服務。

（2）對使用者而言是黑盒，可控性較差，難以進行細節最佳化。

因此，我們不得不提及另一款與其功能類似的產品 Stable Diffusion，它是一個開放原始碼的 AI 繪畫工具，其內部採用與 Midjourney 相似的 AI 繪畫模型，同樣可以根據文字提示詞繪畫。

> **提示** 由於開放原始碼免費屬性，Stable Diffusion 吸引了大量活躍使用者，並且開發者社群已經為其提供了大量免費、高品質的外接預訓練模型和外掛程式，持續進行維護更新。在第三方外掛程式和模型的加持下，Stable Diffusion 擁有比 Midjourney 更豐富的個性化功能，經過使用者調教後可以生成更符合需求的圖片，甚至在 AI 視訊特效、AI 音樂生成等領域，Stable Diffusion 也佔據了一席之地。
>
> 相比於 Midjourney，Stable Diffusion 更適合有一定專業基礎且想更精確地控制繪畫過程的使用者，或有本地私有化部署需求的使用者。

Stable Diffusion 可以透過多種方式進行部署。下面基於 Stable Diffusion Web UI 對 Stable Diffusion 的使用介紹。

Stable Diffusion Web UI 適用於 Windows、Linux、macOS 等各種作業系統環境。安裝 Stable Diffusion Web UI 相對簡單，讀者可以自行參考官方網站提供的安裝說明操作。

注意：執行 Stable Diffusion 需要較多的運算資源，最好執行在 GPU 環境中。

4.2.1 Stable Diffusion 的介面

Stable Diffusion Web UI 的主介面如圖 4-4 所示，在其中可以看到 Stable Diffusion 的豐富功能。

- 文生圖（txt2img）：根據文字提示詞生成圖片，與 Midjourney 中根據提示詞生圖功能類似。

- 圖生圖（img2img）：以提供的圖片為範本，並結合文字提示生成圖片，與在 Midjourney 中透過在提示詞中引入圖片 URL 功能類似。

- 更多（Extras）：圖片最佳化，包括清晰度提升、尺寸擴充等。

- 圖片資訊（PNG Info）：顯示圖片基本資訊。

- 模型合併（Checkpoint Merger）：把已有的模型按權重比例合併，生成新的模型。

- 訓練（Train）：根據提供的圖片，訓練具有圖片風格的模型。

▲ 圖 4-4　Stable Diffusion Web UI 的主介面

4.2.2　使用 Stable Diffusion 進行繪畫的步驟

使用 Stable Diffusion 進行繪畫的步驟如圖 4-5 所示。

①選擇模型，這是對生成結果影響最大的因素，主要表現在畫面風格上。

②輸入提示詞，描述想要生成的圖片內容，這與 Midjourney 的提示詞撰寫方法類似。

③輸入負向提示詞，對不想要生成的內容進行文字描述。

④設置採樣方法、採樣次數、圖片尺寸等參數。

⑤按一下「Generate」按鈕進行生成。

> 🔖 **提示**　使用 Stable Diffusion 進行繪畫的基本要素與 Midjourney 類似，只是 Stable Diffusion 提供給使用者了更多可操作的空間。
>
> 相對於 Midjourney 的極簡操作，使用 Stable Diffusion 生成一張圖片更複雜一點。

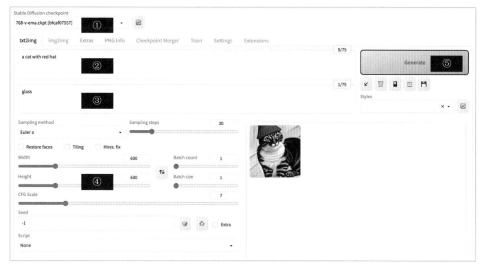

▲ 圖 4-5 使用 Stable Diffusion 進行繪畫的步驟

4.2.3 使用 Stable Diffusion 進行繪畫的技巧

若要使用 Stable Diffusion，則首先要選好對應風格的繪畫模型。這是相對 Midjourney 更複雜的一步，Midjourncy 背後的繪畫模型對使用者來說是黑盒，而對於 Stable Diffusion，則需要使用者自己選擇合適的繪畫模型。繪畫模型是決定最終效果最重要的因素。

> 📣 **提示**　目前 CivitAI 是比較成熟的 Stable Diffusion 模型社區，其中匯集了上千個模型，以及上萬張附帶提示詞的圖片，這大大降低了使用者學習 Stable Diffusion 的成本。

若要安裝從 CivitAI 或其他網站下載的繪畫模型，則需要將下載的模型檔案存放在對應的本機存放區路徑中。

- 如果模型檔案是 Checkpoint 類型的，則將其放入安裝路徑「/stable-diffusion-webui/models/Stable-diffusion」下。
- 如果模型檔案是 LoRA 類型的，則將其放入安裝路徑「/stable-diffusion-webui/models/Lora」下。

之後刷新 Web UI 介面，即可看到新下載的模型。

4.2.4 Stable Diffusion 參數的設置技巧

除模型選擇外，對於 Stable Diffusion 繪畫，配置好參數也很重要。接下來對 Stable Diffusion 的參數進行簡介。

（1）Sampling Method：採樣方法。它影響生成圖片的多樣性、品質和探索性。其中整合了很多不同的採樣方法，預設為「Euler a」。

（2）Sampling Steps：採樣步數。採樣步數越多，得到的圖片越精確。但是增加步數會增加生成圖片所需的時間，一般設置為 20 ～ 50 步。

（3）CFG Scale：圖片與提示詞的匹配程度。增加該參數的值，將使得圖片更接近提示詞，但若參數值過高，則可能導致圖片失真；該參數值越小，則 AI 繪畫的自我發揮空間越大，越有可能產生有創意的結果。

（4）Batch count：生成多少次圖片。增加這個值會多次生成圖片，但生成的時間也會更長。一次執行生成圖片的數量為「Batch count * Batch size」。

（5）Batch size：每次生成多少張圖片。增加該參數的值可以提高性能，但也需要更多的顯示記憶體。如果您的電腦顯示記憶體小於 12GB，為了避免顯示記憶體不足的問題，建議將 Batch size 設置為 1，以確保程式的穩定執行。

（6）Width 和 Height：指定圖片生成的寬度和高度。較大的寬度和高度需要更多的顯示記憶體運算資源，採用預設的 512 像素 ×512 像素即可。若需要將圖片放大，則可以選擇 Send to extras（如圖 4-6 所示），利用更多（Extras）模組的放大演算法對圖片進行放大。

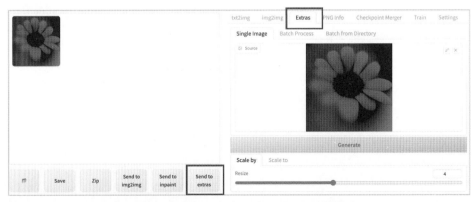

▲ 圖 4-6 選擇 Send to extras 放大生成的圖片

（7）Seed：種子。種子值決定模型在生成圖片時涉及的隨機性。相同的種子值會產生相同的圖片集，這對於再現性和一致性很有用。如果將種子值設置為 -1，則每次生成一個隨機種子值。

（8）Hires Fix：高畫質修復。如果有該參數，則先按照指定的較小尺寸生成一張圖片，再透過放大演算法將圖片的解析度擴大，以實現高畫質大圖效果。

（9）Restore faces：面部修復。修復畫面中人物的面部，但是對於非寫實風格的人物開啟面部修復則可能導致面部損壞。

4.3 ChatGPT + Midjourney 讓創造力加倍

撰寫出一個優質的提示詞讓 Midjourney 等 AI 繪畫工具準確地繪製使用者心中所想的畫面並非易事。可以利用 ChatGPT 來撰寫繪畫提示詞，從而提升繪畫的效果。

ChatGPT 的引入能夠為繪畫過程提供有力支援和更多靈感。接下來將介紹兩種在 Midjourney 作圖過程中引入 ChatGPT 的方法，為讀者提供一些想法。

4.3.1 場景一：僅有一個大致的想法，缺乏細節

如果所需的圖僅有一個大致的想法，缺乏細節，則可以利用 ChatGPT 生成詳細描述，並將其轉為英文，以作為提示詞提供給 Midjourney 使用。

舉例來說，我們希望透過 Midjourney 生成一張「女孩晨跑」的圖片。為了實現這個目標，使用 ChatGPT 生成了該場景的詳細描述。在 ChatGPT 的協助下，我們獲得了豐富的細節資訊，如圖 4-7 所示。

隨後，讓 ChatGPT 將生成的描述文字翻譯成英文，並直接將其作為提示詞輸入 Midjourney，結果如圖 4-8 所示。

为我描述一个公园中女孩晨跑的图像画面。

我很抱歉，作为一个文本AI模型，我无法直接展示图像或绘制图画。我可以为您提供文字上的描述，以帮助您想象一个公园中女孩晨跑的画面。

在清晨的公园中，一位年轻的女孩开始了她的晨跑。画面展现了她在公园小径上矫健地奔跑着。她穿着运动装备，体态优雅而有力，她的长发在跑动中随风飘动。阳光透过树叶的缝隙洒在她身上，照亮了她坚定而专注的表情。

周围是一片绿意盎然的景象，树木沐浴在朝阳中，投下斑驳的阴影。草地上还残留着清晨的露珠，闪烁着微小的光芒。在她奔跑的轨迹上，可以看到她脚下留下的细薄脚印，勾勒出她稳定而有力的步伐。

她的目光专注地注视前方，她的身体保持着匀速的节奏，伴随着呼吸的起伏。在她身边，偶尔有其他跑者或散步的人们经过，彼此交换着微笑或鼓励的目光，共同感受着清晨活力的氛围。

整个画面充满了动感和活力，女孩在跑步过程中流露出自信和坚定。尽管汗水湿透了她的额头，但她依然保持着坚持和毅力。这幅画面传达着健康、活力和奋发向前的精神，展现了女孩在公园中晨跑时的优雅与自信。

▲ 圖 4-7　ChatGPT 生成的「女孩晨跑」畫面的文字描述

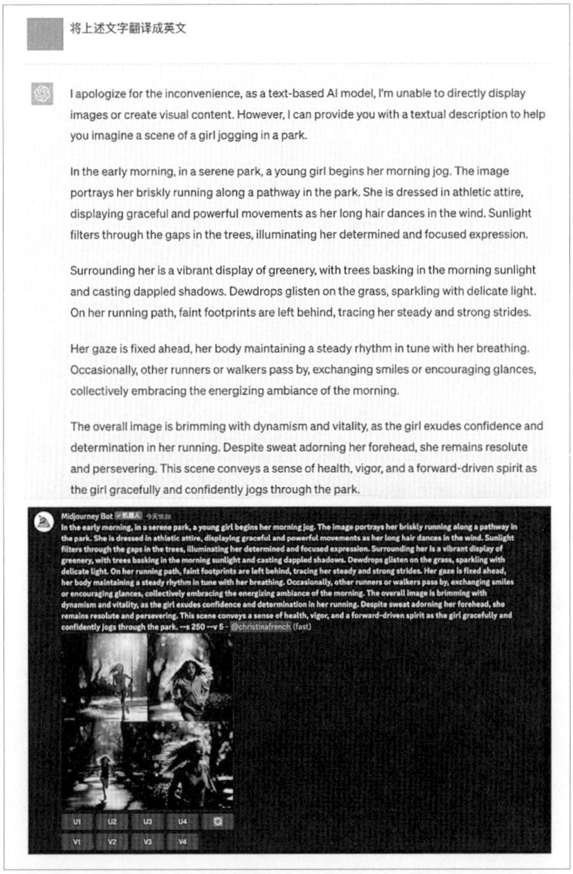

将上述文字翻译成英文

I apologize for the inconvenience, as a text-based AI model, I'm unable to directly display images or create visual content. However, I can provide you with a textual description to help you imagine a scene of a girl jogging in a park.

In the early morning, in a serene park, a young girl begins her morning jog. The image portrays her briskly running along a pathway in the park. She is dressed in athletic attire, displaying graceful and powerful movements as her long hair dances in the wind. Sunlight filters through the gaps in the trees, illuminating her determined and focused expression.

Surrounding her is a vibrant display of greenery, with trees basking in the morning sunlight and casting dappled shadows. Dewdrops glisten on the grass, sparkling with delicate light. On her running path, faint footprints are left behind, tracing her steady and strong strides.

Her gaze is fixed ahead, her body maintaining a steady rhythm in tune with her breathing. Occasionally, other runners or walkers pass by, exchanging smiles or encouraging glances, collectively embracing the energizing ambiance of the morning.

The overall image is brimming with dynamism and vitality, as the girl exudes confidence and determination in her running. Despite sweat adorning her forehead, she remains resolute and persevering. This scene conveys a sense of health, vigor, and a forward-driven spirit as the girl gracefully and confidently jogs through the park.

▲ 圖 4-8　將翻譯的英文作為 Midjourney 提示詞的生成效果

4.3.2 場景二：看到優秀的圖片及其提示詞，想生成類似的圖片

針對本節標題描述的情況，我們可以讓 ChatGPT 學習範例提示詞的撰寫模式，並將其遷移到自己的目標主題上。這種方法可以幫助我們輕鬆地參考和學習他人在撰寫提示詞時所採用的技巧和風格，並將其應用到自己的創作中，從而提升圖片生成的品質和效果。

如圖 4-9 所示，我們讓 ChatGPT 參考範例提示詞的描述方式為新主題生成提示詞，ChatGPT 直接生成了包含關鍵描述的英文提示詞。

▲ 圖 4-9 ChatGPT 參考範例提示詞輸出結果

將 ChatGPT 的生成結果作為提示詞輸入 Midjourney 中，得到如圖 4-10 所示的結果。其中，左圖為範例提示詞生成圖片的結果，右圖為 ChatGPT 生成的提示詞繪畫結果。在右圖中可以看到，在指定場景的主題下，ChatGPT 成功地實現了模仿左側圖的繪畫風格進行新圖片內容創作。

▲ 圖 4-10 利用 ChatGPT 模仿左側圖的繪畫風格進行新圖片內容創作

4.4 AI 繪畫的應用

前面詳細介紹了兩款用於 AI 繪畫的工具，本節將介紹 AI 繪畫的應用。

4.4.1 AI 繪畫在電子商務領域的應用

AI 繪畫的快速發展對許多領域都產生了積極的影響。對電子商務、建築、時尚、新媒體等創意行業從業者來說，AI 繪畫正成為一個強大的幫手，可以輔助日常工作，提高產出效率，降低時間和經濟成本。

在電子商務領域，AI 繪畫要應用於行銷圖片的生成。電子商務行銷圖片主要分為兩類：商品展示圖和行銷海報，如圖 4-11 所示。

（a）商品展示圖　　　　　　　　（b）行銷海報

▲ 圖 4-11 電子商務素材圖

- 對於商品展示圖，更強調真實感，需要大量的拍攝工作，目前還缺乏成熟的工具支援，而 AI 繪畫的出現填補了這方面的空白。

- 對於行銷海報，圖片素材來源廣泛，製作工具也相對成熟，在 AIGC 出現之前已經有了 Photoshop、Canva 等專業工具。隨著工具的迭代，其設計難度將逐漸降低。

如何利用 AI 繪畫技術生成電子商務行銷圖片呢？一種方式是利用 Midjourney 或 Stable Diffusion 結合人工後期處理，另一種方式則是利用電子商務行銷圖片生成領域的專業 AI 繪畫應用。

1. 利用 Midjourney 或 Stable Diffusion 生成商品展示圖

目前已經有一些電子商務賣家採用 Midjourney 或 Stable Diffusion 生成商品展示圖。下面以實際場景中用 Midjourney 生成一張關於香水的宣傳圖為例，介紹商品展示圖的生成過程。

（1）準備好要製作宣傳圖的商品圖片，如圖 4-12 所示。

（2）在 Midjourney 聊天視窗上傳香水商品的圖片，如圖 4-13 所示，上傳成功之後可以透過按一下圖片得到這張圖片的 URL。

▲ 圖 4-12　商品圖片

▲ 圖 4-13　上傳圖片

（3）首先手動輸入包含呈現效果描述的提示詞，並和商品圖片的 URL 進行拼接，然後發送給 Midjourney，讓 Midjourney 生成圖片，如圖 4-14 所示。

▲ 圖 4-14　利用 Midjourney 生成的香水商品展示圖

最終生成的圖片從整體上看是符合預期的，但是仔細觀察會發現細節上的缺失，舉例來說，光影效果、產品和背景的融合，有時甚至會出現產品變形問題。想要達到實際應用的效果，還需要用 Phototshop 等工具進行後期調整和最佳化。

> **提示** Midjourney 等 AI 繪畫工具對商家來說使用門檻較高，因此，它更適合專業的設計公司或 AI 工作室。

此外，AI 生成圖片具有比較大的創意性和隨機性，對細節和真實的把握不足，在生成電子商務行銷圖片時，往往更適合用來生成一些著色圖和氣氛海報。

> **提示** Midjourney 等 AI 繪畫工具的使用門檻較高，並且在商品實物細節、環境真實性和美感方面的表現還有待提升。然而，電子商務賣家迫切希望採用 AI 繪畫技術以降低成本，提升效率，這為 AI 繪畫工具的垂直應用提供了發展方向。

2. 電子商務行銷圖片生成領域專業 AI 繪畫應用

目前，電子商務行銷圖片生成領域湧現出多個產品化應用。與 Midjourney 和 Stable Diffusion 等通用 AI 繪畫工具相比，這些應用更進一步地滿足了行銷海報中對圖片真實性的要求，並降低了使用門檻。

以當前備受關注的 AI 繪畫創作應用 ZMO.AI 為例，透過利用 ZMO.AI 提供的 AI 模特功能，僅需 3 個步驟就可生成服裝模特的展示圖，如圖 4-15 所示：①上傳服裝的平面圖；②選擇模特；③得到上裝後的模特效果圖。

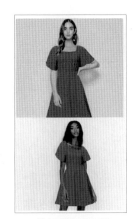

①上傳服裝的平面圖　②選擇模特　③得到模特效果圖

▲ 圖 4-15 生成服裝模特效果圖

◀ 提示　利用 AI 能顯著降低模特效果圖的生成成本，並能大大提升生產效率。但是目前以 ZMO.AI 為代表的 AI 繪畫還無法達到攝影等級的效果，依然存在細節不合格、風格單一、適用範圍窄等問題。

4.4.2 AI 繪畫在遊戲開發、服裝設計、建築設計領域的應用

　　AI 繪畫在其他行業也有很多激動人心的應用。接下來介紹在遊戲開發、服裝設計、建築設計領域的 AI 繪畫使用案例。

1. 在遊戲開發領域

　　在遊戲開發領域，AI 繪畫技術正在發揮著重要的作用，這已成為共識。各個等級的遊戲開發商都在積極探索將 AI 繪畫技術與遊戲開發相結合的方法。圖 4-16 所示為利用 AI 繪畫技術生成的不同的遊戲角色。

▲ 圖 4-16 利用 AI 繪畫技術生成的不同的遊戲角色

　　接下來將透過介紹俄羅斯遊戲開發工作室 Lost Lore 的案例，介紹 AI 繪畫技術在遊戲開發中的應用方式。

　　在遊戲角色圖片生成階段，Lost Lore 工作室採用「Midjourney 提示詞生成圖片 + 人工調整」的方法：透過載入已經繪製好的角色作為參考，並增加道具、姿勢、背

景等元素作為提示詞，生成新的遊戲角色；儘管 AI 生成的結果可能不完美，但美術畫師會進一步修正。這種以 AI 生成的圖片為基礎，再由人類畫師進行修改和審查的方式，極大地縮短了遊戲角色創作的時間。

此外，遊戲中的部分 3D 建築概念圖也是由 AI 生成的。該團隊向 Midjourney 輸入帳篷的三視圖，由 AI 生成一張主概念圖，再對其進行人工修正，最終成為 3D 建模的參考概念圖。

在 AI 繪畫工具的幫助下，該工作室成功地將一款遊戲的開發成本從 5 萬美金壓縮至 1 萬美金，並將工時從 6 個月縮減至 1 個月。這充分展示了 AI 繪畫技術在遊戲領域的巨大潛力。

2. 在服裝設計領域

AI 繪畫技術也在服裝設計領域逐步發揮其作用，並主要應用於靈感啟發、板型設計和圖案和面料快速變化等方面。

- 在靈感啟發方面，AI 繪畫工具可以根據手繪稿直接生成實物服裝，透過發揮想像力，生成各種風格和搭配的服裝，從而提高設計師的生產力。

- 在板型設計方面，設計師可以先從 T 恤、帽衫、大衣、鞋履等類別中選擇一個基礎板型，再輸入提示詞來描述想要的外觀設計，比如材質、細節、印花、顏色等，AI 繪畫工具將根據這些提示詞完成設計並輸出結果，如圖 4-17 所示。

- 在圖案和面料快速變化方面，傳統的圖案設計需要設計師耗費大量時間和精力來選擇和匹配圖案。然而，AI 繪畫工具可以幫助服裝設計師快速匹配與產品風格相符的圖案，從而實現小量快速反應的印花工藝流程。

▲ 圖 4-17 透過手繪稿得到著色效果

3. 在建築設計領域

利用 AI 繪畫技術可以為建築設計師提供大量設計方向與建築造型參考，助力他們高效率地實現自己的設計願景。在建築的初步設計階段，AI 繪畫工具透過使用提示詞生成建築圖片，可以幫助設計師更清晰地理解空間關係，深入研究建築形態，對立面的比例、材料和組合方式等細節進行研究。

AI 繪畫工具透過學習大量的建築資料，可以為建築設計師提供創新的設計靈感。此外，利用它可以生成大師風格的建築圖片，這為普通建築設計師更進一步地向大師學習提供了便利。

在方案展示階段，可以利用 AI 繪畫工具氣氛感很強的特點，快速生成一些建築設計展示「大片」。

總之，雖然現在 AI 建築設計還會有嚴謹性和邏輯性缺失的問題，但是作為輔助工具，它仍然為建築設計師提供了重要的幫助。

上面介紹了 AI 繪畫技術在遊戲開發領域、服裝設計領域、建築設計領域的應用案例。然而，AI 繪畫技術的應用並不侷限於這些領域。隨著技術的不斷進步和應用場景的擴充，我們可以預見 AI 繪畫技術將進一步深化其在各行各業的應用，從而帶來更大的社會和經濟價值。

4.5 當前 AI 繪畫工具的局限性

AI 繪畫工具的局限性主要表現在以下幾個方面。

- 儘管 AI 繪畫工具在生成圖片方面已經獲得了顯著進步，但其創造性和想像力仍然受限。AI 模型是透過學習大量訓練資料來生成圖片的，缺乏真正的創造性和原創性。

- AI 繪畫工具在理解和表達複雜概念方面仍存在挑戰。AI 模型可能無法準確地理解抽象概念、情感表達或複雜場景的細節，導致生成的圖片可能缺乏準確性或適應性。

- AI 繪畫工具通常難以完全捕捉和複現人類藝術家的獨特風格和感覺。每位藝術家都有自己獨特的創作方式和表達方式，這是 AI 模型所缺乏的。

透過結合人類與 AI 技術，我們可以在一定程度上克服 AI 繪畫工具的局限性。人類可以對利用 AI 技術生成的圖片進行干預和調整，以提升圖片的品質和精確度。透過在 AI 生成的基礎上進行修改，人類可以加入自己的創意和風格，使圖片更符合預期。此外，透過與藝術家和使用者的互動，收集回饋，並將這些資訊用於改進 AI 模型和演算法，我們可逐步提升 AI 生成圖片的品質和表現力。

第 5 章

AI 音 / 視訊生成

在前面幾章中，我們介紹了 AIGC 的背景，以及其在聊天對話、智慧生圖等場景的應用。不止靜態的文字和圖片，理論上，我們只要能用二進位程式碼表述的內容（音訊、視訊、畫片等），都可以透過 AIGC 生成。

本章將介紹 AI 音 / 視訊生成的相關內容，包括基本的音訊和視訊生成，以及更高層級音 / 視訊混合的數字人技術應用。

5.1 音訊智慧：能聽，會說，還會唱

無數研究機構和企業都致力於建構語言文字與音訊的聯繫。音訊智慧包含兩大主流技術。

- ASR（Automatic Speech Recognition，自動化語音辨識），即語音轉文字的技術，後文簡稱「語音辨識技術」。
- TTS（Text To Speech，文字轉語音），後文簡稱「語音合成技術」。

這兩項技術奠定了音訊智慧「聽和說」的基本能力，並在此基礎上衍生出了不同人的聲紋辨識、人聲模仿、語音翻譯等技術。

5.1.1 音訊智慧技術全景和發展介紹

ASR 和 TTS 技術是音訊智慧的底層技術基礎，其全景示意圖如圖 5-1 所示。

有了 ASR 和 TTS 技術基礎，我們可以先將語音轉為文字，對文字進行智慧處理後再轉回語音輸出。最常用的就是對文字進行智慧翻譯，進而實現多種語言下的語音和文字互相轉換，即翻譯領域的同聲傳譯和交替傳譯。

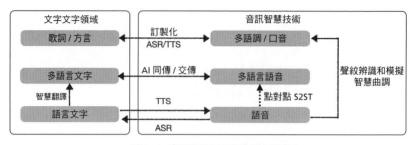

▲ 圖 5-1 音訊智慧技術全景示意圖

目前行業前端也在探索語音到語音的直接翻譯能力，如 Meta 公司推出的 SeamlessM4T 模型。

此外，同一種語言還會因使用者和場景的不同，衍生出不同的語調和方言口音。因此，這也造就了音訊智慧技術的兩個細分場景。

- 語義場景：與語音承載的文字資訊結合，訂製化訓練 ASR/TTS 能力。如針對方言對語言文字的特殊排列和語氣詞進行訂製化訓練，實現方言口音辨識和方言語音生成等。

- 語調場景：關注語音本身的特點，提供聲紋的辨識和模擬，以及結合曲調生成歌曲等。

1. ASR 技術──語音辨識技術

「能聽」背後的主要技術是語音辨識技術，它的發展可以按時間先後簡單分為範本匹配階段、統計模型階段和深度學習階段（參考《語音辨識：原理與應用》，作者：洪青陽）。

（1）範本匹配階段。

傳統的語音辨識技術主要基於簡單的範本匹配方法，即首先提取語音訊號的特徵建構參數範本，然後將測試語音和範本逐一進行比較，選取最相似的作為辨識結果。然而，這種技術存在原理層面的限制，僅適合小規模單字的辨識，對於連續語音辨識和大詞彙量的語音辨識任務，則顯得力不從心。

（2）統計模型階段。

隨著技術的發展，ASR 技術方向開始從孤立詞辨識系統轉向連續語音辨識，以更進一步地解決自然環境下的語音辨識問題。同時，基於統計模型的技術元件逐漸替代了範本匹配技術，其中語言模型以 N 元語言模型為代表，聲學模型以隱馬可夫模型（HMM）為代表。

最終，透過一系列以數學模型為主的最佳化，行業 ASR 辨識準確率達到約80%，但難以再顯著提升。

（3）深度學習階段。

在 2006 年，Hinton 提出了深度置信網路（DBN），這標誌著深度學習革命的正式開啟，AI 自此加入了語音辨識的「戰場」。在此後的五年間，語音辨識技術不斷取得突破，辨識準確率持續提升。基於神經網路的語音辨識技術（DNN-HMM）已經逐漸取代了基於高斯混合模型（GMM-HMM）的傳統方法，成為語音辨識領域的主流技術。在點對點等技術的進一步推進下，2017 年，機器的語音辨識準確率首次超過人類（由 Switchboard 統計，限於測試條件下），英文辨識準確率達到 95.1%（來自 Google2017 年 5 月的資料）。

如今，生活中語音辨識的場景越來越多，並且越來越準確，如電腦或手機輸入法的語音辨識、客服機器人等。

2. TTS 技術——語音合成技術

TTS 技術是人機對話的一部分。這項技術主要運用語言學和心理學的知識，透過神經網路的設計，將文字智慧地轉為自然語音串流。TTS 技術對文字檔進行即時轉換，轉換時間極短。在其特有的智慧語音控制器的作用下，輸出的語音音律流暢，使聽者感覺自然，毫無機器語音輸出的冷漠與生澀感。

TTS 技術即將覆蓋國標一、二級中文字，並具有英文介面，能自動辨識中文和英文，支援中英文混讀。所有的聲音採用真人普通話標準發音，實現了 120~150 個中文字 / 分鐘的快速語音合成，朗讀速度達 3 到 4 個中文字 / 秒。目前有少部分 MP3 隨身聽具有 TTS 功能。

5.1.2 音訊智慧技術的典型應用場景

音訊智慧技術涵蓋以下典型應用場景。

1. 語音翻譯：自動化完成即時 / 非即時的語音翻譯

　　基於音訊智慧技術的語音翻譯可以分為即時和非即時兩種場景，分別對應傳統人工翻譯領域的同聲傳譯和交替傳譯。

　　非即時語音翻譯的基本原理：首先透過 ASR 技術將語音轉為靜態的文字，然後將文字傳給智慧的語言翻譯系統，輸出目的語言的新文字，或再透過 TTS 技術將新文字轉為對應語言的語音播報。

　　在即時翻譯場景中，由於語音是持續地輸入的，並且語法結構遵循自身語言的特點（如在中文中，定語通常放在被修飾的名詞之前，而在英文中，定語經常放在被修飾的名詞之後），因此，需要即時翻譯功能支援動態地調整輸出文案結果，這給翻譯結果的可讀性和準確性帶來了極大挑戰。

　　當前的語音翻譯技術有以下優缺點和應用場景。

- 優點：①相比手動的文字輸入，語音翻譯技術大幅提升了跨語言交流的效率；②技術原理清晰，並且相關技術都在穩步提升中。

- 缺點：①語音辨識和語音翻譯的誤差具有累加效應，只要有一個環節出錯，翻譯的結果就是錯誤的，這大大降低了最終結果的可用度；②語音辨識和語音翻譯技術需要共同理解上下文和語言文化背景，同一個詞彙在不同語境和語言下的意思差別很大；③為解決上一個問題，需要將更多的上下文資訊提供給人工智慧模型，這給隱私保護帶來了挑戰。

- 應用場景：①非即時的大規模語音翻譯場景（如電影翻譯字幕的批次自動化生成），方便審核和二次編輯；②即時的娛樂化翻譯場景（如跨國視訊聊天 App 中的自動字幕翻譯場景），一方面，使用者對準確性要求不高，另一方面，對話雙方還可透過進一步溝通解釋翻譯的歧義問題。

2. 會議記錄：自動記錄會議發言，並區分說話人

　　除翻譯場景外，語音辨識技術還能在常見的工作會議紀要中大顯身手。透過即時的語音辨識，語音辨識軟體 / 平臺能自動化完成會議發言的語音轉文字，並能支援區分不同說話人的聲紋，給每段文字標記不同的來源。圖 5-2 所示為「訊飛聽見」App 會議記錄功能示意。

▲ 圖 5-2 「訊飛聽見」App 會議記錄功能示意

會議語音記錄目前已在行業內有較大規模的應用，主要有以下優缺點。

- 優點：①在中文場景下，即時轉錄的準確率較高，尤其能針對不同發言人自動化分段和區分來源；②應用解決方案鏈路完整，可以從手機 App 連線，也可以從麥克風、投螢幕軟體和硬體連線，支援多種規模場景。

- 缺點：①互動層缺少與會議材料（如 PPT、協作文件等）的聯動，導致在事後對照時仍需要進行多材料資訊對齊；②安全層有資訊洩露風險，輕量化的 App 連線雖然方便，但可能洩露公司的核心會議資訊。

3. 語音複製：辨識模擬人聲特點，並支援動態切換

語音複製指的是輸入少量的真人語音部分，AI 分析語音特徵和模式後，生成一個與該人語音高度相似的語音內容。

語音複製技術可用於大規模真人語音庫的生產，支援地圖導航、語音讀書、智慧客服等多種場景。

開放原始碼社區提供了相關的開放原始碼框架，其中熱門的當屬 MockingBird 框架，僅輸入 5 秒的語音部分，它就可以完成語音複製。

MockingBird 具有以下 5 大特點。

- **支援中文**：使用多種中文資料集進行了測試，並且提供了完整的中文文件。
- **基於 PyTorch**：支援基於 PyTorch 的執行和再訓練。
- **支援多系統**：支援在 Windows、Linux、macOS 系統中執行，也支援蘋果新版的 M1 晶片架構。
- **開箱即用**：基於用 PyQt 開發的工具箱偵錯頁面，只需下載預訓練模型，即可使用。
- **支援遠端部署**：支援部署在 Web 伺服器上，支援遠端呼叫。

> 📣 **提示** MockingBird 專案在中文社區具有豐富的使用指導和效果分享。有興趣的讀者可以參考官方文件自行部署。

語音複製技術的優缺點如下。

優點：①基於極少的語料資訊就可完成語音複製，適用於各類娛樂場景；②在一定的硬體加持下，複製速度幾乎達到即時水準，甚至可以適用於直播等即時場景。

缺點：①語音安全隱憂擴大，普通人在日常電話溝通中也存在被語音詐騙的風險，此問題暫無明確、有效的解決方案；②普通個人進行語音複製的成本仍然較高，如 MockingBird 框架的本地架設仍有一定的技術門檻。

4. 智慧「翻唱」：人聲模擬和轉換

智慧翻唱是指，在不需要歌手本人參與的情況下，使用者基於 AIGC 技術「翻唱」其他歌手的歌曲。2023 年，Sovits 4.0 開放原始碼模型發佈，普通人也可以使用 AI 技術翻唱了，這導致視訊網站上出現了太多的「AI 孫燕姿」翻唱視訊。

Sovits 的全稱為 So-Vits-Svc，是一款免費的 AI 語音轉換模型。使用者只需要準備語音或歌聲資料，Sovits 模型就能掌握語音中人聲的發聲特點，從而訓練出使用者想要的音色。

> 📣 **提示** 使用模型模仿他人聲音並發佈會存在較多的法律風險。

5.1.3 實戰：基於 SeamlessM4T 實現「語音到語音」直譯

SeamlessM4T 是 Meta 公司在 2023 年 8 月 23 日推出的翻譯模型，是行業首個多語言多模式的一體化模型，其主要亮點如下。

- 語音音訊能力：支援超過 100 種語言的語音辨識輸入、35 種語言的語音合成輸出。
- 語言文字能力：支援 96 種語言的文字輸入和輸出。
- 一體化的多模態語言處理能力：在上述範圍內，支援「輸入任意語言的文字和語音，輸出其他語言的文字或語音」。

常規的同傳 / 交傳翻譯過程是，首先透過 ASR 技術把語音轉成同語種下的文字，然後呼叫文字翻譯模型將其轉為目的語言文字，最後將目標語音文字透過 TTS 技術轉為目的語言語音。

利用一體化的模型，開發者可以一步合格完成以下操作：不用單獨做當前語言的辨識和翻譯，想要什麼輸出格式就選擇對應的格式。

SeamlessM4T 實現多模態（語音、文字）互譯的底層原理：透過多工 UnitY 模型整合多種預訓練模型，進而在模型層面實現語音辨識、翻譯、語音合成的整合。

> 🔷 **提示** UnitY-Small 模型佔用的硬碟空間僅為 862MB，其可以配合 Python Mobile 執行在移動端裝置中。

（1）執行 SeamlessM4T-Large 模型。

執行 SeamlessM4T-Large 模型對硬體環境的要求較高，依賴 A100 或更高性能的 GPU 晶片。在 Hugging Face 社區，我們可以基於 Meta 公司提供的免費算力資源（在 Hugging Face 社區官網搜尋「seamless_m4t」）進行驗證。

如圖 5-3 所示，輸入一段英文音訊「My favourite animal is the elephant.」，經過 SeamlessM4T S2ST 模型處理後，同時輸出了中文翻譯文字和語音「我最喜歡的動物是大象」。透過上傳語音檔案，或在「Audio Source」音訊來源選項框中勾選「microphone」選項（即時錄製音訊），開發者可以測試語言的多種輸入方式。

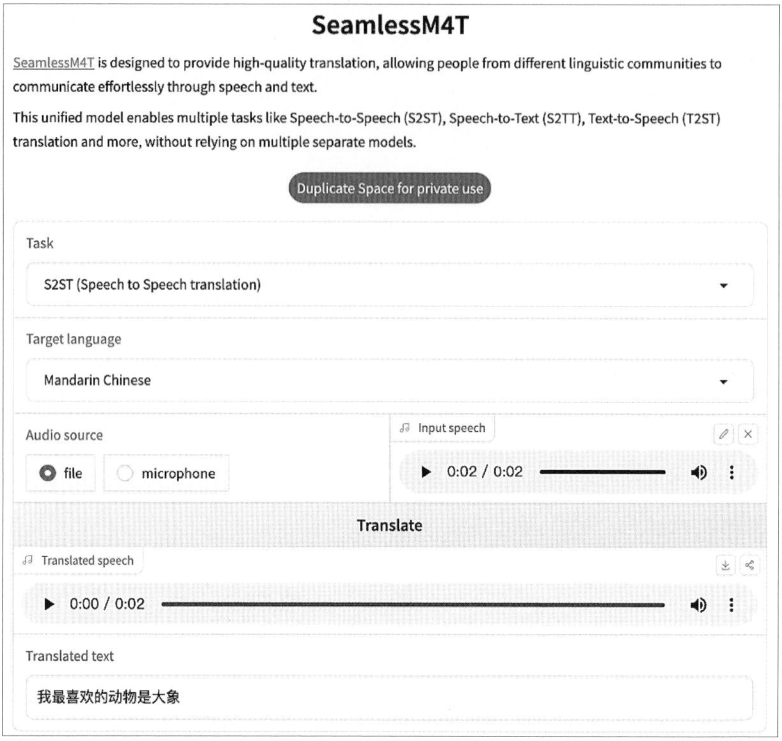

▲ 圖 5-3 SeamlessM4T 模型在 Hugging Face 社區網站執行的效果範例

（2）執行 UnitY-Small 模型。

UnitY-Small 模型可以直接基於 PyTorch 函式庫使用。

開啟 Hugging Face 社區模型的託管位址，搜尋 seamless-m4t-unity-small 關鍵字。下載最新版本的模型，如圖 5-4 所示。

📌 提示 截至 2023 年 9 月，UnitY-Small 模型已支援英文、法語、印地語、葡萄牙語和西班牙語間的語音翻譯能力。

▲ 圖 5-4 下載 UnitY-Small 模型

然後，透過簡單的 Python 呼叫即可使用模型，程式如下：

```
import torchaudio
import torch

# 1. 使用 torchaudio 載入音效檔
audio_input, _ = torchaudio.load(TEST_AUDIO_PATH)
# 2. 載入下載的 ptl 模型檔案
s2st_model = torch.jit.load("unity_on_device.ptl")
# 3. 執行模型
with torch.no_grad():
    text, units, waveform = s2st_model(audio_input, tgt_lang=TGT_LANG)
# 4. 傳回的文字結果被儲存在 text 變數中，可以透過 torchaudio.save() 函數將音訊
# 檔案儲存到本地進行播放
print(text)
torchaudio.save(f"{OUTPUT_FOLDER}/result.wav", waveform.unsqueeze(0),
                sample_rate=16000)
```

5.2 視訊智慧：從拍攝到生成

隨著 Midjourney 和 Stable Diffusion 能力的不斷提升，文生圖（Text to Image，T2I）技術逐漸為人所知。同時，文生視訊（Text to Video，T2V）技術也在悄然發展，與影像只有二維資訊不同，文生視訊則需要考慮第三維度──時間，以確保畫面的連貫性和一致性。

5.2.1 文生視訊

文生視訊是一個將文字描述轉為相應的視訊內容的技術。這種技術的發展歷程與電腦視覺、自然語言處理和深度學習的進步緊密相連。

1. 文生視訊簡介

下面簡單介紹一下文生視訊的技術發展史。

- 1990 年至 2000 年：文生視訊的轉換主要依賴於手工規則和簡單的範本。由於運算能力的限制，文字生成的視訊通常是靜態的影像序列，而非流暢的動畫。

- 2000 年至 2010 年：隨著電腦視覺技術的進步，開始出現了能夠從文字中提取關鍵資訊並將其轉為視訊的演算法。這個時期的技術仍依賴於預先定義的範本和場景，但生成的視訊品質有所提高。

- 2010 年至今：深度學習技術的發展，特別是生成對抗網路（Generative Adversarial Network，GAN）、循環神經網路（Recurrent Neural Network，RNN）、擴散模型（Diffusion Model，DM）及 Transformer 模型的發展，為文生視訊帶來了革命性的變化。研究者開始訓練模型，使其能夠根據文字描述直接生成視訊，無須任何預先定義的範本。這個階段的技術可以生成更加真實和流暢的視訊內容，無論是時長還是畫面品質，與真實拍攝的視訊相比都有較大提升。用文字生成的視訊只是在一些特殊場景下已經達到了可用的狀態，在大部分場景下，生成的視訊與手工拍攝的視訊有較大差距。

2. GAN 時代的文生視訊

在使用 GAN 生成影像獲得巨大的成功後，研究人員開始嘗試使用 GAN 來生成視訊。最早的研究出現在 2018 年前後，Text2Filter 和 TGAN-C 是兩種常見的方法。下面簡介 TGAN-C 方法。

圖 5-5 是用 TGAN-C 方法生成視訊的示意圖，從左到右逐幀展示了生成的視訊。圖 5-5 中上圖輸入的提示詞是：「digit 6 is moving up and down」（數字 6 上下移動）。從生成視訊的逐幀展示中可以看到，數字 6 在上下移動。圖 5-5 中下圖輸入的提示詞是：「digit 7 is left and right and digit 5 is up and down」（數字 7 左右移動的同時，數字 5 上下移動）。從生成視訊的逐幀展示中可以看到 7 在左右移動，5 在上下移動。

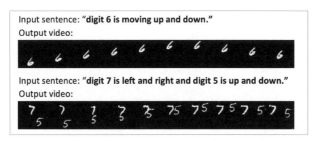

Input sentence: "**digit 6 is moving up and down.**"
Output video:

Input sentence: "**digit 7 is left and right and digit 5 is up and down.**"
Output video:

▲ 圖 5-5 用 TGAN-C 方法生成視訊的示意圖

TGAN-C 能夠考慮語義和時間上的連貫性。

TGAN-C 使用 3 個判別器：視訊判別器、幀判別器和運動判別器。這些判別器用於辨識真實的視訊和生成的視訊，將幀與標題對齊，並強調生成的視訊中鄰近幀之間的平滑連接。

TGAN-C 方法已經能夠生成有一定內容且畫面連貫的視訊，它是文生視訊技術的重要突破，但生成的視訊解析度低、物體單一、內容簡單。

3. Transformer 模型引領潮流

Transformer 模型的出現得益於其可以在大規模資料中高併發地進行訓練，模型可以學習資料中高維度的連結資訊，引發深度學習領域的「架構升級」。在 2018 年後，大部分的文生視訊均使用 Transformer 模型。

另外，擴散模型在圖片領域的表現超過了 GAN，不少研究也開始使用 Transformer 模型和擴散模型結合的方式，為文生視訊提供新想法。其中，比較有代表性的有：Google 公司的 Phenaki 模型、Meta 公司的 Make-A-Video 模型、Microsoft 公司的 NUWA 模型、RunwayML 公司的 Gen-2 模型。

Google 公司的 Phenaki 模型和 Microsoft 公司的 NUWA 模型可以根據文字生成無限長時間的視訊。

（1）Google 公司的 Phenaki 模型。

使用 Phenaki 模型，分別輸入以下提示詞，便可以得到一個視訊，如圖 5-6 所示，它展示了基於提示詞生成視訊的關鍵幀。

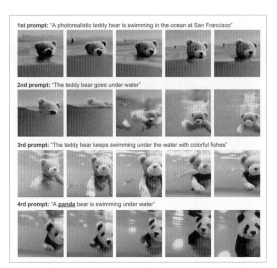

▲ 圖 5-6 Phenaki 模型基於提示詞生成視訊的關鍵幀

- A photorealistic teddy bear is swimming in the ocean at San Francisco（一隻逼真的泰迪熊在三藩市的大海裡游泳）
- The teddy bear goes under water（泰迪熊潛入水下）
- The teddy bear keeps swimming under the water with colorful fishes（泰迪熊和五彩繽紛的魚兒一起在水底游來遊去）
- A **panda** bear is swimming under water（熊貓在水下游泳）

從效果上看，Phenaki 模型已經可以生成任意提示詞描述的場景，視訊內容的豐富度遠超之前的方法。但是，Google 公司的 Phenaki 和 Microsoft 公司的 NUWA 都未公開模型的程式，也沒有提供可以試用的案例。

（2）Meta 公司的 Make-A-Video 模型。

Meta 公司的 Make-A-Video 模型利用文生圖模型來學習文字與視覺世界之間的對應關係，並利用無監督學習來學習文生視訊逼真的運動情況。

該方法有 3 個優點：訓練速度快；不需要與視訊對應的文字資料；泛化能力強。

Make-A-Video 模型透過簡單的提示詞生成高畫質和高每秒顯示畫面的視訊，其效果如圖 5-7 所示。

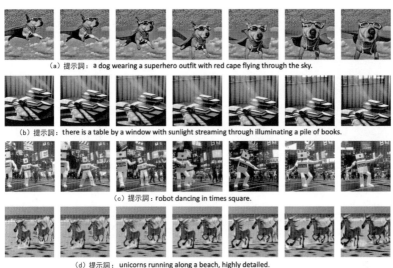

（a）提示詞：a dog wearing a superhero outfit with red cape flying through the sky.

（b）提示詞：there is a table by a window with sunlight streaming through illuminating a pile of books.

（c）提示詞：robot dancing in times square.

（d）提示詞：unicorns running along a beach, highly detailed.

▲ 圖 5-7 Make-A-Video 模型基於提示詞生成的視訊

不過這個方法也有不足，利用文生圖的能力能夠提供高畫質的視訊，但是對於視訊資訊的連貫性考慮較少，比如，生成一個人從左到右或從右到左揮手的視訊時，效果較差。

（3）RunwayML 公司的 Gen-2 模型。

2023 年，RunwayML 公司發佈了 Gen-2 模型，使用者可以在 RunwayML 公司的網站中免費試用它。

Gen-2 模型可以生成多種風格的視訊，如故事、動畫等。

RunwayML 公司網站中的 Gen-2 模型主介面如圖 5-8 所示。若要使用 Gen-2 模型，可以按一下圖 5-8 中左側選單中的 Generate videos（視訊生成選單），或按一下介面中 Popular AI Magic Tools（熱門的 AI 魔法工具）裡的 Text/Image to Video 選項，進入視訊生成介面進行相應的操作，如圖 5-9 所示。

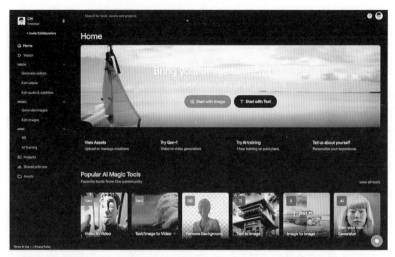

▲ 圖 5-8　RunwayML 公司網站中的 Gen-2 模型主介面

▲ 圖 5-9　Gen-2 的視訊生成介面

4. 文生視訊的方式

　　文生視訊主要有 3 種方式：基於圖 + 文字生成、基於圖片生成和基於文字生成。下面使用基於文字生成的方式將文字轉為視訊。

　　（1）輸入提示詞「A dog wearing superhero outfit with red cape flying through the sky」（一隻穿著超級英雄衣服、披著紅色斗篷的小狗在天空中飛翔），按一下「Previews」（預覽）按鈕，即可展示 4 個預選視訊的關鍵幀截圖，如圖 5-10 所示。

使用者可以基於關鍵幀截圖來選擇生成哪個視訊，以降低生成的成本。這裡選擇第
一個視訊截圖。

▲ 圖 5-10　4 個預選視訊的關鍵幀截圖

（2）系統開始生成視訊，生成後便可以預覽，如圖 5-11 所示。

▲ 圖 5-11　生成的視訊

5.2.2 合成視訊

與文生視訊（T2V）仍無法大規模使用不同，人工智慧合成視訊的發展和應用要明朗得多。

1. 視訊局部修改

2022 年，以色列魏茨曼科學研究所聯合英偉達研究院，提出了基於文字的分層圖片和視訊編輯方法（Text-Driven Layered Image and Video Editing，Text2LIVE）。該方法可以對現實世界的影像和視訊進行本土化的語義編輯。

下面透過圖 5-12 所示的例子說明這個方法。透過輸入長頸鹿的視訊和提示詞，如「stained glass giraffe」（彩色玻璃長頸鹿）、「giraffe with neck warmer」（戴圍巾的長頸鹿）或「giraffe with a hairy colorful mane」（多彩鬃毛長頸鹿），能夠在輸出的視訊中根據提示詞變換影像主體（也就是長頸鹿）的風格。在圖 5-12 中，第 1 張圖為原視訊截圖，後面 3 張圖為變換過的視訊截圖。

▲ 圖 5-12 使用 Text2LIVE 編輯視訊

這個方法的優缺點如下。

- 優點：能夠對影像和視訊的主體使用自然語言進行控制，控制後的視訊依然保持連貫性。
- 缺點：只能處理主體比較明確的影像或視訊。對於不存在明確主體的視訊，效果會大打折扣。

2. 視訊整體風格變換

目前，視訊整體的風格變換主要使用基於 Diffusion 的方法，包括 StableVideo、CoDeF 方法及 RunwayML 的 Gen-1 模型（一種生成模型，它屬於文字生成模型，主要用於生成文字序列）。從產品化和好用性角度看，RunwayML 的 Gen-1 模型更優，下面重點介紹 Gen-1。

Gen-1 基於擴散模型，有以下 3 個核心優勢。

- 結構與內容導向：能夠根據「所需輸出的視覺」或「文字所描述的編輯過程」對視訊的內容進行編輯，同時保持其結構和時序一致。

- 實現全面的控制：能夠實現對時間、內容和結構一致性的全面控制。

- 使用者友善性和個性化訂製：能夠根據使用者提供的影像或文字進行視訊生成。

在圖 5-13 中，Runway 的 Gen-1 模型可以基於提示詞改變視訊的風格，圖中從左到右為視訊的逐幀展示。

▲ 圖 5-13 Runway Gen-1 舉例

第 1 個提示詞「a woman and man take selfies while walking down the street, claymation」（一男一女在街上自拍的黏土動畫）將原始視訊風格變為黏土風格。

第 2 個提示詞「kite-surfer in the ocean at sunset」（在夕陽下的海上玩風帆衝浪）。

第 3 個提示詞「car on a snow-covered road in the countryside」（汽車行駛在鄉村積雪覆蓋的道路上）。

我們可以直接在 RunwayML 的網站上使用文字編輯視訊風格的功能，在主介面中選擇「Video to Video」選項，如圖 5-14 所示。

開啟視訊風格編輯主介面，如圖 5-15 所示，該頁面可分成兩大部分。

- 左側的視訊匯入和預覽區域：可以上傳視訊或匯入已經在 RunwayML 中的素材或之前使用過的素材。
- 右側工具列：在上部分區域可以選擇編輯風格的方式，RunwayML 提供了 3 種方式，分別為基於圖片、基於預設和基於 Prompt；下部分區域是基礎設置和高級設置，這裡不做詳細介紹。

在 Demo Assets 中選擇一個範例並設置一個風格，比如 Cloudscape，即將視訊中的物體設置為雲朵狀，如圖 5-16 所示。

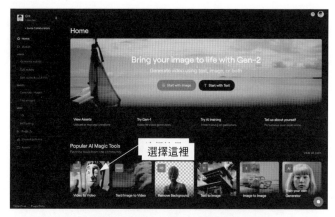

▲ 圖 5-14　RunwayML 網站主介面

▲ 圖 5-15　Gen-1 視訊風格編輯主介面

▲ 圖 5-16 選擇視訊風格

之後按一下下方的「Preview styles」按鈕，轉換風格後的視訊關鍵幀如圖 5-17 所示。

▲ 圖 5-17 預覽視訊風格

如果我們對視訊效果滿意，則可以按一下視訊進行生成，這裡不做詳細展示，有興趣的讀者可以嘗試。

5.2.3 後期處理

以往需要借助專業工具才能實現背景移除、人物剔除、物體移除等複雜的操作，現在即使是非專業人士，利用 AI 工具也能輕鬆上手，讓視訊編輯變得更加簡單、高效。

1. 背景移除

下面以 RunwayML 為例，介紹它的背景移除功能。在 RunwayML 中，視訊背景移除非常簡單。

（1）利用滑鼠按一下主體，即可完成選擇，選擇後的效果如圖 5-18 所示。

▲ 圖 5-18　RunwayML 主體選擇

（2）選擇主體後，RunwayML 會自動辨識主體，背景就會變為綠幕，如圖 5-19 所示，我們可以在綠幕中增加自己想要的任何背景。

▲ 圖 5-19　RunwayML 自動辨識主體並生成綠幕

2. 物體移除

利用物體移除功能可以移除視訊中的任意物體。使用畫筆塗抹希望選中的物體，如圖 5-20 所示。等待片刻後，RunwayML 會將選中的物體移除，並透過 AI 補充視訊中可能缺失的部分，如圖 5-21 所示。

▲ 圖 5-20 RunwayML 物體選擇

▲ 圖 5-21 RunwayML 物體移除

5.3 數字人：影音交融

數字人是指，透過電腦技術與人工智慧技術模擬和複製人類形象、行為和思維的虛擬實體。數字人可以在虛擬環境中與人類進行互動，具備與人類相似的外貌、語音、情感和認知能力。

5.3.1 數字人技術簡介

透過整理數字人的生產和消費流程，我們可以將與數字人相關的技術分為兩類：數字人控制和數字人生產。

數字人控制又可細分為真人控制（如真人動作捕捉和聲音錄製）和純 AI 控制，後者支援在完全不需要演員參與的情況下讓數字人做出預期的動作或說出設計好的臺詞。對消費數字人的真人使用者來說，他們可以看到數字人的影像和聽到數字人的語音，之後設計出互動回饋（包括評論、點觸、語音對話等）給數字人的控制系統，讓數字人產生新的動作或說出新的臺詞。其生產和消費流程如圖 5-22 所示。

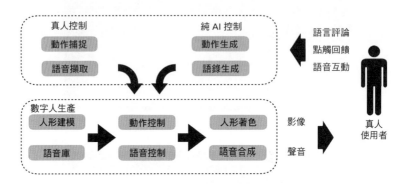

▲ 圖 5-22 數字人生產和消費流程簡圖

數字人生產的產物直接決定了使用者看到的數字人的樣子和說話的聲音。使用者透過操作回饋後，即可控制螢幕上的數字人做出相應的動作，或說出相應的話。

數字人生產領域的技術可以分為以下 3 類。

- **音 / 視訊資料準備**：包括人形建模和語音庫的擷取 / 製作。人形建模可以依據不同場景，創作不同保真度的形象，如超寫實的擬人形象、3D 或 2D 的動漫人物形象等。如果語音完全由真人提供，則語音庫的擷取就非必需了。但如果需要做真人變聲，或純 AI 語音控制，則需要一個獨立訂製的語音庫。
- **控制介面**：包括動作控制和語音控制。動作控制會完全匹配人形建模，對外提供控制人體動作和表情的介面，在超寫實數字人場景下，對內還需要提供語音和唇形的匹配邏輯。語音控制邏輯和後續的語音合成技術配合，提供語音複製、變聲、生成等功能。
- **輸出融合**：包括人形影像的著色和語音音訊的合成，最終輸出音 / 視訊融合的影像。人形著色依據模型的不同，可分為 3D 著色和 2D 著色。語音合成也依據使用的語音技術，以不同方式生成最終的音訊資訊。

1. 數字人控制領域的技術

數字人控制領域的技術有兩大類：真人控制和純 AI 控制。

- **真人控制**：包括動作捕捉技術和語音擷取技術。其中動作捕捉技術是其核心技術，按捕捉方式可以分為光學捕捉、慣性捕捉和 AI 視覺捕捉。光學捕捉需要演員穿上有特殊標記點的服裝，透過外部架設好的多台攝像機捕捉人體動作。慣性捕捉免去了架設攝像機的麻煩，但需要在捕捉服上佈滿慣性感測器（加速度計和陀螺儀），透過擷取的加速度和角速度反推人的動作姿態。AI 視覺捕捉技術不需要任何標記或佩戴裝置，它借助先進的人臉和肢體辨識技術，直接辨識並分析姿態。儘管在肢體辨識方面，其準確率略遜於人臉辨識，但它在表情捕捉方面表現出色，為許多應用場景提供了強有力的支援。

- **純 AI 控制**：純 AI 控制脫離了傳統的「中之人」概念，數字人背後的動作、表情、語音都不需要人控制。直接輸入必要的背景人物設定和演講稿，數字人就能自動完成相關動作和講話。

2. 數字人技術的發展

國內數字人技術的發展可以粗略地分為萌芽期、啟動期和高速發展期 3 個階段。

- **萌芽期**：從 20 世紀八九十年代電腦技術興起，一直到 21 世紀前十年左右。這個階段的典型特徵為相關知識和概念的探索思考，尤其表現在科幻相關的文學及影視作品領域。這期間的代表作品是日大學幻動漫 Ghost in the shell（《攻殼機動隊》），它探索説明了人的靈魂電子化這個終態，並且後續還成了《駭客帝國》的創作基礎。

- **啟動期**：始於 21 世紀 10 年代到 21 世紀 20 年代。這個階段的典型特徵是數字人在局部領域完成了商品化，由於著色技術限制主要表現在二次元動漫領域。其中最知名的例子有兩個：一是「初音未來」於 2007 年發佈，並在之後十年內完成了二次元虛擬歌姬這個商業化 IP 的打造，全球粉絲超過 6 億人；二是「絆愛」於 2016 年發佈，實現了可互動的二次元直播虛擬主播，粉絲超百萬人，播放量超 2 億次。如今因一些原因，絆愛官方於 2022 年 2 月宣佈無限期停止活動。

- **高速發展期**：從 2020 年至今。這個階段的典型特徵是數字人的底層技術得以突破，數字人技術在各行各業都獲得了應用。數字人不再侷限在二次元的圈子，從普通使用者的角度可以看到新聞主播、電話客服等日常生活的很多場景都逐漸被數字人替代。

5.3.2 虛擬人形：虛擬人臉和動作控制

數字人的生產需要經歷長時間的準備，五官、長相、身形、動作都需要一一進行設置。本節重點介紹其中兩項重要的技術。

1. Deepfakes 技術介紹、發展和風險

Deepfakes 是數字人技術中最早被公眾所知道的技術。在大部分人的印象中，其主要作用是給真人照片「換臉」。但是，它真正的功能遠不止於此。其官方網站隨機顯示一張人臉圖片，並且每次刷新都會更新。圖 5-23 是我們從其官網截取的 4 張圖片。

在這 4 張照片中，人物的膚色各異，唯一的共同點就是他們都是透過 Deepfakes 技術憑空生成的虛擬人臉——如網站名稱所述「this person does not exist」（此人不存在）。可見，Deepfakes 技術不僅能模仿現實中已有的人臉，而且能創造出現實中不存在的人臉，讓人真假難辨。

▲ 圖 5-23 thispersondoesnotexist 網站圖片範例

Deepfakes 技術可以追溯到 2014 年，當時 GAN（生成對抗網路）的誕生為深度學習換臉提供了可能。GAN 由兩個 AI 代理組成，一個負責生成偽造影像，另一個負責檢測影像是否真實。兩個 AI 代理互相競爭，共同進步，它們偽造出來的影像越來越讓人難以分辨。

早期的 GAN 生產影像存在一個致命缺陷，即圖片越模糊，負責檢測的 AI 就越難以辨別真假。所以負責「造假」的 AI 就會生成大量的模糊圖片，導致最終結果不可用。直到 2017 年，英偉達公司解決了這個問題，透過漸進式的階段劃分，先讓 AI 學會生成低解析度的模糊影像，再逐漸提升解析度，最終可以生產出相片等級的高品質圖片，如圖 5-24 所示。

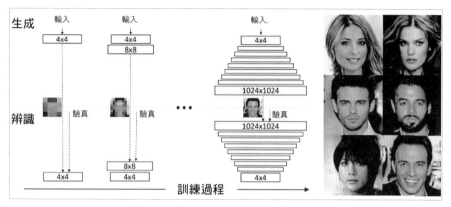

▲ 圖 5-24 英偉達對 GAN 的最佳化示意圖

當英偉達公司還在繼續最佳化 GAN 技術時，Reddit 的使用者就開始將 Deepfakes 推向主流，並且部分好事者還將其用於非法的色情領域。不過，Deepfakes 這個詞自此成了 AI 生成影像和視訊的代名詞，其中 Deep 特指 GAN 背後的深度學習神經網路。

此後，Deepfakes 技術的發展演變為以下兩條路線。

- **政策演進**：各國立法機構開始關注到 Deepfakes 對個人隱私的危害，甚至在美國大選期間還出現了利用 Deepfakes 偽造候選人發言。因此，各國都開始加強對 AI 換臉行為的法律管控，嚴厲打擊利用 Deepfakes 技術進行違法犯罪的行為。這在一定程度上限制了相關產業的發展，但在書附保障技術尚不成熟的情況下也保護了普通百姓的安全。

- **技術演進**：英偉達等公司持續研究，在之前靜態的人臉生成基礎上，增加了對表情、髮型等特徵的精準控制，如在 StyleGAN2 上能透過簡單操作控制視訊中人臉的表情。還有部分研究機構實現了對即時直播視訊的換臉。在 2022 年，GAN 的生成技術已經從 2D 圖片擴充到了 3D 模型上，即所謂的 EG3D 技術，支援將傳入的人臉照片還原出對應的 3D 人臉模型。

📖 **提示** 有朝一日，也許再精密的檢測演算法都無法判斷某張圖片是否是 Deepfakes 偽造的。這必然會給網際網路虛擬世界帶來顛覆性的變化。

2. AIGC 下肢動作的捕捉和控制

動作捕捉技術是指，基於外部設備，配合專業的擷取服裝等裝置，觀察並獲取演員的肢體動作和面部表情，最終將資料還原到虛擬的人物或動物數位模型上。該技術最早被用於動畫製作中，隨著電腦技術的發展，這個流程被搬到了電腦中，效率獲得了大幅提升，並被廣泛用於影視特效的製作。透過動作捕捉裝置獲取人的動作資料後，將其匹配到相應的人物／動物數位模型上，模型就會模仿複現之前錄製的動作。

如果只是透過傳統光學裝置捕捉人體動作，然後在數位模型上複現，那麼這個流程還需要大量的人工參與。那麼人工能否完全由 AI 代勞呢？隨著基於大型語言模型（LLM）的 GPT 技術的發展，用文字生成動作逐漸成為現實。其中，典型案例如 ActionGPT，它成功地將大型語言模型合併到基於文字的動作生成系統中，使用者只需要輸入一段動作的文字描述，即可輸出對應的動作指令序列。

如圖 5-25 所示，原始的簡單動作命令透過 LLM 處理後變成了非常詳細的動作描述，隨後將其輸入模型生成人體各個關節的動作座標資料，從而在無須真人動作擷取的幫助下實現對虛擬數字人的動作控制。

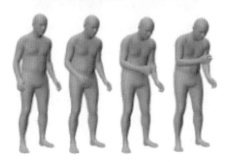

這個人在表演胃疼的動作，可能包括用單／雙手捂住胃、哭泣、呻吟等，並可能做出下彎動作

▲ 圖 5-25 ActionGPT 動作生成範例

在實際的數字人系統中，上述原始動作指令可以和數字人的語氣連結，做出開心、生氣等動作，也可以和真人使用者的回饋連結，做出對應的肢體動作。

5.3.3 虛擬人聲：人聲模擬轉換、唇形表情匹配

如果虛擬人形技術的功能是讓數字人的外形看起來像真人，那麼虛擬人聲技術的功能就是讓數字人的聲音聽起來也和真人一樣。其核心技術除了前文提到的語音

複製技術，還有一項技術——語音與數字人的唇形和表情匹配。其中代表性的技術點是 Wav2Lip 模型，其核心能力是將語音波形轉為人臉影像的唇形變化。

Wav2Lip 模型的核心流程分為兩步：①訓練一個能判斷聲音和口型是否一致的判別器，②採用 GAN 生成方式訓練生成器生成匹配的唇形，判別器檢查驗證，生成器和判別器互相競爭，持續迭代，生成越來越逼真的唇形。整體流程如圖 5-26 所示。

Wav2Lip 生成的唇形偶爾還可能出現模糊問題，因此，後續還可以結合 GFPGAN 等技術進行影像清晰度的校準和最佳化。

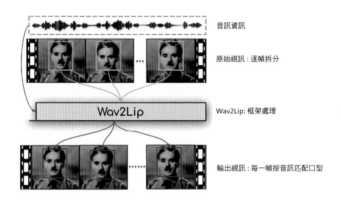

▲ 圖 5-26 Wav2Lip 處理流程圖

5.3.4 商業化整體解決方案

透過前面的介紹可以發現，數字人的相關技術已應用在很多領域。對於企業，如果想直接使用該技術，則需要投入較大成本完成各個技術環節的串聯和調配，以達到商業化應用的水準。但大部分企業是沒有足夠的相關技術能力儲備的，因此，需要有平臺能提供一體化的數字人解決方案。

本節將介紹矽基智慧和 D-ID 這兩家公司的數字人商業化解決方案。

1. 矽基智慧

矽基智慧（南京矽基智慧科技有限公司的簡稱）於 2017 年在南京創立，業務包括電話機器人、智慧客服、同螢幕數字人、VPPT 數字人、直播數字人和複製人等虛擬數字人。矽基智慧官網首頁中「萬物回矽」的口號和虛擬人視訊如圖 5-27 所示。

▲ 圖 5-27 矽基智慧官網首頁虛擬人展示

矽基智慧廣為人知的最大一波廣告來自知名商業顧問劉潤，他在其視訊號中使用矽基智慧訂製的數字人替代自己。劉潤老師只需要提前準備好演講稿，AI 就會自動複製他的語音，並結合適當的動作完成講解，從而大幅降低了真人出鏡的錄製成本。

不止於知識內容視訊，矽基智慧的數字人還可以被應用在電子商務帶貨等多個領域。

2. D-ID

D-ID（Digital Identity Defense）是一家以色列的人工智慧技術公司，專注於保護數位身份的隱私和安全。相比於矽基智慧，D-ID 的數字人解決方案是一款適合小團隊或個人使用者簡單上手的數字人創作軟體。該軟體提供了開箱即用的軟體互動介面（如圖 5-28 所示），支援數字人的建立、語音合成，以及唇形匹配功能。使用者只要輸入想讓數字人說話的內容，再配置好數字人的模型、語音、語言和語調，就能讓數字人說出話來。

為提高生產數字人人形的效率，D-ID 不僅支援使用者手動上傳包含人臉的圖片，還對接 GPT-3 實現了全流程的文字化控制，如透過簡單的文字描述生成數字人影像（如圖 5-29 所示）等。

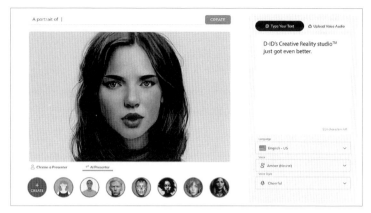

▲ 圖 5-28 D-ID 的互動介面

▲ 圖 5-29 使用文字生成數字人影像

　　D-ID 的服務主要面向歐美使用者，考慮國人的審美和付費習慣，使用者也可以選擇國產的同類型產品，如 KreadoAI 等。

5.3.5 實戰：架設自己的動漫數字人

　　數字人涉及的底層技術（包括人物的 3D 建模、肢體動作捕捉和控制、面部輪廓辨識等）在數年前就已達到商用狀態，甚至有了開放原始碼實現方案。

　　本節以動漫數字人的生產為例，介紹基於攝影機的動作 & 表情捕捉、2D&3D 動漫模型控制的原始程式實戰。

　　GitHub 平臺的「yeemachine/kalidokit」專案於 2021 年就進行了開放原始碼推廣，該專案是動漫數字人生產的優秀開放原始碼方案之一。它基於 MediaPipe 和 TensorFlow 實現了面部輪廓、眼睛、唇形、身體姿勢的追蹤，並結合模型整體的運動學求解器，將推算出動漫模型上每個活動節點的運動軌跡。如當動漫模型隨被追蹤的人臉左右晃動時，模型的頭髮也會隨之晃動，哪怕被追蹤的真人是一個禿頂的程式設計師。

　　Kalidokit 專案為上述功能提供底層實現 JavaScript 函數庫，其上層還可以擴充完整的應用形態，如支援貼紙和背景圖編輯等。圖 5-30 所示為 KalidoFace 官網捕捉到的人臉效果。

▲ 圖 5-30 KalidoFace 官網頁面

　　Kalidokit 為我們提供了本地偵錯入口，只需要 3 步即可使用，流程如下：

```
# 1. 複製 yeemachine/kalidokit 核心倉庫 , GitHub 官網搜尋關鍵字：kalidokit
git clone https:// [GitHub 位址 ]/yeemachine/kalidokit.git
# 2. 安裝相依
cd kalidokit
npm install
# 3. 執行測試
npm run test
```

　　在上述流程中，第 3 步會在本地「http://localhost:3000」建立一個本地預覽伺服器，使用瀏覽器開啟後就可以看到如圖 5-31 所示的預覽效果。可以看到，Kalidokit 成功地辨識到了真人的「OK 手勢」，並以 2D 視訊影像座標進行模型的 3D 運動學結算，得到 3D 模型匹配的動作座標。

▲ 圖 5-31 Kalidokit 專案本地偵錯的預覽效果

第 3 篇
深入原理

第 6 章

AIGC 原理深度解析

在前面的內容中，我們已經對與 AIGC 相關的對話、影像生成、聲音生成和視訊生成等工具和應用進行了介紹。本章將探討 AIGC 的技術原理。

■ 6.1 AIGC 技術原理概覽

AIGC 的實現主要依賴於 AI 技術，其核心目標是使機器擁有類似於人類的智慧。

6.1.1 AIGC 技術概述

2022 年是 AIGC 爆發之年，人們看到了 AIGC 無限的創造潛力和未來應用的可能性。本輪 AIGC 技術的爆發重點依靠生成演算法的突破、超大算力加持下的大規模預訓練模型技術成熟、多模態技術的累積。

1. 生成演算法

Transformer 模型是本輪 AIGC 浪潮背後最重要的技術之一。該模型是一種採用自注意力機制的深度學習模型，這個機制可以按照輸入資料各部分重要性的不同而分配不同的權重，它可以應用在自然語言處理（NLP）、電腦視覺（CV）領域。之後出現的 BERT 模型、GPT 系列模型、LaMDA 等預訓練模型都是基於 Transformer 模型建立的。

擴散模型是引領影像生成的核心演算法模型，也是目前最先進的影像生成模型。該模型最初設計用於去除影像中的雜訊。隨著降噪系統的訓練時間越來越長且越來越好，擴散模型最終可以用純雜訊作為唯一輸入來生成逼真的圖片。

2. 預訓練模型

隨著 2018 年 Google 發佈基於 Transformer 機器學習方法的自然語言處理預訓練模型 BERT，人工智慧領域進入了「大煉」模型參數的預訓練模型時代。

預訓練模型也被稱為大型基礎模型或基礎模型，它是建立在大量資料之上的巨型模型。這些模型利用遷移學習的理念和深度學習的最新進展，以及大規模的電腦系統，展現出了驚人的能力，極大地提高了各種下游任務的性能。因此，預訓練模型已經成為 AI 技術發展的新範式，為許多跨領域的 AI 系統提供了堅實的基礎。

具體到 AIGC 領域，預訓練模型可以實現多工、多語言、多方式，在內容的生成上扮演著關鍵角色，比如，文字生成模型 ChatGPT 是建立在自然語言處理領域大型模型 GPT 之上的，在文生圖型演算法中，CLIP 等圖文多模態預訓練模型也起著重要的作用。

3. 多模態技術

多模態技術的出現使 AIGC 的內容呈現出了多樣性，讓 AIGC 具有了更通用的能力。不同模態都有各自擅長的事情，這些資料之間的有效融合，不僅可以實現比單一模態更好的效果，還可以做到單一模態無法完成的事情。

從技術的創新角度看，模態不僅包括最常見的影像、文字、視訊、音訊資料，還包括無線電資訊、光電感測器、壓觸感測器等更多的可能性。

2021 年，OpenAI 團隊將跨模態深度學習模型 CLIP 開放原始碼。該模型能夠將文字和影像進行連結，奠定了「文生圖」能力的基礎。

多模態大型語言模型（MLLM）近年來也成為研究的熱點，它利用強大的大型語言模型作為「大腦」，可以執行各種多模態任務。

> ☞ 提示　MLLM 展現出了傳統方法所不具備的能力，比如，能夠根據影像創作故事，根據視訊資訊生成一句對應描述，根據視訊問答問題，這為實現通用智慧提供了一條潛在路徑。

總的來說，不斷創新的生成演算法、預訓練模型、多模態等技術融合帶來了 AIGC 技術變革，擁有通用性、多模態、生成內容高質穩定等特徵的 AIGC 模型成為自動化內容生產的新生產力。

6.1.2 AIGC 技術架構

目前 AIGC 技術架構分為基礎層、中間層和應用層，如圖 6-1 所示。

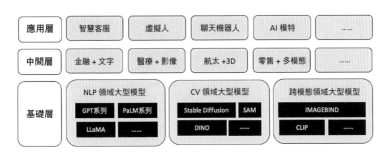

▲ 圖 6-1 AIGC 的技術架構

1. 基礎層

該層是以預訓練模型為基礎架設起來的，它作為基礎設施，為下游各種 AIGC 實踐技術提供支援。預訓練模型由於其高成本和高技術投入的特點，因此對很多公司或機構來說具有較高的進入門檻，目前它只被少數幾個公司或機構掌握。

按照內容形態，預訓練大型模型可分為自然語言處理領域大型模型、電腦視覺領域大型模型、跨模態領域大型模型。

- 自然語言處理領域大型模型，以 OpenAI 的 GPT 系列、Google 的 PaLM 系列、Meta 的 LLaMA 模型，以及百度文心一言、智源悟道、清華的 ChatGLM 系列模型為代表。
- 電腦視覺領域大型模型，雖然其發展程度不如 NLP 領域的大型模型，但是也逐步發展出影像生成的穩定擴散模型、自動影像分割的 SAM（Segment Anything Model）模型、點對點物件辨識的 DINO 模型等，具有越來越強大的影像生成和理解能力。
- 跨模態領域大型模型，是未來重點的技術發力方向。目前比較著名的有圖文匹配 CLIP 模型、學習跨 6 種不同模態（影像、文字、音訊、深度、熱和 IMU 資料）聯合嵌入方法的 IMAGEBIND 模型。

2. 中間層

該層的組成主要為垂直化、場景化、個性化的模型和應用工具。基於預訓練大型模型提供的基礎設施，在此基礎上可以快速取出生成場景化、訂製化、個性化的小模型，實現在不同行業、垂直領域、功能場景的工業管線式部署。比如，為大眾提供普法服務的 ChatLaw 模型，它以自然語言處理預訓練模型為基礎，結合法律資料，建構出解決法律諮詢問題的專屬聊天機器人；著名的二次元畫風生成的 Novel-AI，它以電腦視覺領域預訓練大型模型為基礎，結合特定領域的資料，建構出更具特色的圖片生成器。

3. 應用層

該層由直接面向使用者的文字、圖片、音 / 視訊等內容生成服務組成。在近幾年的發展中，一些企業開始在 AIGC 技術的基礎上建構應用層服務，以滿足 C 端使用者的需求。這些企業利用基礎層和中間層的模型與工具，致力於開發面向使用者的 AIGC 應用，重點放在滿足使用者內容需求乃至創造內容消費需求上。

目前 AIGC 應用主要包括文字生成和影像生成，雖然也有視訊、聲音等其他模態的內容生成，但是當前這波 AIGC 潮流主要是由文字生成和影像生成技術突破所帶來的。本章後續部分將深入介紹文字生成和影像生成背後的技術原理。

6.2 ChatGPT 技術原理介紹

ChatGPT 是文字生成領域的里程碑式產品，本節將對 ChatGPT 的關鍵技術介紹，包括文字生成模型、自然語言處理領域的預訓練大型模型，以及使得預訓練大型模型的輸出與人類期望對齊的技術。

6.2.1 ChatGPT 技術概述

ChatGPT 應用的顯著特點在於，其能準確地理解人類語言，並能以接近人類語言的方式進行回覆，同時能處理郵件回覆、程式撰寫等各類與自然語言相關的任務。

ChatGPT 本質上是一個大型的自然語言預訓練模型，其根本任務是對使用者給定的輸出進行「合理的延續」。ChatGPT 透過對數以億計的網頁、書籍等內容進行理解和學習後，內化成模型能力，從而具備大量的知識和強大的推理能力。

ChatGPT 在接收到一個文字序列輸入時，基於對該輸入的理解，預測出下一個輸出字（專業術語為token，可以是單字、短語或中文字等。為了便於理解，我們用「字」

代替）。這個過程是逐步進行的：每次生成一個字後，該字首先會被增加到當前文字序列中，成為新的輸入；然後該字成為預測下一個字的依據。ChatGPT 透過這種方式逐步生成文字，以達到「合理延續文字」的目標。

假如當前 ChatGPT 的輸入是「中國的首都是哪裡？」。ChatGPT 輸出文字的基本過程如圖 6-2 所示。

中國的首都是哪裡？

北:0.92	京:0.95	END:0.99
東:0.03	方:0.01	A:0.004
南:0.01	日:0.004	太:0.002
三:0.003	邊:0.002	是:0.001
五:0.001	面:0.001	天:0.0003
……	……	……

▲ 圖 6-2 ChatGPT 輸出文字的過程

首先，它會問自己「基於當前的輸入，我接下來該輸出哪個字？」它會把所有可能的字的機率都計算出來，然後選擇最大的「北」作為輸出。

接著，輸入變成「中國的首都是哪裡？北」，它會重複剛才的過程，取得最大機率的「京」字作為輸出。

之後，會將「中國的首都是哪裡？北京」作為新的輸入，這時它發現終止字元是機率最大的，從而結束輸出。

在 ChatGPT 出現之前，文字生成模型就已經具備這種能力。但是 ChatGPT 生成的精準程度遠超過前輩模型。ChatGPT 的這種能力來自哪裡呢？主要依賴以下 3 項關鍵技術。

（1）GPT 模型：一個性能更佳的文字生成模型。

（2）大規模預訓練：使得文字生成模型具備內在知識和推理能力。

（3）有監督的指令微調和基於人類回饋的強化學習技術：使得 ChatGPT 能夠聽得懂人話、說人話。

下面將詳細介紹這 3 項技術。

6.2.2 GPT 模型：ChatGPT 背後的基礎模型

GPT（Generative Pre-trained Transformer）是一種基於 Transformer 模型的文字生成模型。它是由 OpenAI 團隊於 2018 年首次提出的，經過 GPT-1、GPT-2、GPT-3 等版本演進，於 2022 年演化出 ChatGPT。

1. GPT 模型的原理

GPT 模型的核心思想是，透過大規模的無監督預訓練來學習文字的統計規律和語義表示。

在預訓練階段，GPT 模型使用大量的公開文字資料來建模文字的機率分佈，從而學到語言的一般特徵和結構。這使得 GPT 模型具備了一定的語言理解和生成能力。

在具體的模型結構上，GPT 模型採用了 Transformer 模型，相關內容已在 1.3.1 節中有過重點介紹，這裡簡單回顧一下。

Transformer 模型在自然語言處理（NLP）領域中獲得了巨大的成功，後續百花齊放的自然語言處理領域大規模預訓練模型大部分都是基於 Transformer 模型的。Transformer 模型由程式碼器和解碼器兩部分組成，其中，程式碼器負責將輸入序列程式碼為一系列高維度資料表示，解碼器則使用這些表示生成目標序列。

每個程式碼器和解碼器層都由多個注意力機制網路和前饋神經網路組成，透過堆疊多個層來增加模型的表示能力。Transformer 模型的核心思想是，透過對輸入序列中的每個位置進行自注意力計算（即將每個位置的表示與其他位置的表示進行加權組合），以獲取全域上下文資訊。這種自注意力機制使得 Transformer 模型能夠平行計算，極大地提高了訓練和推理的效率。

Transformer 模型比較擅長處理翻譯等「從來源輸入經過變換生成新輸出」的任務。後續的 BERT、GPT 等模型往往只採用了 Transformer 模型的一部分，比如，BERT 模型主要用於解決自然語言理解類任務，所以它只採用了程式碼器部分；而 GPT 模型主要用於文字生成任務，所以它只採用了解碼器部分。

GPT 模型是一種自迴歸模型，結構如圖 6-3 所示。

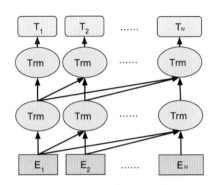

▲ 圖 6-3 GPT 模型的結構

　　GPT 模型的輸入是一個文字序列，目標是生成與輸入序列相關的下一個單字或單字序列。在 GPT 模型中，每個單字的表示都是透過自迴歸模型計算得到的，模型會考慮前面所有的單字和它們對應的位置，來預測下一個單字。

> 📝 **提示** 什麼叫作自迴歸？可以類比看連環畫，一個人只有看到前面的畫才能理解本幅畫的含義。自迴歸模型中的網路節點序列之間存在著緊密的聯繫和依賴，它透過不斷理解前面的輸入 / 輸出來生成下一個輸出。

2. GPT 模型的進化歷史

　　我們常說的 GPT 模型是一個系列模型，所以，有時也被稱為 GPT 系列模型，其強大的功能是透過多個版本的迭代逐步增強的。

　　GPT 系列模型的結構秉承了「不斷堆疊 Transformer 層」的思想，透過不斷提升訓練語料的規模和品質，提升網路的參數量來實現 GPT 系列模型的迭代更新。GPT 系列模型也證明了：透過不斷提升模型容量和語料規模，模型的能力是可以不斷提升的。

　　GPT 系列模型不同版本的說明如表 6-1 所示。

▼ 表 6-1 GPT 系列模型不同版本的說明

模　型	發佈時間	參數量	預訓練資料量
GPT	2018 年 6 月	1.17 億個	約 5GB
GPT-2	2019 年 2 月	15 億個	40GB
GPT-3	2020 年 5 月	1750 億個	45TB
ChatGPT	2022 年 11 月	未知	未知
GPT-4	2023 年 3 月	未知	未知

GPT-2 的目標是成為一個泛化能力更強的模型，它並沒有對 GPT-1 的網路進行過多的結構創新與設計，而是使用了更多的網路參數和更大的資料集。

> **▶ 提示** GPT-2 的核心思想在於，它堅信任何涉及自然語言的任務都可以被有效地轉為自然語言生成的任務。這一理念的實踐基於一個前提，即當模型的規模達到足夠龐大，並且所依賴的資料資源足夠豐富時，僅依賴預訓練的生成模型，便能夠應對那些非典型的生成類學習任務。因此，在這種框架下，傳統的自然語言理解任務，如文字分類、閱讀理解等，都可以被重新構想和重塑為自然語言生成的任務。
> 在 GPT-2 時代，由於其效果不夠驚豔，這個思想還未受到足夠重視，直到 ChatGPT 的發佈，眾人才理解「萬物皆是生成」這個理念的遠見之處。

GPT-3 繼續擴大訓練資料規模和模型規模，將模型參數量提高到 1750 億個，並引入了「上下文學習」的概念。簡單地說，「上下文學習」就是把樣例放到輸入的提示詞中讓模型「照貓畫虎」。GPT-3 的能力得到進一步提升，在部分自然語言處理任務上實現超越的最佳效果（State of The Art，SOTA），但是在更多工上離 SOTA 還有一段距離，這也引起了業界對花高價進行大規模訓練價值的質疑。但是，2022 年，ChatGPT 所帶來的驚人表現直接打消了眾人的疑慮。為什麼 ChatGPT 具有如此強大的能力？下面將繼續介紹。

6.2.3 大規模預訓練：ChatGPT 的能力根源

ChatGPT 具有以下 4 個重要的能力。

（1）語言生成能力：ChatGPT 能夠根據使用者舉出的提示詞（Prompt）生成答案，這奠定了如今人類與語言模型的對話模式。

（2）世界知識能力：ChatGPT 具有事實性知識和常識性知識，如圖 6-4 所示。

（3）上下文學習能力：ChatGPT 能夠參考使用者給定的少量任務範例解決新的問題，如圖 6-5 所示。

▲ 圖 6-4 ChatGPT 具有世界知識能力

▲ 圖 6-5 ChatGPT 的上下文學習能力

（4）思維鏈能力：對於某個複雜問題（如推理問題），如果使用者把詳細的推導過程寫出來，並提供給 ChatGPT，那麼 ChatGPT 就能做一些相對複雜的推理任務，如圖 6-6 所示。

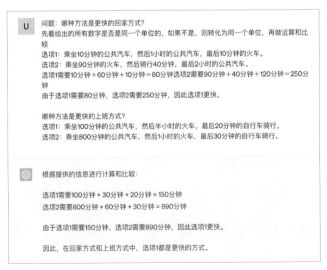

▲ 圖 6-6 ChatGPT 的思維鏈能力

上述這些能力從何而來呢？語言生成能力來自 GPT 模型的基礎生成能力，ChatGPT 的世界知識能力、上下文學習能力和思維鏈能力則來自大規模預訓練。

ChatGPT 背後的 GPT-3 模型使用了 45TB 的文字語料資料，用了數千個高端的 GPU 進行訓練，具有 1750 億個參數。GPT-3 等大型語言模型從巨量文字語料中學習了大量知識，如果把這些知識進行分類，則可以分為語言類知識和世界知識兩大類。

- 語言類知識：詞法、詞性、句法、語義等有助人類或機器理解自然語言的知識。在 ChatGPT 出現前，就已經有各種實驗充分證明「語言模型可以學習各種層次和類型的語言學知識」。

- 世界知識：在這個世界上發生的一些真實事件，以及一些常識性知識，比如「特朗普是美國第 45 任總統」是事實類知識，而「太陽從東方升起」則屬於常識類知識。

> **提示** 隨著 Transformer 模型的語言模型層數的增加，模型能夠學習到的知識數量呈指數級增加。有研究表明，對 Transformer 模型的語言模型來說，只用 1000 萬到 1 億個單字的語料，就能學好句法、語義等語言學知識。但是要學會事實類知識，則要更多的訓練資料。
>
> 那麼這些知識存放在哪裡呢？顯然，知識儲存在模型的參數裡。更具體的，有研究推測知識存在 Transformer 模型中的 FFN（前向神經網路）部分。

ChatGPT 的「上下文學習能力」和「思維鏈能力」則來自大型模型的「湧現能力」。很多能力是小模型沒有的，只有當模型達到一定的量級之後才會出現。這樣的能力被稱為「湧現能力」。那麼，模型規模達到什麼量級才會出現湧現能力呢？有研究表明，模型出現「湧現能力」與具體的任務有關。很難舉出一個明確出現湧現能力的分界值，只能說，如果模型達到 100B 的參數規模，則大多數任務可以具備這種能力。

6.2.4 有監督的指令微調和基於人類回饋的強化學習：讓 ChatGPT 的輸出符合人類期望

根據 6.2.2 節介紹的內容可知，ChatGPT 強大的能力主要源自其大規模預訓練模型。GPT-3 在 2020 年就已經問世，但直到 2022 年 ChatGPT 的出現才被引起廣泛關注，那麼從 GPT-3 到 ChatGPT 發生了哪些改進才導致這個變化呢？

類似 GPT-3 的大型語言模型，都借助了網際網路大量的文字資料進行深入訓練，因此，它們能夠生成與人類創作極其相似的文字。但它們並不總是產生符合人類期望的輸出，比如輸出錯誤的資訊、輸出有害的資訊，或不遵循使用者的指令輸出。儘管這些基於大量語料訓練的大型模型在過去幾年中變得極為強大，但當它們用於實際以幫助人們更輕鬆地執行任務時，往往無法發揮其潛力。ChatGPT 的提出正是為了解決「大型模型的輸出與人們希望的輸出無法對齊」的問題。

為了解決這個問題，ChatGPT 採用了 3 個步驟：有監督的指令微調、訓練獎勵模型、基於人類回饋的強化學習。

1. 有監督的指令微調（Supervised Fine Tuning，SFT）

首先，建構 Prompt（提示詞）資料集，從 GPT-3 模型的使用者使用記錄中收集了大家提交的 Prompt，又讓訓練有素的標注人員手寫補充，從而形成高品質的 Prompt 資料集。然後，針對其中的每個 Prompt 人工撰寫高品質的回覆範例，這樣就形成了高品質的、任務導向的資料集。使用這個任務導向的資料集對 GPT-3 模型做微調，從而能顯著提升模型回答的品質。

2. 訓練獎勵模型（RewardModel，RM）

首先用第 1 步微調後的 GPT-3 模型預測 Prompt 資料集中的任務，讓 GPT-3 模型針對每個 Prompt 輸出多個結果，接著，這些結果會被提交給人類標注員，由他們對每個結果的優劣進行細緻的標注，從而建構出一個反映人類結果偏好的資料集。使用此偏好資料集訓練一個獎勵模型，該模型蘊含的是人類偏好，用於指導下一步的強化學習。

3. 基於人類回饋的強化學習（Reinforcement Learning from Human Feedback，RLHF）

用第 1 步微調後的 GPT-3 模型預測 Prompt 資料集中的文字，這裡 GPT-3 模型被一個策略包裝，並且用一個強化學習演算法（具體為 PPO 演算法）更新參數，用第 2 步中訓練好的獎勵模型給策略的預測結果評分（用強化學習術語說，就是計算 reward），計算出來的這個分數會交給包著 GPT-3 模型核心的策略來更新 GPT-3 模型的參數。這一步想要得到的效果是：讓模型根據 Prompt 生成能夠得到最大的分數（reward）的回覆。因為分數是由第 2 步的獎勵模型得到的，所以分數越高，就越符合人類的偏好。

　　總的來說，ChatGPT 就是在 GPT-3 模型的基礎上，結合了「有監督的指令微調」和「基於人類回饋的強化學習」兩項技術，其核心目標是讓模型輸出更加符合人類預期的答案。

- 有監督的指令微調讓 GPT-3 模型學習人工撰寫的回覆，從而有一個大致的微調方向。

- 強化學習演算法用於基於人工回饋資料來更新 GPT-3 模型的參數，從而達到擬合人類期望的效果。

6.3　AI 繪畫的擴散模型

　　介紹完文字生成方向的 ChatGPT 模型的原理後，接下來將介紹 AIGC 應用領域的另一個方向——AI 繪畫的關鍵技術。

6.3.1　AI 繪畫技術發展史

　　我們所說的「AI 繪畫」，主要指基於深度學習模型來進行自動繪畫的電腦程式。

　　AI 學習繪畫的過程為：①建構已有畫作作為模型訓練的輸入和輸出資料；②透過反覆調整深度學習模型的內部參數，使其學習到繪畫的內在規律。這樣，在面對訓練資料外的輸入資料時，該模型也能輸出符合預期的影像。

1. AI 繪畫概念的首次出現

　　「AI 繪畫」這個概念始於 2012 年，當年 Google 的兩位著名 AI 專家吳恩達和 Jeff Dean，聯手使用 1.6 萬個 CPU 訓練了當時世界上最大的深度學習網路，用來指導電腦畫出貓臉圖片。當時他們使用了來自 YouTube 的 1000 萬張貓臉圖片，整整訓練了 3 天，最終得到的模型可以生成一張非常模糊的貓臉圖片，如圖 6-7 所示。

> **提示**　在今天看來，這個模型的訓練效率和輸出結果都不值得一提。但對於當時的 AI 研究領域，這是一次具有突破意義的嘗試，它正式開啟了基於深度學習模型的 AI 繪畫這個全新的研究方向。

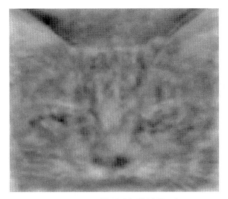

▲ 圖 6-7 模糊的貓臉圖片

2. AI 繪畫的探索發展階段（2012 年至 2022 年）

　　2014 年，AI 繪畫領域出現了一個非常重要的深度學習模型——生成對抗網路（GAN）。該模型的核心思想是，讓兩個內部程式生成器（Generator）和判別器（Discriminator）進行對抗學習，生成器負責生成與真實資料相似的新資料，判別器則負責區分資料是生成器生成的真實資料還是假資料。

> **提示**　在訓練過程中，生成器不斷嘗試生成更加逼真的樣本，而判別器則不斷提高自己對真實樣本和生成樣本的區分能力。這兩個模型相互對抗、相互協作，最終實現高品質的資料生成效果。

　　GAN 模型一經問世就風靡 AI 學術界，一度成為 AI 繪畫的主流方向。GAN 的出現大大推動了 AI 繪畫技術的發展，但是 GAN 模型存在以下顯著的缺點。

　　（1）模型訓練對於顯示卡等資源消耗較高。為了訓練穩定的模型，需要較長的訓練時間和大量的運算資源。

　　（2）生成器可能會產生相似或重複的輸出，即模式塌陷。這導致生成的影像缺乏多樣性，限制了 GAN 模型的應用場景。

　　（3）訓練過程不穩定，容易出現訓練不收斂的情況。由於生成器和判別器之間的博弈性質，使得訓練過程難以達到理想的平衡狀態。

　　雖然 GAN 模型有各種各樣的問題，但是研究人員仍長期持續對 GAN 演算法進行探索最佳化，生成的圖片效果不斷提升。舉個例子，GAN 模型生成的人像十分逼真，如圖 6-8 所示。

▲ 圖 6-8 GAN 生成的人臉影像

■ 提示 在 AI 繪畫領域，GAN 模型長期以來一直處於主流地位。直到 2022 年出現了穩定擴散模型（Stable Diffusion Model），這個局面才得以改變。

除 GAN 模型外，研究人員也開始利用其他種類的深度學習模型來嘗試教 AI 學習繪畫。一個比較著名的例子是 2015 年 Google 發佈的影像生成工具「深夢」（Deep Dream）。圖 6-9 展示了「深夢」的生成效果。與其說「深夢」是一個 AI 繪畫工具，還不如說它是一個高級 AI 版濾鏡。

▲ 圖 6-9 「深夢」生成的作品

2017 年，Facebook（現在的 Meta 公司）聯合羅格斯大學和查爾斯頓學院藝術史系三方合作開發出新模型 CAN（Creative Adversarial Networks）。CAN 能夠輸出一些像是藝術家作品的圖片，這些圖片是獨一無二的，而非現存藝術作品的仿品，如圖 6-10 所示。

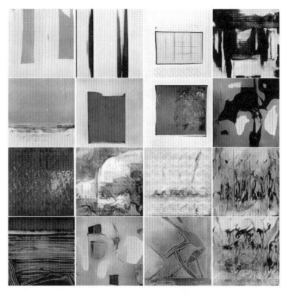

▲ 圖 6-10 CAN 生成的作品

　　當然，CAN 僅能創作出一些抽象的作品，還無法創作出一些寫實或具象的繪畫作品。就藝術性評分而言，其水準還遠達不到人類大師的水準。

　　研究者對 AI 繪畫的探索，在生成對抗網路（GAN）的技術路線上繼續進步，雖然也獲得了一些成績，但是距離人們想像的透過描述詞直接生成繪畫作品還有比較大的差距。

3. AI 繪畫能力的躍遷（2022 年至今）

　　研究人員把眼光開始移到其他可能的方向，一個在 2016 年就被提出的擴散模型（DM）開始受到更廣泛的關注。它的原理與 GAN 完全不一樣，它使用隨機擴散過程來生成影像，避免了 GAN 生成模型中存在的一些問題。

　　在 2021 年，OpenAI 發佈了廣受關注的 DALL·E 系統，它可以從任何文字中建立高品質影像，它所使用的技術即為擴散模型。很快，基於擴散模型的圖片生成成為主流。

　　2022 年 2 月，Somnai 等做了一款基於擴散模型的 AI 繪畫生成器 ——Disco Diffusion。它真正實現了「從關鍵字著色出對應的影像」。從它開始，AI 繪畫進入了發展的快車道。

2022 年 3 月，由 Disco Diffusion 的核心開發人員參與建設的 AI 生成器 Midjouney 正式發佈。Midjouney 生成的圖片效果非常驚豔，普通人已經很難分辨出其作品是由 AI 繪畫工具生成的。

2022 年 4 月，OpenAI 發佈了 DALL·E 2。

2022 年 7 月，一款名為 Stable Diffusion 的開放原始碼 AI 繪畫程式問世，其所生成的影像在品質上足以與業界領先的 DALL·E 2 和 Midjourney 相媲美，這一成就標誌著人工智慧在藝術創作領域又邁出了堅實的一步。

6.3.2 AI 繪畫技術取得突破性進展的原因

2012 年，AI 繪畫的概念就被提出了，可為什麼 AI 繪畫技術會在 2022 年取得突破性進展呢？任何技術的突破都是漫長技術累積的結果，AI 繪畫技術在 2022 年取得突破有以下兩項重要的技術基礎。

（1）CLIP 模型的提出，使得從文字提示詞生成影像成為可能。

（2）擴散模型的應用，使得生成影像的品質得到大幅度的提升。

CLIP 模型是 OpenAI 團隊在 2021 年 1 月開放原始碼的深度學習模型，它是一個先進的用來解決影像分類問題的模型。CLIP 能夠同時理解自然語言和影像，它可以計算出文字和影像的匹配程度。CLIP 模型本質上是一個影像和文字匹配模型，它在 40 億個「文字 - 影像」匹配資料上進行訓練。透過巨量的訓練資料和令人咋舌的訓練時間，CLIP 最終在文字影像匹配度計算的問題上獲得了重大突破。雖然一開始 CLIP 模型的提出和 AI 繪畫問題無關，但是在它發佈後，有人迅速找到了結合 CLIP 進行 AI 繪畫的方法：既然利用 CLIP 可以計算出文字特徵值和影像特徵值的匹配程度，那只要把這個匹配驗證過程連結到負責生成影像的 AI 模型，負責生成影像的模型反過來產生一個能夠透過匹配驗證的影像特徵值，這樣不就得到一幅符合文字描述的作品了嗎？

在 CLIP 被提出後，AI 繪畫研究者開始研究 CLIP 結合 GAN 模型進行影像生成，但是結果一直不盡如人意。GAN 模型經過蓬勃發展後進入瓶頸期，大多數研究都在努力解決對抗性生成方法面臨的一些問題，比如影像生成缺乏多樣性、模型不容易訓練、模式崩潰、訓練時間過長等問題。但是，這些不是透過最佳化就能解決的問題，而是由模型本身的結構局限性所導致。因此，研究人員開始尋找其他架構的影像生成模型,並把眼光開始移到擴散模型。擴散模型能夠產生更多樣化的影像,並被證明不會受到模式崩潰的影響,引入擴散模型之後,AI 繪畫效果獲得了顯著提升,實現了「破圈」傳播。擴散模型的計算要求很高,訓練需要非常大的記憶體,近些年算力的提升使得擴散模型的大規模資料訓練成為可能。

總的來說,CLIP 等圖文多模態模型基礎能力建設的完善和算力提升,使得擴散模型能夠登上舞臺,長期一系列的技術累積,使得 AI 繪畫技術在 2022 年取得了突破性進展。

6.3.3 穩定擴散模型原理簡介

穩定擴散模型(Stable Diffusion Model)是建立在一個強大的電腦視覺模型基礎之上的,該模型能夠從大量的資料集中學習複雜的操作。其核心邏輯是使用擴散模型來生成影像。

DALL·E 2 和 Midjouney 採用的也是擴散模型,但兩者並未開放原始碼,我們通過了解穩定擴散模型的原理也能大致了解 DALL·E 2 和 Midjouney 的原理。

下面先簡單了解一下擴散模型。擴散模型的原理可以概括為:先對圖片增加雜訊,在這個過程中學習當前圖片的各種特徵;之後隨機生成一個服從高斯分佈的雜訊圖片,接著一步步去除雜訊,直到生成預期的圖片,如圖 6-11 所示。

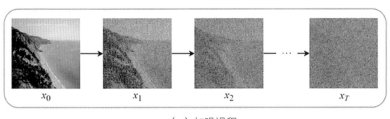

(a)加噪過程

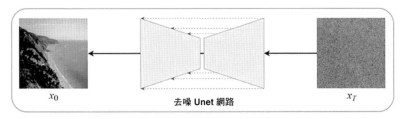

(b)去噪過程

▲ 圖 6-11 擴散模型原理示意圖

　　這個過程可以被形象地理解為「拆樓」和「建樓」：先把一棟完整的樓一步步地拆除（即從圖片到雜訊），模型透過觀察拆樓步驟學習反向的建樓步驟；之後，如果給定了一堆磚瓦水泥（即雜訊），那麼模型就能夠一步步地把樓蓋起來（即得到影像）。

　　原始的擴散模型有兩個顯著的缺點：①繪畫細節還不夠深入；②著色時間過長。作為擴散模型的改進版本，穩定擴散模型幾乎完美地解決了這兩個問題。

> 📖 **提示**　穩定擴散模型的核心思想與擴散模型相同：利用文字中包含的資訊作為指導，把一張純雜訊的圖片逐步去噪，生成一張與文字資訊匹配的圖片。

　　穩定擴散模型是一個組合的系統，其中包含許多子模型。穩定擴散模型的架構如圖 6-12 所示。

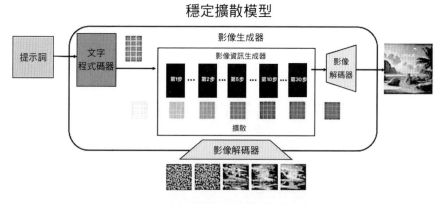

▲ 圖 6-12　穩定擴散模型的架構

　　下面介紹一下穩定擴散模型的主要模組。

1. 文字程式碼器（Text Encoder）

　　該模組的核心功能是將文字轉為電腦能夠解讀的數學表達形式。具體地說，它接收使用者輸入的文字提示詞（Text Prompt）作為起始點，隨後輸出一系列富含這些文字資訊的語義向量。這些向量承載著關鍵的內容指引，為後續的繪畫模組提供了至關重要的生成影像所需的資訊基礎，確保了生成影像的內容與使用者意圖的高度契合。

在穩定擴散模型中，文字程式碼器採用的是 CLIP 模型，這是 OpenAI 在 2021 年開放原始碼的影像文字匹配預訓練深度學習模型。

2. 影像資訊生成器（Image Information Generator）

該模組負責執行擴散過程，它的輸入和輸出均為低維圖片向量，由一個 Unet 網路和一個採樣器演算法模組組成。

> **💡 提示** Unet 是一種簡單、高效的影像分割模型，經常被用來作為降噪模型，具體模型結構可以參閱論文「U-Net: Convolutional Networks for Biomedical Image Segmentation」。在穩定擴散模型裡，Unet 網路負責進行迭代降噪。

初始純雜訊變數被輸入 Unet 網路後，結合文字程式碼器輸出的語義控制向量，重複 30 到 50 次來不斷地去除純雜訊變數中的雜訊，並持續向雜訊向量中注入語義資訊，就可以得到一個具有豐富語義資訊的向量。採樣器統籌整個去噪過程，按照預定的設計模式在去噪的不同階段動態調整 Unet 網路的去噪強度。

開始時，雜訊向量解碼出來的是一張純雜訊的向量，隨著迭代次數的不斷增加，最終變為包含語義資訊的有效圖片。在這一步，穩定擴散模型相比擴散模型做了重要的改進：把模型的計算空間從像素空間經過數學變換，在盡可能保留細節資訊的情況下，降維到一個被稱為潛空間（Latent Space）的低維空間裡，再進行模型訓練和影像生成計算。

與基於像素空間的擴散模型相比，基於潛空間的擴散模型大大降低了記憶體和計算要求。比如，穩定擴散模型所使用的潛空間程式碼縮減因數為 8，即影像長和寬都縮減為原來的 1/8，一張 512 像素 ×512 像素的影像在潛空間中直接變為 64 像素 ×64 像素，只消耗了原來的 1/64 的記憶體空間。這就是穩定擴散模型又快又好的原因。

3. 影像解碼器（Image Decoder）

該模組將「影像資訊生成器輸出的低維空間向量」升維放大，得到一張完整的影像。由於影像資訊生成器模組做了降維處理，因此需要增加該模組進行升維，才能保證最終輸出影像的維度符合預期。該模組只在最後階段進行一次推理，是獲得結果的最後一步。

第 7 章
AI 應用程式開發框架

在之前的章中，我們深入探討了 AIGC 模型的底層原理，以及 AIGC 模型在各種應用場景中的實踐。可能您已經發現：底層的對話式互動原理與上層複雜的互動模式之間存在一道巨大的鴻溝。舉例來說，ChatGPT 對對話長度有限制，卻能夠理解並總結幾百頁的 PDF 檔案的內容；AIGC 底層僅提供了對話的能力，卻能實現網路搜尋和預訂機票等複雜功能。

在大型語言模型（Large Language Model，LLM）和複雜的 AIGC 應用之間還會有著一層巧妙設計的中間層以實現複雜功能，我們將其稱為「AI 應用程式開發框架」。「AI 應用程式開發框架」可以解決複雜應用場景下的 LLM 使用問題，並提供標準化的解決方案，包括但不限於多 LLM 間的切換（如 OpenAI、ChatGLM、Claude 等的切換）、智慧排程、對接外部資料、聊天資訊快取、向量化資料儲存等。

橫向對比軟體開發的其他領域，「AI 應用程式開發框架」類似後端領域的 Spring 框架和前端領域的 React、Vue.js、Angular 框架。使用這些框架，技術團隊能更高效、更安全地交付複雜的、高性能的軟體。學習這些框架能讓開發者了解標準的設計範式，降低協作和溝通的成本。

本章將重點探討當前最熱門的 AI 應用程式開發框架——LangChain。

本章所有涉及程式的實踐均基於 LangChain Python 版本（0.0.181）。

📭 **提示** LangChain 官方也針對前端技術堆疊提供了相應的版本——LangChainJS，針對 Go 語言等技術在 GitHub 開放原始碼社區上也有相應的版本。雖然這些版本的技術架構基本一致，並都可以在生產中使用，但相關程式的完整度均不如 Python 版本的，故本章暫不贅述這些版本。

7.1 初識 AI 應用程式開發框架 LangChain

LangChain 誕生於 2022 年 10 月，目前是 AI 領域最熱門的技術之一，其在 GitHub 上的 Star 數達到 42.3k。

LangChain 所屬的公司在 2023 年 3 月獲得了 Benchmark Capital 的 1000 萬美金種子輪投資，並在一周後再次獲得紅杉資本約 2000 萬美金的投資，估值達到 2 億美金。這表明其技術和資本熱度非常高。

7.1.1 LangChain 基本概念介紹

LangChain 的概念可以被拆分為 Lang 和 Chain 兩部分來理解。

- Lang 對應 AIGC 中最核心的概念——大型語言模型（Large Language Model，LLM）。
- Chain（鏈式排程）是軟體設計中的常見模式，指將複雜流程拆解為一個個獨立子任務節點，再將它們像鏈條一樣串聯起來，每個節點執行完成後將結果轉交給下一個節點。

LangChain 技術基於 LLM，並提供了一系列擴充功能，幫助開發者將複雜的 AI 場景鏈式串聯起來，進而可以實現「單純的對話機器人」無法完成的功能。

1. 舉一個真實的生活場景

如果我們和普通的 LLM 應用（以 ChatGPT 為例）聊天，讓它「幫我買杯咖啡」，因為只有 LLM 能力，所以它就只能回答「非常抱歉，作為 AI 語言模型，我無法為您購買咖啡」。但是，對於 LangChain 應用，它真可以幫我買到一杯咖啡，可能的流程如圖 7-1 所示。

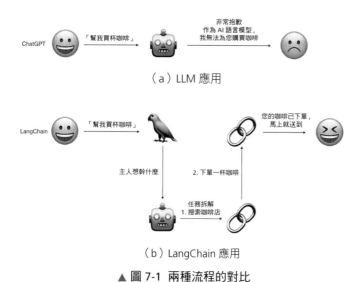

（a）LLM 應用

（b）LangChain 應用

▲ 圖 7-1 兩種流程的對比

　　普通 LLM 應用只停留在對對話資訊本身的理解和回饋上，而 LangChain 應用可以基於對對話資訊的理解做出進一步的動作，包括分析需求、任務拆解、搜尋咖啡店、下單一杯咖啡等。LangChain 應用甚至能分析使用者的購買習慣，判斷出使用者對咖啡店和咖啡種類的偏好。

2. LangChain 應用的核心功能

　　LangChain 應用的核心功能如下。

- **LLM 的封裝**：實現了提示詞範本與 LLM 的高效配對，並將其整合在 Chain 中形成標準化的智慧排程單元，從而提升 LLM 的使用效率。舉例來說，將上文提到的任務拆解過程封裝進 Chain 中，同時將商品相關的上下文資訊融入提示詞範本中。這樣在每次呼叫時，僅需更改商品名稱即可輕鬆實現不同商品的智慧化處理。

- **文字拆分和連結**：每次只取必需的背景資訊，這樣就能解決 LLM 對話長度受限的問題。

- **歷史記憶能力**：賦予 LLM 如人腦般的記憶能力，這樣就能解決 LLM 對話輪數受限的問題。

- **代理能力**：LangChain 鏈式排程的核心功能，能夠根據實際場景靈活決定下一步的行動。對於實現這些行動，LangChain 提供了強大的工具集，無論是呼叫大型語言模型（LLM）進行處理，還是搜尋咖啡店，都能輕鬆實現。
- **知識庫解決方案**：官方提供了一套完整的解決方案以幫助開發者快速架設私域知識庫。

7.1.2 LangChain 應用的特點

LangChain 大幅降低了 AI 從業者基於 LLM 進行二次生產的成本，讓 AIGC 相關的軟體服務和產品不侷限在掌握 LLM 的極少數「巨頭」手上。

本節透過對比來介紹普通 LLM 應用和 LangChain 應用的特點，如圖 7-2 所示。

1. 普通 LLM 應用的特點

透過圖 7-2，我們可以發現普通 LLM 應用具有以下三個特點。

- **可控度低**：由掌握 LLM 的「巨頭」直接掌控，如 OpenAI 在 GPT 大型模型基礎上提供的 ChatGPT，百度在文心大型模型基礎上提供的「文心一言」等。可控度低導致普通 LLM 應用常常難以達到預期結果，或需要較高的學習成本。
- **使用者的互動受限**：包括「一問一答」的單一互動模式，以及這種互動本身的次數、長度限制。在互動的形式上，只支援使用者輸入文字描述需求，應用透過文字舉出回答。在互動的量上，目前這些聊天應用單次可接受的文字長度、對話總輪數都是有限的，無法支援更長、更久的對話。
- **私域安全保障弱**：私域安全包括產品安全和資料安全。目前部分 LLM 聊天應用在對話互動的基礎上提供了外掛程式能力，支援將第三方服務透過外掛程式方式自動插入對話。這表示，第三方服務背後的相關公司將失去流量入口的控制權，進而導致產品安全不可控，並且，大量資料經由大型模型平臺，會導致資料洩露的風險加大。

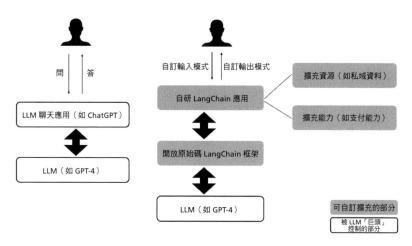

▲（a）普通 LLM 應用場景　　　（b）LangChain 應用場景

▲ 圖 7-2 普通 LLM 應用和 LangChain 應用的場景區別

2. LangChain 應用的特點

（1）高度可控：LangChain 本身是一個開放原始碼框架，開發者可以在其上修改、擴充自己所需要的能力，並且可以動態切換底層的 LLM。

（2）可擴充性強：開發者可以透過 LangChain 框架將 LLM 連線任何已有的產品中，如連線線上文件中，自動對文件內容進行摘要總結和語法修訂。

（3）私域安全保障強：透過 LangChain 的代理能力，企業 / 個人可以將敏感的資源（商業資料、文件資料等）和能力（支付能力等）與外部的 LLM 應用隔離，甚至設計卡控節點，從而保證私域的資料和能力安全。

💬 **提示**　從實際應用價值看，普通的 LLM 應用可以解決簡單的使用者需求，並且在外掛程式的加持下也可以觸及即時的真實世界。

LangChain 應用可控可擴充，並且提供了標準化的、安全的一體化解決方案，可以解決更加複雜的問題，並且服務的長期維護成本、安全性都更好。

表 7-1 對比了普通 LLM 應用和 LangChain 應用的特點。

▼ 表 7-1　普通 LLM 應用和 LangChain 應用的對比

價值維度	普通 LLM 應用	LangChain 應用
可用性	滿足簡單的通用場景	滿足更多的場景
使用者體驗	對話式互動，產品體驗被少數 LLM 公司控制	支援多種互動形式，企業和個人均可訂製功能
功能性	功能預置，數量受限	可以將 LLM 連線任何已有的產品或服務中
擴充性	有限擴充	近似無限擴充
安全性	所有流量和資料均經由 LLM 公司	流量入口獨立，資料支援脫敏、拆分和安全隔離

7.2　LangChain 的核心原理和實踐

本節將介紹 LangChain 的核心原理和實踐。為方便讀者更直觀地理解，我們繼續用本章開頭提到的「買咖啡」案例，介紹各個核心模組之間是如何協作工作的，如圖 7-3 所示。

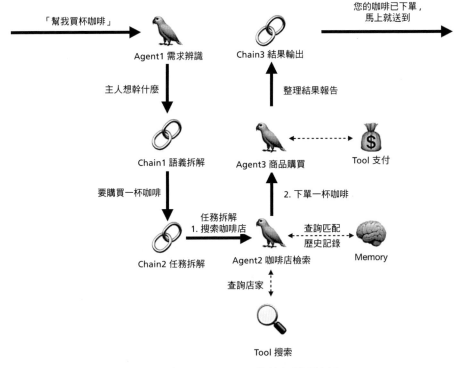

▲ 圖 7-3　LangChain 的核心原理範例

在圖 7-3 中：

- Agent 是最小執行單元，用於規劃後續流程，包括呼叫 Chain 理解輸入資訊、呼叫搜尋工具搜尋店家和商品資訊、查詢歷史對話和購買記錄、呼叫支付工具進行下單等。

- Chain 是最小的智慧理解單元，用於處理全流程中難以被程式邏輯描述的、以自然語言描述為主的環節，包括對使用者的需求描述進行語義拆解、結合目前 Agent 能力進行動態任務拆解、結果輸出等。

7.2.1 Chain 和 Prompt Template：智慧的最小單元

在上文提到的「買咖啡」例子中，在每個 Chain 節點背後都封裝了一個對 LLM 的呼叫。但為什麼不同的 Chain 能執行不同的功能呢？舉例來說，Chain1 負責語義拆解，Chain2 負責任務拆解，Chain3 負責結果輸出。這裡就必須提到其中涉及的 Prompt Template 這個核心技術點。

Prompt Template 是對 LLM 文字互動的標準化封裝，可以在普通的對話溝通中補充標準化的上下文環境設定。

1. 簡單應用：理解使用者需求的 Chain

我們以上述場景中最簡單的語義拆解 Chain（Chain1）為例進行流程說明，其中 LLM 使用的是 GPT-3.5。

1. 使用者輸入：幫我買杯咖啡。

2. Prompt Template 二次包裝：你是一個智慧助理，要求從使用者輸入的資訊中找到使用者的真實訴求。如使用者輸入的資訊為「買杯可樂」，你的回答應該是「使用者需要購買一杯可樂」。要求有兩個：①不允許包含任何容錯資訊，如「我的回答是」；②只允許判斷使用者的購買需求，對其他需求直接回答「不知道」。現在使用者輸入的資訊是「幫我買杯咖啡」。

3. 將二次包裝的問題提交給 LLM，收到回覆「使用者需要購買一杯咖啡」。

語義拆解 Chain 的執行流程如圖 7-4 所示。

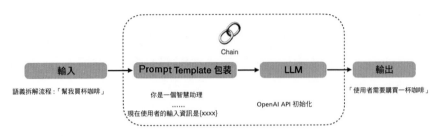

▲ 圖 7-4　語義拆解 Chain 的執行流程

　　在真實的商業產品中，這種二次處理肯定會更加複雜。這裡暫時只考慮「電子商務購物」這種單一場景。將上述流程轉化為 Python 程式具體如下：

```python
from langchain.prompts import PromptTemplate
from langchain.llms import OpenAI
from langchain.chains import LLMChain

# 初始化 LLM
llm = OpenAI(temperature=0.9)

# 初始化 Prompt Template
prompt = PromptTemplate(
    input_variables=["userRawInput"],
    template=" 你是一個智慧助理，要求從使用者輸入資訊中找到使用者的真實訴求。如使用者輸入資訊為「買杯可樂」，你的回答應該是「使用者需要購買一杯可樂」。要求有兩個：①不允許包含任何容錯資訊，如「我的回答是」；②只允許判斷使用者的購買需求，對其他需求直接回答「不知道」。現在使用者輸入的資訊是 {userRawInput}",
)

# 建立最小智慧理解單元，配置 LLM 和 Prompt Template
chain1 = LLMChain(llm=llm, prompt=prompt)

# 讀取使用者原始輸入，並列印二次處理後的結果
print(chain1.run(" 幫我買杯咖啡 "))
```

　　上述程式能將使用者口語化的表達處理成標準化的購買需求描述。如果使用者模糊地表達「好困，但是家裡沒咖啡了」，那麼 Chain 也會輸出「使用者需要購買一杯咖啡」。輸入的標準化將非常有利於後續流程的處理。

2. 進階介紹：處理使用者任務的 Chain

　　同理，我們還可以實現一個處理咖啡下單任務的 Chain，它和本節「1.」小標題中使用者需求理解 Chain 的區別在於 Prompt Template 配置的不同。但是考慮到在真

實的電子商務購物場景中，可售賣商品的數量和類型是有限的，因此這個 Chain 還
需要理解企業的私域資訊，包括商品、價格、供應時間等。這類資訊在真實場景中
一般都對應著數千頁的商品宣傳手冊。

　　為方便理解，將本範例的背景假設為一家飲品店，需要 LLM 能完整地理解飲料
店的選單包括哪些飲料，以及它們的價格、口味等。考慮到市面上的 LLM 已經完成
了對常見飲料品類特徵的學習，所以本範例還會在選單中加入一些在真實世界中不
存在的飲料，以對應真實企業中的創新商品。對此，簡單的範本已經難以滿足了，
需要對其進行擴充。輸入的資訊不僅包括使用者輸入資訊，也包括店鋪選單資訊。
處理咖啡下單任務的 Chain 的執行流程如圖 7-5 所示。

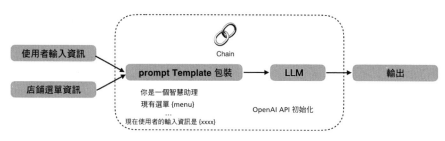

▲ 圖 7-5 處理咖啡下單任務的 Chain 的執行流程

　　對於上述場景，我們需要擴充 Prompt Template 的能力以支援兩個輸入資訊，即
店鋪選單資訊和使用者輸入資訊。LangChain 框架對此提供了多輸入的連線模式，範
例程式如下：

```
menu = """
咖啡，20元，可訂製冰鎮、常溫、熱三種溫度，提神解乏
白開水，3元，可加冰塊，健康快速補水
可樂，5元，碳酸飲料，清爽開心
大力杯，10元，運動補水補鹽，內含左旋肉鹼，可提升鍛煉效果
"""

template = """
你是一個智慧助理，會結合選單，針對使用者的諮詢提供飲品購買建議，並回覆商品的詳細資訊和價格。
如使用者諮詢為「買杯可樂」，你的回答應該是「使用者需要購買一杯可樂」。
要求有兩個：
①不允許包含任何容錯資訊。
②只允許判斷使用者的購買需求，對其他需求直接回答「不知道」。
你的選單以下
```

```
` ` `
{menu}
` ` `

現在使用者的諮詢是 {userInput}
"""
prompt = PromptTemplate(template=template, input_variables=["userInput", "menu"])

llm_chain = LLMChain(prompt=prompt, llm=llm)
llm_chain.run({
    "userInput": " 推薦一款健身時喝的飲料 ",
    "menu": menu
})
# 執行傳回「推薦大力杯，10 元，運動補水補鹽，內含左旋肉城，可提升鍛煉效果」
```

　　在上面的範例中，我們特意測試了「大力杯」這種在真實世界中不存在的飲料，來證明「透過正確的範本預設，LLM 能理解之前未知的知識集合」。

3. LLM Chain 原始程式剖析

　　LLM Chain 是 LangChain 中最常用的一種 Chain 類型。結合上面的範例可以看到，其包括 LLM 和 Prompt Template 兩部分。Python 版本的 LLM Chain 實現程式在 300 行左右，按呼叫流程可以將其拆分為「輸入準備」和「執行」兩部分。由於每個流程方法都有同步和非同步兩個版本，其邏輯基本一致，故下面僅分析其同步方法。

　　（1）「輸入準備」部分。

　　「輸入準備」部分的主要工作是將使用者輸入資訊和 Prompt Template 拼合在一起，作為 LLM 的輸入。主要涉及 prep_prompts() 方法：

```
def prep_prompts(
    self,
    input_list: List[Dict[str, Any]],
    run_manager: Optional[CallbackManagerForChainRun] = None,
) -> Tuple[List[PromptValue], Optional[List[str]]]:
    """Prepare prompts from inputs."""
    stop = None
    if "stop" in input_list[0]:
        stop = input_list[0]["stop"]
    prompts = []
    for inputs in input_list:
        selected_inputs = {k: inputs[k] for k in self.prompt.input_variables}
        prompt = self.prompt.format_prompt(**selected_inputs)
```

```
            _colored_text = get_colored_text(prompt.to_string(), "green")
            _text = "Prompt after formatting:\n" + _colored_text
            if run_manager:
                run_manager.on_text(_text, end="\n", verbose=self.verbose)
            if "stop" in inputs and inputs["stop"] != stop:
                raise ValueError(
                    "If `stop` is present in any inputs, should be present in all."
                )
            prompts.append(prompt)
        return prompts, stop
```

可以看到，prep_prompts() 方法遍歷了輸入參數表，並將這些參數一一插入 Prompt Template 中。prep_prompts() 方法針對其中輸入的 stop 欄位拋出了停止例外。在執行 prep_prompts() 方法過程中支援透過 run_manager() 方法進行插樁監聽。

（2）「執行」部分。

「執行」部分主要涉及 generate() 和 apply() 這兩個方法：

```
def generate(
    self,
    input_list: List[Dict[str, Any]],
    run_manager: Optional[CallbackManagerForChainRun] = None,
) -> LLMResult:
    """Generate LLM result from inputs."""
    prompts, stop = self.prep_prompts(input_list, run_manager=run_manager)
    return self.llm.generate_prompt(
        prompts, stop, callbacks=run_manager.get_child() if run_manager else None
    )


def apply(
    self, input_list: List[Dict[str, Any]], callbacks: Callbacks = None
) -> List[Dict[str, str]]:
    """Utilize the LLM generate method for speed gains."""
    callback_manager = CallbackManager.configure(
        callbacks, self.callbacks, self.verbose
    )
    run_manager = callback_manager.on_chain_start(
        dumpd(self),
        {"input_list": input_list},
    )
    try:
        response = self.generate(input_list, run_manager=run_manager)
```

```
except (KeyboardInterrupt, Exception) as e:
    run_manager.on_chain_error(e)
    raise e
outputs = self.create_outputs(response)
run_manager.on_chain_end({"outputs": outputs})
return outputs
```

可以看到，apply() 方法是 generate() 方法的上層封裝，暴露了多個 hook 節點和異常處理。在 generate() 方法內部呼叫了 LLM 的 generate_prompt() 方法。generate_prompt() 方法的第 1 個入參來自之前 prep_prompts() 方法準備好的提示詞範本和 stop() 方法的辨識結果，最終 generate() 方法傳回 LLM 的執行結果。

　　LLM Chain 還提供了結果解析、文件組合等功能用於文件合併等場景，這裡暫不展開。

4. Chain 的最佳實踐和適用場景

　　Chain 雖然是最小的智慧單元，但在真實場景中還會涉及對 Chain 的二次擴充和訂製，不過其中大部分場景都是類似的。因此， LangChain 官方針對通用場景舉出了自己的最佳實踐封裝，供開發者參考或重複使用。下面介紹幾個核心的實踐封裝。

　　（1）基礎 Chain。

- LLM Chain：包括一個基本的 LLM 和一個基本的 Prompt Template。

- Router Chain：路由 Chain，可基於輸入資訊動態選擇下一個執行的 Chain。

- Sequential Chain：佇列 Chain，串列執行一系列 Chain，並將上一個的執行結果作為下一個的輸入資訊。

- Transformation Chain：對輸入的文字進行轉換處理、純字串邏輯操作，可用於文字格式化場景，搭配佇列 Chain 使用。

　　（2）常用 Chain。

- API Chain：發起一個 API 請求，並透過 LLM 總結傳回結果。

- Retrieval QA Chain：知識檢索 Chain，一般搭配文件問答使用。

- Conversation Retrieval QA Chain：對話式的知識檢索 Chain，可透過對話回答文件內相關知識的問題。

- SQL Chain：對於輸入的問題，自動生成 SQL 命令檢索資料庫，並輸出答案。
- Summarization Chain：輸入長篇文字資訊，輸出對這些文字的總結。

7.2.2 Memory：記住上下文

在上文中，我們展示了能同時接收使用者輸入資訊和店鋪選單資訊的 LLM Chain 範例。但在真實企業中，產品清單資訊可能長達成百上千頁，而這可能超出了 LLM 能處理的 Token 長度限制。這時就需要使用 LangChain 框架提供的第二大功能——Memory。

本節將重點介紹 Memory 功能，在 7.2.4 節將介紹 Memory 功能如何搭配 Text Splitting 和 Embedding 來最佳化 Token 的長度。

在預設情況下，LLM 的每次請求都是獨立的，它們互不了解彼此的內容，這在軟體領域被稱為「無狀態」。但是在很多對話場景中，我們期望系統能「記住」之前的聊天內容，以及其他必需的聊天背景資訊（如企業產品清單資訊等）。Memory 功能是 LangChain 針對這類場景提供的標準化解決方案。它主要包括兩大功能：

- 提供了管理和操作先前聊天訊息的輔助工具。這些輔助工具採用模組化設計，能更靈活地適用於多種場景。
- 為了將這些輔助工具整合到 Chain 中，封裝了很多「開箱即用」的連線手段。

1. LangChain Memory 原理簡介

LangChain Memory 模組核心類別的 UML 架構如圖 7-6 所示。

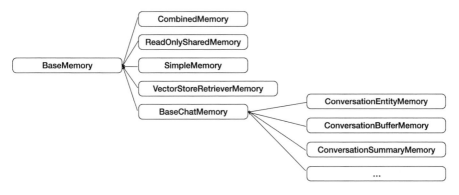

▲ 圖 7-6 LangChain Memory 模組核心類別的 UML 架構

LangChain 框架針對多樣化的應用場景精心設計了各種 Memory 類別，它們均源自 BaseMemory 基礎類別。BaseChatMemory 類別作為 BaseMemory 基礎類別的精簡實現，提供了基本的 Memory 功能，包括配置、載入、儲存和清除等核心操作，以此確保在各種對話場景中都能高效、精準地處理資訊。

ConversationSummaryMemory 類別除承擔快取職責外，還提供了總結對話資訊的能力。

LangChain Memory 模組還提供了針對 Redis、SQLite、MongoDB 等資料庫的儲存服務調配。

我們選取其中最簡單、最常用的 ConversationBufferMemory 類別來分析其原始程式。如圖 7-6 所示，它繼承自 BaseChatMemory 類別，而 BaseChatMemory 類別又是 BaseMemory 類別的最簡單實現。BaseMemory 類別的原始程式如下：

```python
class BaseMemory(Serializable, ABC):
    """Base interface for memory in chains."""

    class Config:
        """Configuration for this pydantic object."""

        extra = Extra.forbid
        arbitrary_types_allowed = True

    @property
    @abstractmethod
    def memory_variables(self) -> List[str]:
        """Input keys this memory class will load dynamically."""

    @abstractmethod
    def load_memory_variables(self, inputs: Dict[str, Any]) -> Dict[str, Any]:
        """Return key-value pairs given the text input to the chain.

        If None, return all memories
        """

    @abstractmethod
    def save_context(self, inputs: Dict[str, Any], outputs: Dict[str, str]) -> None:
        """Save the context of this model run to memory."""

    @abstractmethod
```

```
def clear(self) -> None:
    """Clear memory contents."""
```

可以看到，BaseMemory 類別定義了最基礎的 Memory 功能，包括用於配置的私有 Config 類別、鍵值清單 memory_variables、載入介面 load_memory_variables、儲存介面 save_context、清除介面 clear。

在 BaseMemory 類別之上，BaseChatMemory 類別對於聊天上下文儲存提供了最簡單的實現，其原始程式如下：

```python
from abc import ABC
from typing import Any, Dict, Optional, Tuple

from pydantic import Field

from langchain.memory.chat_message_histories.in_memory import ChatMessageHistory
from langchain.memory.utils import get_prompt_input_key
from langchain.schema import BaseChatMessageHistory, BaseMemory

class BaseChatMemory(BaseMemory, ABC):
    chat_memory: BaseChatMessageHistory = Field(default_factory=ChatMessageHistory)
    output_key: Optional[str] = None
    input_key: Optional[str] = None
    return_messages: bool = False

    def _get_input_output(
        self, inputs: Dict[str, Any], outputs: Dict[str, str]
    ) -> Tuple[str, str]:
        if self.input_key is None:
            prompt_input_key = get_prompt_input_key(inputs, self.memory_variables)
        else:
            prompt_input_key = self.input_key
        if self.output_key is None:
            if len(outputs) != 1:
                raise ValueError(f"One output key expected, got {outputs.keys()}")
            output_key = list(outputs.keys())[0]
        else:
            output_key = self.output_key
        return inputs[prompt_input_key], outputs[output_key]

    def save_context(self, inputs: Dict[str, Any], outputs: Dict[str, str]) -> None:
        """Save context from this conversation to buffer."""
```

```
        input_str, output_str = self._get_input_output(inputs, outputs)
        self.chat_memory.add_user_message(input_str)
        self.chat_memory.add_ai_message(output_str)

    def clear(self) -> None:
        """Clear memory contents."""
        self.chat_memory.clear()
```

在上方的程式中有兩個關鍵點，①基於聊天場景建立了 chat_memory 類別用於聊天資訊的實際儲存，並且預設使用 ChatMessageHistory 工廠類別實現；②針對聊天「多輸入多輸出」場景，實現了 _get_input_output() 方法以更高效率地處理聊天內容的讀寫問題。

ConversationBufferMemory 類別在 BaseChatMemory 類別的基礎上，增加了處理快取字串的能力，其原始程式如下：

```
class ConversationBufferMemory(BaseChatMemory):
    """Buffer for storing conversation memory."""

    human_prefix: str = "Human"
    ai_prefix: str = "AI"
    memory_key: str = "history"  #: :meta private:

    @property
    def buffer(self) -> Any:
        """String buffer of memory."""
        if self.return_messages:
            return self.chat_memory.messages
        else:
            return get_buffer_string(
                self.chat_memory.messages,
                human_prefix=self.human_prefix,
                ai_prefix=self.ai_prefix,
            )

    @property
    def memory_variables(self) -> List[str]:
        """Will always return list of memory variables.

        :meta private:
        """
        return [self.memory_key]
```

```
def load_memory_variables(self, inputs: Dict[str, Any]) -> Dict[str, Any]:
    """Return history buffer."""
    return {self.memory_key: self.buffer}
```

在 ConversationBufferMemory 類別的邏輯中，對對話內容進行了更精細的角色拆分，區分使用者輸入資訊和 AI 回答資訊，並且將它們儲存在快取中。

BaseMemory、BaseChatMemory、ConversationBufferMemory 這 3 個類別將快取能力分解為 3 層：通用記憶儲存能力、對話場景儲存能力和分角色快取處理能力。

2. Memory 程式實踐

下面將基於 ConversationBufferMemory 類別展示 Memory 和 Chain 的結合應用。整體想法是，將原來放在 Prompt Template 中的預置背景資訊轉移到歷史對話資訊中，以更貼合真實的對話場景。

程式範例如下：

```
from langchain.memory import ConversationBufferMemory
from langchain.chains import ConversationChain

memory=ConversationBufferMemory()
# 補充關於 AI 回答者身份和任務資訊的設定，作為「記憶」
memory.save_context(
    {"input":" 你是誰 "},
    {"output":"""
        一個智慧助理，會結合選單，針對使用者的諮詢提供飲品購買建議，並回覆商品的詳細資訊和價格。
        如使用者諮詢為「買杯可樂」，你的回答應該是「使用者需要購買一杯可樂，價格 5 元」。
        要求有兩個：
        ①不允許包含任何容錯資訊。
        ②只允許判斷使用者的購買需求，對其他需求直接回答「不知道」。
        """
    }
)
# 補充關於選單內容的設定，作為「記憶」
memory.save_context(
    {"input":" 你們有哪些飲料？ "},
    {"output": menu} # 取 7.2.1 節「2.」小標題中的 menu
)

conversation = ConversationChain(
```

```
    llm=llm, # 取 7.2.1 節「2.」小標題中的 llm
    memory=memory
)

conversation.run(" 推薦一款解渴的飲料 ")
# 系統傳回：我推薦白開水，3 元，可加冰塊，健康快速補水。
```

7.2.3　Agent 和 Tool：代理，解決外部資源能力互動和多 LLM 共用問題

在之前的介紹中，我們聚焦於 LLM 的文字互動能力，涵蓋聊天對話、內容理解及使用者回饋等關鍵方面。然而，在真實企業環境中，僅停留在對文字理解層面是遠遠不夠的。為了確保系統具備實際應用價值，我們必須進一步拓展其能力，使之能夠無縫地連線真實世界並實現真實世界中的操作。

LangChain 將存取和控制的能力統一收斂在 Tool 這個類型中，並透過 Agent 進行綜合排程。

Agent 支援應用程式根據使用者輸入資訊對 LLM 和其他工具進行靈活、動態的排程，舉例來說，判斷出使用者想買東西則查詢選單，判斷出使用者想付款則呼叫相關的付款工具等。

1. Agent 的類型

Agent 主要有兩種類型。

- 動作代理（Action Agent）：在每個時間切片上，基於前面所有動作的結果，確認下一步要執行的動作。

- 計畫執行代理（Plan-and-Execute Agent）：先決定完整的動作序列，然後在不改變計畫的前提下執行所有的動作。

📢 **提示**　動作代理適用於小型任務，而計畫執行代理適用於需要長鏈路的大型任務。最佳實踐：透過計畫執行代理在頂層排程動作代理來執行動作，這樣就兼具了動作代理的動態優勢和計畫執行代理的規劃優勢。

Tool 是 Agent 中的重要概念，對應於動作執行的載體單元。舉例來說，一個支付動作需要用一個 PaymentTool 作為執行者。

在 LangChain 框架中還提供了 ToolKits 這個套件，其中封裝的是常用的、開箱即用的 Tool 工具類型，如 SQL 的查詢和插入工具等。

2. Agent 的執行原理

圖 7-7 對比了動作代理和計畫執行代理的執行流程。

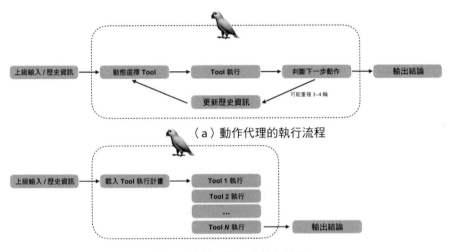

（a）動作代理的執行流程

（b）計畫執行代理的執行流程

▲ 圖 7-7 Agent 執行流程示意圖

在動作代理內部封裝了一套執行流程，提供動態選擇 Tool、Tool 執行、判斷下一步動作、更新歷史資訊、重複執行的能力。儘管 Agent 只是一個標準定義，可以被以多種方式實現，但典型的實現都會包含以下基本組成部分。

- 一個 Prompt Template，用於結構化處理輸入 Agent 的資訊。在動作循環一輪後，上一次執行的結果資訊會被結構化增加在這裡。
- 一個 LLM ，接收 Prompt Template 結構化的提示詞，並決定接下來應該執行哪個 Tool。
- 一個輸出解析器，用於解析 LLM 輸出的資訊，並把其用於下一步的動作或結論。

計畫執行代理的結構更為簡單，本質上是一個 Tool 執行的佇列。但在實際應用場景中，這個佇列常常是由 LLM 動態生成的，並且其中部分 Tool 的執行單元可能也是一個動作代理。

3. Agent 初始化過程的相關原始程式剖析

圖 7-7 具體到程式層面是如何實現的呢？考慮計畫執行代理的結構較為簡單，因此下面著重剖析流程更加模糊的動作代理。我們依據使用流程，將 Agent 的原始程式拆解為以下幾部分。

（1）初始化：配置化地建立一個 Agent。

（2）Tool 的動態選擇、執行、循環：「思考的過程」，即 Agent 啟動和執行的核心流程。

（3）結論輸出：「結果呈現的過程」，即判斷 Agent 什麼時候停止循環並以怎樣的形式達到結束狀態。

在初始化部分，Agent 支援多種初始化方式，包括傳參式初始化（利用函數 initialize_agent() 初始化）、配置載入式初始化。

配置載入式初始化是指，從 config 字典或設定檔中載入 Agent 所需的初始化配置，其底層相對傳參式初始化多了配置的載入和解析邏輯。

這裡重點介紹傳參式初始化。initialize_agent() 函數的原始程式如下：

```python
"""Load agent."""
from typing import Any, Optional, Sequence

from langchain.agents.agent import AgentExecutor
from langchain.agents.agent_types import AgentType
from langchain.agents.loading import AGENT_TO_CLASS, load_agent
from langchain.base_language import BaseLanguageModel
from langchain.callbacks.base import BaseCallbackManager
from langchain.tools.base import BaseTool


def initialize_agent(
    tools: Sequence[BaseTool],
    llm: BaseLanguageModel,
    agent: Optional[AgentType] = None,
    callback_manager: Optional[BaseCallbackManager] = None,
    agent_path: Optional[str] = None,
    agent_kwargs: Optional[dict] = None,
    **kwargs: Any,
) -> AgentExecutor:
    """透過給定的 tools 和 LLM 載入一個 Agent 執行器
```

參數：
- tools: Agent 可存取的 Tool 列表
- llm: Agent 執行所依賴的語言模型
- agent: 所使用的 Agent 類型。 如果為 None，且 agent_path 也是 None，則預設使用 AgentType.ZERO_SHOT_REACT_DESCRIPTION
  - callback_manager: 所使用的回呼管理器，預設使用 Global callback manager
  - agent_path: 所使用的 Agent 位址
  - agent_kwargs: 傳給底層 Agent 的額外關鍵字參數
- **kwargs: 傳給底層 Agent 的額外關鍵字參數

```python
Returns:
    一套 Agent 執行流程
"""
if agent is None and agent_path is None:
    agent = AgentType.ZERO_SHOT_REACT_DESCRIPTION
if agent is not None and agent_path is not None:
    raise ValueError(
        "Both `agent` and `agent_path` are specified, "
        "but at most only one should be."
    )
if agent is not None:
    if agent not in AGENT_TO_CLASS:
        raise ValueError(
            f"Got unknown agent type: {agent}. "
            f"Valid types are: {AGENT_TO_CLASS.keys()}."
        )
    agent_cls = AGENT_TO_CLASS[agent]
    agent_kwargs = agent_kwargs or {}
    # 建立 Agent 的核心程式
    agent_obj = agent_cls.from_llm_and_tools(
        llm, tools, callback_manager=callback_manager, **agent_kwargs
    )
elif agent_path is not None:
    # 如果外部有預設，則從指定路徑載入 Agent
    agent_obj = load_agent(
        agent_path, llm=llm, tools=tools, callback_manager=callback_manager
    )
else:
    raise ValueError(
        "Somehow both `agent` and `agent_path` are None, "
        "this should never happen."
    )
```

```
# 將 Agent 包裝在執行流程中
return AgentExecutor.from_agent_and_tools(
    agent=agent_obj,
    tools=tools,
    callback_manager=callback_manager,
    **kwargs,
)
```

上面的程式最終會傳回一個 AgentExecutor 執行流程。注意，入參中出現的 agent 指的是 LangChain 預置的幾種 Agent 類型。目前動作代理支援以下幾種類型的 Agent。

- **ZeroShotAgent**：最常用的 Agent，使用 React 框架僅根據 Tool 的描述來確認使用哪個 Tool。它支援任意數量的 Tool。

- **ReActDocstoreAgent**：針對文件場景的 Agent，使用 React 框架與文件記憶體進行互動，必須提供 Search 和 Lookup 這兩個 Tool（強制要求採用此命名）。前者用於搜尋文件，後者用於查詢最近的搜尋結果。

- **SelfAskWithSearchAgent**：只使用一個名為 intermediate answer 的 Tool，底層呼叫了 Google 公司提供的搜尋 API。

- **ConversationalAgent**：針對對話場景的 Agent，其提示詞語範本針對對話場景進行了專項最佳化。這個代理同樣透過 React 框架來決定使用哪個 Tool，並且使用 Memory 來記錄之前的對話內容。此外還有 ChatAgent、ConversationalChatAgent、StructuredChatAgent 等針對對話細分場景的 Agent。

- **OpenAIFunctionsAgent**：調配 OpenAI 新提供的 Function 能力。

4. Agent 呼叫 Tool 全過程的原始程式剖析

為了解 Agent 是如何呼叫 Tool 的，我們對 ZeroShotAgent 這個最常用的 Agent 的原始程式進行分析。

類似於 Memory，Agent 的原始程式是分層封裝實現的。其底層是 BaseSingleActionAgent 類別，提供了部分通用工具的方法，以及核心方法 plan() 的定義。Agent 類別繼承了 BaseSingleActionAgent 類別，並且提供了 plan() 方法的具體實現，如以下程式所示：

```
def plan(
    self,
    intermediate_steps: List[Tuple[AgentAction, str]],
    callbacks: Callbacks = None,
    **kwargs: Any,
) -> Union[AgentAction, AgentFinish]:
    """Given input, decided what to do.

    Args:
        intermediate_steps: Steps the LLM has taken to date,
            along with observations
        callbacks: Callbacks to run.
        **kwargs: User inputs.

    Returns:
        Action specifying what tool to use.
    """
    full_inputs = self.get_full_inputs(intermediate_steps, **kwargs)
    full_output = self.llm_chain.predict(callbacks=callbacks, **full_inputs)
    return self.output_parser.parse(full_output)
```

從上方程式中可以看到，在 Agent 內部透過一個 LLM Chain 綜合所有輸入資訊來判斷應該使用哪個 Tool 作為下一步執行的載體。ZeroShotAgent 在繼承了 Agent 類別後，就實現了這個 LLM Chain 的初始化配置。具體程式涉及 ZeroShotAgent 類別中的 create_prompt() 和 from_llm_and_tools() 這兩個方法：

```
def create_prompt(
    cls,
    tools: Sequence[BaseTool],
    prefix: str = PREFIX,
    suffix: str = SUFFIX,
    format_instructions: str = FORMAT_INSTRUCTIONS,
    input_variables: Optional[List[str]] = None,
) -> PromptTemplate:
    """ 以零次（Zero-Shot）代理的風格建立提示詞

    參數表：
        • tools: 將要存取的代理清單，用於格式化提示
        • prefix: 放在 tools 清單前的字串首碼
        • suffix: 放在 tools 清單後的字串尾碼
        • input_variables: 最終提示所需要的入參清單

    傳回值：
```

```
        一個由上述內容組裝的提示詞範本
    """
    tool_strings = "\n".join([f"{tool.name}: {tool.description}" for tool in tools])
    tool_names = ", ".join([tool.name for tool in tools])
    format_instructions = format_instructions.format(tool_names=tool_names)
    template = "\n\n".join([prefix, tool_strings, format_instructions, suffix])
    if input_variables is None:
        input_variables = ["input", "agent_scratchpad"]
    return PromptTemplate(template=template, input_variables=input_variables)

def from_llm_and_tools(
    cls,
    llm: BaseLanguageModel,
    tools: Sequence[BaseTool],
    callback_manager: Optional[BaseCallbackManager] = None,
    output_parser: Optional[AgentOutputParser] = None,
    prefix: str = PREFIX,
    suffix: str = SUFFIX,
    format_instructions: str = FORMAT_INSTRUCTIONS,
    input_variables: Optional[List[str]] = None,
    **kwargs: Any,
) -> Agent:
    """ 使用一個 LLM 和若干個 Tool 建立 Agent"""
    cls._validate_tools(tools)
    prompt = cls.create_prompt(
        tools,
        prefix=prefix,
        suffix=suffix,
        format_instructions=format_instructions,
        input_variables=input_variables,
    )
    llm_chain = LLMChain(
        llm=llm,
        prompt=prompt,
        callback_manager=callback_manager,
    )
    tool_names = [tool.name for tool in tools]
    _output_parser = output_parser or cls._get_default_output_parser()
    return cls(
        llm_chain=llm_chain,
        allowed_tools=tool_names,
        output_parser=_output_parser,
        **kwargs,
    )
```

從上方程式中可以看到，ZeroShotAgent 類別在 create_prompt() 方法中將 Tool 的名稱、描述等資訊格式化整合到 Prompt Template 中了，在 from_llm_and_tools() 方法中，執行了 create_prompt() 方法並將傳回結果作為 LLM Chain 的初始化參數。這樣 LLM Chain 就知道了全部 Tool 的功能和資訊，進而可以基於當前輸入資訊動態判斷應該呼叫哪個 Tool。此外，還需要關注 _get_default_output_parser () 方法，它用於處理 LLM Chain 的輸出結果。

MRKLOutputParser 與 Prompt Template 協作工作實現了 Tool 的執行和循環。Prompt Template 的具體程式如下：

```
# 禁用 Flake 8 語法檢查
PREFIX = """Answer the following questions as best you can. You have access to the
following tools:"""
FORMAT_INSTRUCTIONS = """Use the following format:

Question: the input question you must answer
Thought: you should always think about what to do
Action: the action to take, should be one of [{tool_names}]
Action Input: the input to the action
Observation: the result of the action
... (this Thought/Action/Action Input/Observation can repeat N times)
Thought: I now know the final answer
Final Answer: the final answer to the original input question"""
SUFFIX = """Begin!

Question: {input}
Thought:{agent_scratchpad}"""
```

從上方程式中可以看到，在 FORMAT_INSTRUCTIONS 中傳入了 Tool 的命名定義資訊，並且定義了 Question、Thought、Action、Action Input、Observation、Thought、Final Answer 這幾個基本推理步驟。因此最終在日誌中，Agent 的思考過程可以被詳細記錄和追蹤。這些資訊會在 MRKLOutputParser 過程中被進行正則判斷，詳見以下原始程式：

```
import re
from typing import Union

from langchain.agents.agent import AgentOutputParser
from langchain.agents.mrkl.prompt import FORMAT_INSTRUCTIONS
from langchain.schema import AgentAction, AgentFinish, OutputParserException
```

```python
FINAL_ANSWER_ACTION = "Final Answer:"

class MRKLOutputParser(AgentOutputParser):
    def get_format_instructions(self) -> str:
        return FORMAT_INSTRUCTIONS

    def parse(self, text: str) -> Union[AgentAction, AgentFinish]:
        includes_answer = FINAL_ANSWER_ACTION in text
        regex = (
            r"Action\s*\d*\s*:[\s]*(.*?)[\s]*Action\s*\d*\s*Input\ s*\d*\s*:[\
s]*(.*)"
        )
        action_match = re.search(regex, text, re.DOTALL)
        if action_match:
            if includes_answer:
                raise OutputParserException(
                    "Parsing LLM output produced both a final answer "
                    f"and a parse-able action: {text}"
                )
            action = action_match.group(1).strip()
            action_input = action_match.group(2)
            tool_input = action_input.strip(" ")
            # 保證如果它是一個格式正確的 SQL 敘述，那我們不會誤刪結尾的 " 字元
            if tool_input.startswith("SELECT ") is False:
                tool_input = tool_input.strip('"')

            return AgentAction(action, tool_input, text)

        elif includes_answer:
            return AgentFinish(
                {"output": text.split(FINAL_ANSWER_ACTION)[-1].strip()}, text
            )

        if not re.search(r"Action\s*\d*\s*:[\s]*(.*?)", text, re.DOTALL):
            raise OutputParserException(
                f"Could not parse LLM output: `{text}`",
                observation="Invalid Format: Missing 'Action:' after 'Thought:'",
                llm_output=text,
                send_to_llm=True,
            )
        elif not re.search(
            r"[\s]*Action\s*\d*\s*Input\s*\d*\s*:[\s]*(.*)", text, re.DOTALL
```

```
    ):
        raise OutputParserException(
            f"Could not parse LLM output: `{text}`",
            observation="Invalid Format:"
            " Missing 'Action Input:' after 'Action:'",
            llm_output=text,
            send_to_llm=True,
        )
    else:
        raise OutputParserException(f"Could not parse LLM output: `{text}`")

@property
def _type(self) -> str:
    return "mrkl"
```

從上方程式中可以看到，MRKLOutputParser 主要使用正規表示法處理當前上下文資訊，在排除異常處理後，最終輸出 AgentAnswer 或 AgentAction。前者為 Agent執行傳回的結果；後者為下一步執行動作的描述，內容包括上下文資訊、Tool 描述和日誌資訊。

在 AgentExecutor 的初始化階段已經設定了排程機制，以決定下一步是執行結束流程還是進入下一輪循環。這個排程機制依賴於 _take_next_step() 方法，其原始程式如下：

```
def _take_next_step(
        self,
        name_to_tool_map: Dict[str, BaseTool],
        color_mapping: Dict[str, str],
        inputs: Dict[str, str],
        intermediate_steps: List[Tuple[AgentAction, str]],
        run_manager: Optional[CallbackManagerForChainRun] = None,
    ) -> Union[AgentFinish, List[Tuple[AgentAction, str]]]:
        """Take a single step in the thought-action-observation loop.

        Override this to take control of how the agent makes and acts on choices.
        """
        try:
            # 呼叫 LLM 來決定下一步是執行結束流程還是進入下一輪循環
            output = self.agent.plan(
                intermediate_steps,
                callbacks=run_manager.get_child() if run_manager else None,
                **inputs,
```

```
        )
    except OutputParserException as e:
        ...# 異常處理程式，暫忽略
        return [(output, observation)]
    # 如果選中的工具是終止工具，則結束傳回
    if isinstance(output, AgentFinish):
        return output
    actions: List[AgentAction]
    if isinstance(output, AgentAction):
        actions = [output]
    else:
        actions = output
    result = []
    for agent_action in actions:
        if run_manager:
            run_manager.on_agent_action(agent_action, color="green")
        # 否則搜尋這個工具
        if agent_action.tool in name_to_tool_map:
            tool = name_to_tool_map[agent_action.tool]
            return_direct = tool.return_direct
            color = color_mapping[agent_action.tool]
            tool_run_kwargs = self.agent.tool_run_logging_kwargs()
            if return_direct:
                tool_run_kwargs["llm_prefix"] = ""
            # 呼叫這個工具，並透過初始化該工具獲得一個觀察器
            observation = tool.run(
                agent_action.tool_input,
                verbose=self.verbose,
                color=color,
                callbacks=run_manager.get_child() if run_manager else None,
                **tool_run_kwargs,
            )
        else:
            tool_run_kwargs = self.agent.tool_run_logging_kwargs()
            observation = InvalidTool().run(
                agent_action.tool,
                verbose=self.verbose,
                color=None,
                callbacks=run_manager.get_child() if run_manager else None,
                **tool_run_kwargs,
            )
        result.append((agent_action, observation))
    return result
```

在上述程式中省略了一些異常處理程式，但其核心邏輯在於對 actions 的輪詢處理。在判斷出某個工具在初始化的工具列表中後，先進行前置處理，然後呼叫該工具的 run () 方法啟動執行流程，並將結果儲存在 observation 中。最終，將本次動作呼叫的工具資訊和 observation 增加到 result 中並傳回。這樣在下次輪詢判斷時就有了完整的上下文資訊。

_take_next_step () 方法的輪詢排程被收斂在 AgentExecutor 的 _call () 方法內，被包裹在一個迴圈中：

```python
def _call(
    self,
    inputs: Dict[str, str],
    run_manager: Optional[CallbackManagerForChainRun] = None,
) -> Dict[str, Any]:
    """ 執行文字並獲得代理回應 """
    # 建構一個 Tool 的名稱和實例的映射表，以方便查詢獲取
    name_to_tool_map = {tool.name: tool for tool in self.tools}
    # 每個 Tool 建構一個顏色映射表，用於日誌列印
    color_mapping = get_color_mapping(
        [tool.name for tool in self.tools], excluded_colors=["green", "red"]
    )
    intermediate_steps: List[Tuple[AgentAction, str]] = []
    # 開始追蹤迭代計數和執行耗時
    iterations = 0
    time_elapsed = 0.0
    start_time = time.time()
    # 進入代理迴圈（直到它能傳回一些東西）
    while self._should_continue(iterations, time_elapsed):
        next_step_output = self._take_next_step(
            name_to_tool_map,
            color_mapping,
            inputs,
            intermediate_steps,
            run_manager=run_manager,
        )
        if isinstance(next_step_output, AgentFinish):
            return self._return(
                next_step_output, intermediate_steps, run_manager=run_manager
            )

        intermediate_steps.extend(next_step_output)
        if len(next_step_output) == 1:
```

```
                next_step_action = next_step_output[0]
                # 檢查 Tool 是否應該直接傳回
                tool_return = self._get_tool_return(next_step_action)
                if tool_return is not None:
                    return self._return(
                        tool_return, intermediate_steps, run_manager=run_manager
                    )
            iterations += 1
            time_elapsed = time.time() - start_time
        output = self.agent.return_stopped_response(
            self.early_stopping_method, intermediate_steps, **inputs
        )
        return self._return(output, intermediate_steps, run_manager=run_manager)
```

迴圈判斷的終止條件為 _should_continue() 方法傳回 false。在這個方法內會判斷迴圈次數和總時長是否超過使用者在 AgentExecutor 中的設置（預設最多迴圈 15 次，無逾時限制），因此開發者需要自訂配置以均衡性能和資源。在迴圈終止後，透過 return_stopped_response () 方法處理環境上下文資訊，並最終透過 _return () 方法傳回結果。

5. Agent 程式實踐

在之前的介紹中，我們透過 Chain 辨識了使用者的需求，又結合 Prompt Template 和 Memory 功能實現了對可供應選單的解析，並且了解了 Agent 的底層原理。接下來使用 Agent 完成下單，範例程式如下：

```
from langchain.agents import load_tools
from langchain.agents import initialize_agent
from langchain.agents import AgentType
from langchain.tools import BaseTool, StructuredTool, Tool, tool

# 為簡化程式，我們仍然使用 Prompt Template 處理選單，並將選單資訊「寫死」在其內
menuChain = LLMChain(
    prompt=PromptTemplate(
        template="""
你是一個餐廳會計，會針對客戶購買資訊舉出對應的商品價格。
商品選單以下
```
咖啡，20元，可訂製冰鎮、常溫、熱三種溫度，提神解乏
白開水，3元，可加冰塊，健康快速補水
可樂，5元，碳酸飲料，清爽開心
```
```

```
大力杯，10 元，運動補水補鹽，內含左旋肉城，可提升鍛煉效果
```
```
客戶購買資訊為：{purchaseInfo}
""",
        input_variables=["purchaseInfo"]
    ),
    llm=llm
)

# 初始化 tools，並增加用於算帳的 llm-math 和人工確認的 human Tool
tools = load_tools([
    "llm-math","human"
], llm=llm)

# 增加選單 Chain，現在智慧小店有了前臺
tools.append(Tool.from_function(
    func=menuChain.run,
    name="menuChecker",
    description="Check what are bought and help custom to purchase"
))

# 實現一個簡單的信用卡輸入函數，模擬付款流程
def purchaseFun(creditID: str, password: str, money: str) -> str:
    """Let human input credit card id and password to pay the money"""
    return "success"

# 將信用卡輸入函數封裝為一個結構化的 Tool，現在智慧小店有了收銀員
tools.append(StructuredTool.from_function(purchaseFun))

# 設置 Agent
agent = initialize_agent(tools, llm, agent=AgentType.STRUCTURED_CHAT_ZERO_SHOT_
REACT_DESCRIPTION, verbose=True)

# 測試複雜的使用者輸入問題
agent.run(" 來一杯可樂，再加兩杯咖啡 ")
# LangChain 在動態代理的執行過程中，會透過日誌展示 Agent 動態判斷的邏輯和想法。
這讓 LangChain 應用的開發和偵錯變得更加方便。上述程式的執行日誌以下
> Entering new AgentExecutor chain...
Action:
```
```
{
  "action": "menuChecker",─────────────── 呼叫 menuChecker
  "action_input": " 來一杯可樂，再加兩杯咖啡 "
```

```
}
```

```
Observation:
根據客戶購買資訊，商品總價為：5 元 +（20 元 x2）=45 元 ── 簡單計算未觸發 llm-math
Thought: 確認客戶購買資訊
Action:
```

```
{
  "action": "Human", ──────── 智慧呼叫 human Tool 進行人工確認
  "action_input": " 請問您是否確認購買？ "
}
```

```
請問您是否確認購買？
Yes ──────── 人工輸入 「yes」
```

```
Observation: yes
Thought: 確認客戶付款方式
Action:
```

```
{
  "action": "Human", ──────── 繼續呼叫 human Tool 進行人工確認
  "action_input": " 請問您要使用什麼付款方式？ "
}
```

```
請問您要使用什麼付款方式？
信用卡 ──────── 人工輸入「信用卡」關鍵字
```

```
Observation: 信用卡
Thought: 獲取客戶信用卡資訊
Action:
```

```
{
  "action": "Human", ──────── 繼續呼叫 human Tool 獲取信用卡資訊
  "action_input": " 請提供您的信用卡號碼和密碼，以便完成付款。 "
}
```

```
請提供您的信用卡號和密碼，以便完成付款。
12321，dd ──────── 人工輸入模擬的信用卡卡號和密碼資訊
```

```
Observation: 12321，dd
```

```
Thought: 確認客戶付款
Action:
```
```
{
  "action": "purchaseFun",——————— 智慧呼叫支付 Tool 處理付款
  "action_input": {
    "creditID": "12321",
    "password": "dd",
    "money": "45"——————— 自動將代付款金額填入
  }
}
```

Observation: success——————— 觀測到付款傳回成功
Thought: 完成付款
Action:
```
```
{
  "action": "Final Answer",
  "action_input": " 您的付款已完成，感謝您的光臨！"——————— 完成下單
}
```

> Finished chain.
' 您的付款已完成，感謝您的光臨！'
```

在這個範例中可以看到，LLM 智慧地理解了程式中的常識性內容（包括信用卡支付流程、支付函數出入參的意義等），並且智慧地插入了必要的人工確認環節（如在發起付款前和使用者確認商品購買行為、在支付前確認支付方式等）。

在常規軟體開發過程中，上述流程涉及大量的邏輯開發。而透過 LLM 技術和 LangChain 框架可以省略常識性邏輯判斷，這是 LangChain 的魅力之一。

7.2.4 Indexes：大型知識庫的索引解決方案

在上文中介紹了 LLM 對選單的學習和理解，並提供了兩種實現手段：①將學習和理解過程放在 Prompt Template 中，②將學習和理解過程預置在 Memory 中作為先驗知識。但是，隨著選單長度的增加，LLM 單次對話 Token 數量可能會超過上限，從而導致選單資訊遺失。針對這個問題，LangChain 提供了大型知識庫索引解決方案 Indexes（又稱 Data Connection）。

1. Indexes 解決方案的基本原理

Indexes 解決方案支援將大型文件分割成一個個小部分，並建立向量化的儲存和索引。這樣每次對知識庫提問時，只需要選取和問題最相關的部分組成背景資訊，即可生成最終回答。

基於 LangChain 的 LLMChain 和對話 Memory 功能可以快速實現一個基於本地文件的智慧問答機器人，該機器人支援透過對話的方式回答文件中的相關問題。因為文件被分割成了大量的小部分，所以，LLM API 無法在同一個時間點獲知文件全貌，這也在一定程度上提升了文件的安全性。社區開放原始碼方案「bhaskatripathi/pdfGPT」的底層就是基於 LangChain 的，目前其 GitHub 上的 Star 數已超 5k。

2. Indexes 解決方案的核心組件

Indexes 解決方案包括以下核心組件。

- **文件載入器（Document Loader）**：支援載入 TXT、Markdown、HTML 等格式文件。不同類型文件對應不同的文件載入器類別，但這些文件載入器類別都繼承於共同的基礎類別，並區分實現了基礎類別的 load() 方法。

- **文件轉換器（Document Transformer）**：在文件載入完成後，需要對文件進行轉換，以方便 LangChain 應用程式更高效率地存取文件。其中常見的操作就是將超長的文件分割為小的文字區塊，以調配 LLM 對 Token 長度的限制。LangChain 內建了多種常見文件格式的文件轉換器，讓拆分、合併和過濾等文件轉換操作更加高效。

- **文字嵌入模型（Text Embedding Model）**：文字嵌入（Text Embedding）是深度學習領域的一項重要技術。這項技術可以實現文字的向量表示，進而支援在向量空間中發現文字的相似度，並且具有比常規的字串匹配更高層級的語義檢索能力。對於使用文字轉換器拆分後的文件部分，透過文字嵌入模型可以方便地找出和輸入資訊最相似的部分集合，從而提升 LLM Token 的利用效率。

- **向量儲存（Vector Store）**：文字經過轉換和向量化後，其資料結構已發生大幅變化，為保障這種新資料的高可用和高性能，需要採用訂製化的儲存方案。針對不同的資料規模和場景，有多種資料儲存方案可供選擇，包括 Chroma、

Pinecone、Deep Lake 等，LangChain 在向量儲存層分別為它們提供了對應的介面封裝。

- **資料檢索器（Retriever）**：一個介面定義，輸入非結構化查詢，輸出文件資訊。它比向量資料庫更加通用。資料檢索器本身不需要具備文件的儲存能力，只需要具備檢索的傳回能力即可，因此在實際場景中，資料檢索器也可以作為向量儲存庫的上層存在。

3. 智慧知識庫的工作流程

智慧知識庫的工作流程如圖 7-8 所示。

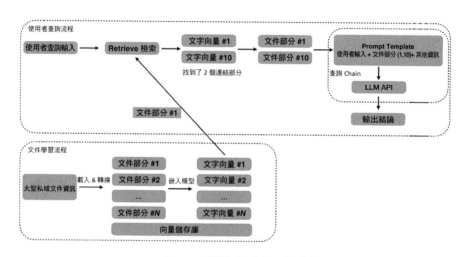

▲ 圖 7-8 智慧知識庫的工作流程

在傳統知識庫中，資料是直接儲存在資料庫中的（可能會建立分片或採用結構化儲存），查詢依賴於字串匹配。智慧知識庫和傳統知識庫的對比如下。

- 相同點：兩者都是「先建立知識資料庫，再建立查詢索引流程」。
- 不同點：傳統知識庫主要依賴於採用固定規則的文字匹配，對於非標準化的查詢，它缺少有效的應對手段；智慧知識庫可以基於 LLM 先驗的知識（如在查詢「肥宅快樂水」時也會匹配「可樂」）快速完成對這類知識的索引。

▎7.3 LangChain 應用場景舉例

LangChain 奠定了複雜 AIGC 應用的基本開發模式。目前在絕大部分 AIGC 應用（包括熱門的 AutoGPT、PDFGPT 等）背後，都可以看到 LangChain 的身影。

本節結合 AI 開發者入門時可能遇到的「坑點」和 AI 應用程式開發模式的發展趨勢，介紹幾個有特點的應用場景實踐。

7.3.1 場景一：LLM API 存取不穩定，請用 LLM 代理

截至目前，諸多 LLM API （如 OpenAI API、Claude API 等）仍有算力不穩定、存取區域受限、帳號可用性難保證等問題。因此，在實際使用中可能需要架設配置 LLM API 的中轉服務，LangChain 為這種場景提供了特殊的初始化方式。

以 OpenAI API 為例，目前 LangChain 提供了兩種配置 LLM API 代理的方式。

方式一　在 LLM 初始化時傳參

從 LangChain 函式庫中匯入的 OpenAI LLM 介面，支援透過 openai_api_base 參數（該參數預設為空，即使用 OpenAI 官方的預設域名）來設置代理 API 域名。這樣我們可以靈活地選擇使用不同的 API 域名來存取 OpenAI 服務。該參數會被 LangChain 傳入 openai-python 函式庫中的 api_requestor.py。一旦該參數不可為空，則在 openai-python 函式庫中建立請求階段時優先使用代理的域名，否則預設使用 OpenAI 自己的 API 域名。範例程式如下：

```
from langchain import OpenAI

llm=OpenAI(
    temperature=0.7,
    openai_api_key='xxxxxx-xxxxxxxxxxxx', # OpenAI 的 App Key
    openai_api_base='https://[API2D 位址 ]/v1' # 以 API2D 代理平臺為例配置 API2D 的代理域名，具體位址見本書書附資源
)

# 此後即可無差別正常使用 LLM 實例
```

方式二　設置全域環境變數（推薦）

LangChain 框架目前只支援在 LLM 初始化時顯式設置 openai_api_base 參數的值。

但是在部分場景中沒有 LLM 初始化入口,或不方便修改 LLM,因此無法直接在初始化時設置 openai_api_base 參數的值。考慮到這點,LangChain 也提供了全域環境變數的代理設置方案。範例程式如下:

```
from langchain import OpenAI
import os

# 以 API2D 代理平臺為例
os.environ['OPENAI_API_BASE'] = 'https://[API2D 位址]/v1';
# OpenAI 官方提供的 App Key 或使用者在 API2D 等代理平臺上自訂的金鑰
os.environ['OPENAI_API_KEY'] = 'xxxxxx-xxxxxxxxxxxx';

llm=OpenAI(
    temperature=0.7
)

# 此後即可無差別正常使用所有內建了 OpenAI API 的服務,無須關心其底層代理細節
```

7.3.2 場景二:MVP 專案啟動難,請看四行程式實現資料分析幫手

架設私有知識庫是 LangChain 目前最火熱的應用場景之一。但是 LangChain 入門文件目前還不夠友善,在中文社區中也缺少相關的程式實踐,因此阻礙了很多開發者深入實踐。其實對於如何架設私有知識庫,LangChain 已提供了「開箱即用」的解決方案。

筆者將這個解決方案簡化為 4 行程式。下面介紹。

1. 架設前置環境

考慮到解析 PDF 格式存在一定成本,所以先將資料資訊轉變為 TXT 格式。部分程式部分如下:

```
…
Quarter Ended March 31,
2022 2023
Revenues $ 68,011 $ 69,787
Change in revenues year over year 23 % 3 %
Change in constant currency revenues year over year(1) 26 % 6 %
Operating income $ 20,094 $ 17,415
```

```
…
# 接下來是實現文件智慧知識庫的 4 行程式：
# 第 1 行　匯入文件載入器
from langchain.document_loaders import TextLoader
# 第 2 行　匯入 Indexes 向量庫
from langchain.indexes import VectorstoreIndexCreator
# 第 3 行　載入文件配置
loader = TextLoader('./2023Q1_alphabet_earnings_release.pdf.txt', encoding='utf8')
# 第 4 行　建立 Indexes 文件索引知識庫
index = VectorstoreIndexCreator().from_loaders([loader])
```

　　經過上述操作，已經簡單架設了一個基於本地文件的私有知識庫。後續如果想增加其他資料文件，則可直接在第 4 行後增加其他的文件載入器。

2. 進行測試

　　下面使用 query_with_sources() 方法對文件的理解結果進行測試：

```
index.query_with_sources("Alphabet 最近收入怎麼樣？")
# 傳回結果如下，成功檢索到 2023 年一季的收入資訊
# {'question': 'Alphabet 最近收入怎麼樣？',
#  'answer': ' Alphabet reported consolidated revenues of $69.8 billion in the first
quarter of 2023, up 3% year over year, or up 6% in constant currency.\n',
#  'sources': './2023Q1_alphabet_earnings_release.pdf.txt'}

index.query_with_sources("Alphabet 員工總數有怎樣的變化？")
# 傳回結果如下，成功檢索到員工總數的變化資訊
# {'question': 'Alphabet 員工總數有怎樣的變化？',
#  'answer': " Alphabet's number of employees increased from 163,906 to 190,711.\n",
#  'sources': './2023Q1_alphabet_earnings_release.pdf.txt'}
```

　　本範例展示了如何架設一個最基本的私有知識庫，如果讀者進行嘗試，就不難發現這個專案的性能缺陷：當資料文件過長時，VectorstoreIndexCreator 的初始化過程耗時較長，並且可能失敗。在真實的商業專案中，可以透過最佳化 VectorStore 邏輯、調整 Embedding 參數等解決這個問題。

7.3.3　場景三：開發、部署、運行維護的專案化遇到難題

　　LangChain 針對應用程式開發全流程的專案化都提供了解決方案，但因多種原因，開發者難以從中找到想要的方案。

　　筆者對官方文件內容進行了整理，按標準開發流程，將 LangChain 的專案化能力
拆分為開發、部署和運行維護這三個方面，方便讀者了解和使用。

1. 開發偵錯工具：Notebook 和 Tracing

　　在開發 LangChain 應用的過程中，以下兩個工具能幫助開發者更高效率地完成開
發前期的調研工作和後期的偵錯工作。

- Python 開發工具 Jupyter Notebook：支援在網頁瀏覽器中撰寫和執行程式，其
  程式組織方式能方便開發者一步步執行和偵錯程式。

- LangChain 官方提供的 Tracing 功能：能追蹤每個 LangChain 模組的輸入 / 輸出
  結果，幫助定位偵錯問題。

　　（1）Jupyter Notebook 的使用。

　　其安裝和執行都極為簡單，各需要一行命令：

```
# 安裝
pip install notebook
# 執行，預設會以當前執行目錄為根目錄
jupyter notebook
# 執行結果以下
[I 17:36:31.905 NotebookApp] Jupyter Notebook 執行所在的本地路徑：/Users/xxx/Github/
aigc-book/langchain-examples
[I 17:36:31.905 NotebookApp] Jupyter Notebook 6.4.8 is running at:
[I 17:36:31.905 NotebookApp] http://localhost:8888/?token=5959c84805a1aa6a576587c76
daf4b05c991a1a854bcf185
[I 17:36:31.905 NotebookApp]  or http://127.0.0.1:8888/?token=5959c84805a1aa6a57658
7c76daf4b05c991a1a854bcf185
[I 17:36:31.905 NotebookApp] 使用 Ctrl+C 快速鍵停止此伺服器並關閉所有核心（連續操作兩次便可
跳過確認介面）。
```

　　網頁瀏覽器會自動展示目前的目錄的檔案列表，如圖 7-9 所示。選擇右側的「新
建」/「Python 3（ipykernel）」即可新建一個 Notebook 工作環境。

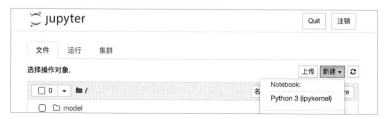

▲ 圖 7-9 Jupyter 的檔案清單頁面

這以最簡單的 Chain 使用場景為例介紹，如圖 7-10 所示。

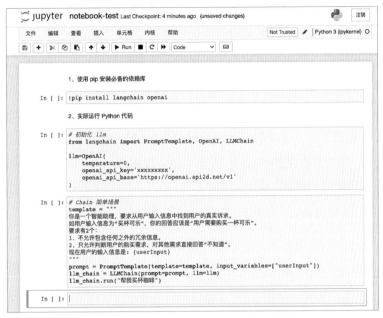

▲ 圖 7-10　Jupyter Notebook 使用範例

可以看到，所有程式可以被分割為一個個小塊。這些小塊在 Notebook 中被叫作 Cell（單元）。單元內容支援 3 種格式：Python 可執行程式；Python 環境相依的安裝命令，但需要以「!」開頭；Markdown 格式的純文字資訊，用於補充介紹。Notebook 對分段執行的結果具有快取能力，這表示，如果在最新的單元執行過程中出現了問題，則可以單獨重新執行該單元，而無須重新執行整個 Notebook。這個功能可以極大提升前期開發階段的工作效率。LangChain 官方文件的絕大部分也是使用 Notebook 維護的，且可以進行程式區塊的執行／偵錯。

（2）Tracing 的使用。

Tracing 是一個針對模組的輸入／輸出進行線上追蹤的偵錯工具。

> 📌 提示 截至寫作時，其部分功能還在測試和迭代中。預計過不了多久，其所有功能就能正式開放給開發者。

Tracing 的核心功能來自在 LangChain 各模組執行過程中預埋的 Hook 節點（如前文 Agent 原始程式剖析中的 on_agent_action () 回呼），它們將各自的輸入／輸出捕捉並整理展示，可以幫助開發者定位複雜流程中的資料問題。

LangChain 官方提供了如圖 7-11 所示的使用範例。

▲ 圖 7-11 Tracing 使用範例

可以看到，對於一個 Agent 呼叫流程，利用 Tracing 可以觀測每個模組的輸入 / 輸出詳情，並能按模組間的依賴關係展示為樹狀圖。這對於觀測動作代理模式中 Tool 的動態呼叫狀態是非常有用的。

2. 部署生態平臺：開箱即用，快速部署

LLM 的應用場景正在快速擴充，行業內每天都有新的應用實踐。因此，AI 行業從業者，尤其是開發人員，需要了解如何在生產環境中有效地部署這些應用。

LLM 介面分為兩類：①外部的 LLM 提供商（如 OpenAI、Anthropic 等廠商）的介面；②企業私域託管的 LLM（如私域託管的 ChatGLM 等）的介面。LangChain 為這兩類介面提供了豐富的介面封裝，方便開發者快速對接 LLM 服務。

LangChain 提供了一系列與第三方平臺對接的封裝（包括 Ray Serve、BentoML、Modal 等），幫助開發者實現快速的、可靠的部署。開發者可以自主選擇連線這些封裝，或自研相關服務。

在部署 LLM 服務的過程中，開發者需要特別注意以下三點。

（1）健壯性保障。

對於生產環境的 LLM 服務，需要給使用者提供一個無故障的、流暢的使用體驗，需要保證全天 24 小時的可用性，還需要兼顧多個相關子系統的運行維護。

落實好健壯性保障，需要做到以下三點。

- 線上監控：關注反映服務性能和品質的資料。服務性能方面的資料包括每秒請求數量、介面延遲時間、每秒 Token 消耗等。品質方面的資料包括服務成功率等。

- 線上升級：傳統服務的升級可能需要停機，這對使用者體驗和產品收入都有較大的負面影響。因此，在理想情況下，新版本的服務應該採用灰度漸進式上線，流量逐漸從舊版本轉移到新版本，同時進行監控，如有異常則及時導回。

- 負載平衡：在 LLM 服務中，需要考慮 LLM 提供商服務的可用性。對於部分可用性較低的地區，需要增加鏡像代理等，以保證使用者的使用體驗。

（2）成本控制。

外部的 LLM 服務成本一般較高，尤其是在使用者使用量激增時。通常 LLM 服務商會根據 Token 使用量進行收費，這增加了聊天場景的使用成本（因為要將歷史聊天記錄也納入 Token 計算內）。

以下幾種策略能降低成本，並且不會損害使用者體驗。

- 自託管模型：隨著 LLM 技術的演進，在開放原始碼社區中湧現出不少優質的小型開放原始碼模型，合理、科學地使用這些開放原始碼模型，能降低 LLM 服務的整體銷耗。這些開放原始碼模型的參數量相對較少，因而執行和訓練成本都相對降低。有餘力的公司或團隊可以對其自行訓練最佳化，並將其託管在自有服務上。

- 隨選自動擴充：使用者流量有峰頂和穀底，設計好精準且快速的自動擴充／收縮邏輯，能保障伺服器處於較高的使用效率，減少不必要的成本。

- 應用 Spot 實例：Spot 實例是 AWS 提供一種特殊類型的彈性計算雲端實例。在 AWS 等雲端服務平臺上，應用 Spot 實例能降低執行成本，但也需要綜合評估崩潰率進行權衡，建議書附採用更強大的容錯機制。

- 模型獨立擴充：在自主託管模型時，可以考慮對不同模型獨立擴充資源。如果使用了中文和英文兩個模型，則在中文模型流量更大時，對其單獨擴充更多的資源，以保障整體高效率地執行。

- 批次請求：LLM 服務基本都建立在 GPU 上，由於 GPU 是並行處理的，因此批次請求一次性發送更多工給 GPU 可以有效提升 GPU 的使用率，最大化其使用率。這不僅可以節約成本，還可以降低 LLM 服務的整體延遲。

（3）快速迭代支援。

在 LLM 領域，迭代速度是空前之快的，每個應用都需要不斷引入新的函式庫和模型架構。因此，在架構設計上，需要避免將自己侷限於特定的解決方案上。LangChain 透過靈活的模組化設計，大幅降低了重組成本。開發者可以快速完成 LLM 提供商、資料庫提供商等的切換。

基於 Agent，開發者可以自由組合多個 LLM 服務。另外，LangChain 也對接了 AWS、Google Cloud、Azure 等雲端服務平臺，方便開發者進行可持續的服務整合和部署。

> ■ **提示** 對於 LLM 應用的研發，也有公司專門提供了系統化的 DevOps 平臺（又稱 LLMDevOps），其中典型的有 Dify 等。

3. 運行維護量化工具：LLM 評估工具

應用提供的服務是否符合使用者預期？應用版本迭代後服務的品質是否衰退？這些都是在傳統的 IT 應用程式開發中需要考慮的問題，在 LLM 應用程式開發中也需要考慮這些問題。

LLM 應用面臨的使用者輸入 / 輸出很可能是非標準的，這導致缺少足夠測試用例來評估服務的品質。對於輸入資訊測試集，LangChain 提供了 LangChainDatasets，並將其託管在 Hugging Face 社區，任何人都可以參與共建。

對於輸出結果的評估，除 Tracing 工具外，LangChain 也提供了一些工具和實踐參考。這些技術點在官網介紹中較為分散，筆者將其歸納整理為以下類型。

- **測試資料集**：提供搜尋、計算、問答等多個測試資料集。資料集中包括輸入資訊用例和正確的輸出結果。評估過程實質上是一個「用 LLM 評估 LLM」的過程，即用待測試的 LLM 應用執行測試問題後得到輸出結果，再對比「專用的 LLM 應用的輸出結果」，從而判斷待測試的 LLM 應用輸出的結果是正確的還是錯誤的。

- **量化對比**：在測試資料集執行完成後，只能得到非黑即白的正確或錯誤結論。當測試資料較小時，正確率 / 錯誤率的波動將被擴大，導致品質難以被準確評估。對此，LangChain 可以對接 Critique 函式庫，支援以 ROUGE、Chrf、BERTScore 和 UniEval 等不同量化標準對輸出結果進行評分，輸出一個 0~1 的小數。

7.3.4　場景四：不寫程式也能發佈 LangChain 應用，利用 Flowise

鑑於 LangChain 對各個模組進行了標準化封裝，所以我們能夠透過簡捷的專案配置輕鬆地交付一個 LangChain 應用。這為開發面向大眾的低成本 AIGC 應用鋪平了道路。在這方面，除 Stack AI 與 Dora AI 等商業公司的探索外，還出現了 Flowise 等開放原始碼解決方案。

Flowise 來自 GitHub 開放原始碼組織 FlowiseAI，該組織致力於提供開放原始碼的視覺化工具幫助使用者建構 LLM 串流。

Flowise 底層基於 LangChain 的 JavaScript 版本，並基於 Node.js 提供完整的前後端可用程式。自 2023 年 4 月上線以來，其 GitHub 上的 Star 數已超過 8k。

Flowise 基於 LangChain 的模組化封裝為每個模組提供了獨立的配置卡片，並支援透過拖曳方式將其輸入 / 輸出資料流程串聯起來，如圖 7-12 所示。

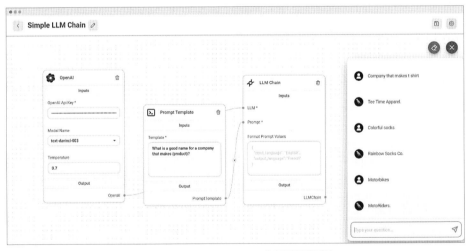

▲ 圖 7-12　Flowise LLM 應用配置頁面

如圖 7-12 所示，每個 LangChain 模組在 Flowise 中都對應一個配置卡片。使用者只需要在卡片中進行簡單的配置，再透過拖曳將這些卡片的輸入 / 輸出資料流程串聯起來，就能複現原來需要幾十行甚至上百行程式才能完成的工作，這極大地降低了應用的開發成本。在頁面右側提供了對話式的互動視窗，旨在提供給使用者即時線上說明，確保使用者配置過程的順利進行。

第 8 章
AI 代理協作系統——用於拆分和協作多個任務

ChatGPT 這種「一問一答」的互動形式，可以勝任絕大部分「單點」AI 任務。可如果遇到複雜的 AI 任務，那就不得不提及 AI 代理協作系統了。

什麼是 AI 代理協作系統呢？它通常指一種特殊的人工智慧系統，其核心目標是讓多個 AI 代理（或稱為 AI 代理程式）一起協作工作，以完成複雜的 AI 任務。

為了更進一步地理解它，我們不妨舉例來說：讀者可以把不同的 AI 代理看作一個個足球隊員。每個隊員（AI 代理）都有其特長和責任——比如後衛擅長防守，前鋒擅長進攻。這些隊員需要協作工作，共同遵循足球的規則，以贏得比賽。這支足球隊就可以被看作一個 AI 代理協作系統，每個隊員就是一個 AI 代理。

在實際的 AI 系統中，每個 AI 代理都擅長處理一種類型的任務，舉例來說，有的 AI 代理擅長處理語言翻譯，有的 AI 代理擅長辨識影像中的物體。這些 AI 代理需要透過某種方式（比如共用資訊、交換資料等）來協作，使得它們能一起完成複雜的任務，比如處理包含多種語言和影像的複雜文件。

本章將探索兩個最具代表性的 AI 代理協作系統：AutoGPT 和 HuggingGPT。

8.1 借助「AI 任務拆分」實現的 AutoGPT 系統

AutoGPT 自上市以來就備受關注，它在短時間內就沖上了 GitHub 趨勢榜。

AutoGPT 相當於給基於 GPT 的模型一個「儲存空間」和一個「執行本體」。有了它們，使用者就可以把一項複雜任務交給 AI 智慧體，讓它自主地提出一個計畫，並執行該計畫。

　　AutoGPT 還具備網際網路存取、長期和短期記憶體管理、使用 GPT-3.5 進行檔案儲存和生成摘要等功能。AutoGPT 有很多用途，如：分析市場變化並提出應對的策略、提供聚類資訊的客戶服務、進行市場行銷等其他需要持續更新的任務。

8.1.1 複雜 AI 任務的拆分與排程

1. AutoGPT 的執行流程

　　我們從全域角度來理解 AutoGPT 是如何執行的，如圖 8-1 所示。

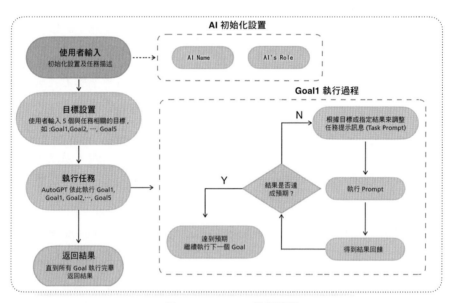

▲ 圖 8-1 AutoGPT 執行流程

　　（1）**使用者輸入**：首次執行時期需要為 AI 代理設置名稱（Name）和角色（Role），如將 AI 代理名稱設置為「Yoyo」（名稱自訂），對角色，通常我們設置領域專屬的角色即可，如「AI Technology Information Collector」。

　　（2）**目標設置**：需要使用者輸入 5 個目標——Goal1,Goal2,…,Goal5。即人為將目標拆分成多個具體的子目標，如「幫我查詢 AI 領域相關名詞」「將收集到的資訊按照字母 A～Z 的順序進行排序」等。每輸入一個目標後按鍵盤上的「Enter」鍵儲存，輸入完 5 個子目標即完成目標設置。

　　（3）**執行任務**：任務一般會按照使用者輸入的順序自動執行，在此過程中需要使用者確認（按鍵盤上的「Y」鍵表示同意繼續執行，按「N」鍵表示不同意繼續執行）。如果使用者按「N」鍵，則通常表示 AI 執行結果並不符合使用者預期。

（4）**傳回結果**：在處理完一個 Goal 後，如果達到預期，則 AutoGPT 繼續執行下一個 Goal，否則將根據目標或指定結果來調整任務提示訊息（Task Prompt），然後繼續執行當前 Goal。在整個過程中會得到新的結果回饋，交由使用者判斷是否達到預期。這個過程會不斷重複，直到使用者得到預期結果或強制中斷。

> **提示** 目前 AI 輸入資訊大都需要使用英文，這是因為，AI 的訓練資料集主要是英文的，AI 更擅長處理英文。

2. 拆分 AI 複雜任務

「任務拆分」是指，將複雜任務分解成一系列較小、更具體的任務。舉例來說，在自動駕駛的例子中，我們可能會將任務拆分為訊號辨識、車輛預測和路徑規劃等。每個小任務都可以用一個特定的 AI 模型來處理。

3. 任務排程的方式

簡單來說，「任務排程」是指，指定何時及以何種循序執行這些小任務。還是以自動駕駛為例，可能首先進行訊號辨識，然後預測其他車輛的行動，最後規劃路徑。「任務排程」可以確保各個小任務以有效和協調的方式執行，從而完成整個複雜的 AI 任務。

4. 透過案例來加強理解

為了加強讀者對 AutoGPT 的理解，下面演示一個實際案例。

```
AI Name: Yoyo
AI's Role：AI Technology Information Collector
Goal：
- Collect 10 AI-specific vocabulary, give detailed explanations and examples
- Arrange and sort the collected 10 nouns according to the alphabet A-Z
- Save the information in the HTML file, and use the Table to display the data
- Save the generated HTML file in a local directory: /Users/[username]/Desktop
- Name the file: AI-Dictionary
```

我們為 AI 設置名稱「Yoyo」，給它一個角色「AI 技術資訊收集者」，並輸入 5 個目標：

- 收集 10 個 AI 領域專用詞，舉出詳細的解釋和範例。
- 將收集的 10 個名詞按照字母 A ～ Z 的順序進行排序。
- 將資訊儲存在 HTML 檔案中，使用表格展示資料。
- 將生成的 HTML 檔案儲存在本地目錄「/Users/[username]/Desktop」中。
- 將檔案命名為「AI-Dictionary」。

目標設置就緒後，按鍵盤上的 Enter 鍵， AutoGPT 就開始執行任務。它會自主透過使用者桌面的瀏覽器進行資訊查詢，如圖 8-2 所示。

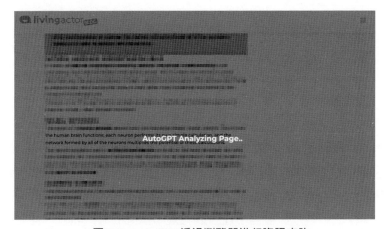

▲ 圖 8-2　AutoGPT 透過瀏覽器進行資訊查詢

如果一切順利，則會在使用者桌面上建立出一個名稱為 AI-Dictionary 的 HTML 檔案。讀者透過瀏覽器開啟該檔案，即可看到以表格方式呈現的 AI 領域專用詞，並附帶了詳細的解釋和範例。是不是很神奇？一個複雜任務完全不用人工作業，就被電腦自動完成了。

8.1.2 在本地執行 AutoGPT

如果讀者想執行一個複雜的 AI 任務，則需要在本地架設相關環境並執行 AutoGPT。

下面將架設 AutoGPT，讀者按照步驟即可快速掌握。

> **提示**　因為筆者使用的是 macOS 作業系統，所以下文將以 macOS 作業系統作為執行環境進行演示。如果讀者使用的是 Windows 作業系統，則需注意環境的細微差異。

1. 準備本地環境

按照 AutoGPT 官網提示，應確保本機具備以下環境。

- VSCode+DevContainer：無特殊版本要求。

- Docker 19.03 或更高版本。

- Python 3.9 或更高版本（說明：適用於 Windows）。

- OpenAI API 的金鑰。

2. 將遠端專案複製到本地

在命令列中執行 Clone 命令，並透過 cd 命令進入專案目錄，範例程式詳見本書書附資源。接下來，我們對 AutoGPT 的專案目錄進行簡單說明（因檔案內容過多，以下為精簡版，讀者以原始程式目錄結構為準）。

```
├── Dockerfile
├── LICENSE
├── README.md
├── ai_settings.yaml
├── auto_gpt_workspace
│   ├── AI-Dictionary.html
│   ├── autogpt-vue-demo
│   ├── …
│   └── vue-next
├── autogpt
│   ├── __init__.py
│   ├── __init__.pyc
│   ├── __main__.py
│   ├── …
│   ├── memory
│   ├── prompt.py
│   ├── promptgenerator.py
│   ├── setup.py
│   ├── token_counter.py
│   ├── utils.py
│   └── workspace.py
├── azure.yaml.template
├── benchmark
│   ├── __init__.py
│   └── benchmark_entrepeneur_gpt_with_difficult_user.py
├── docs
│   └── imgs
```

```
        ├── main.py
        ├── pyproject.toml
        ├── requirements.txt
        ├── run.sh
        ├── …
        ├── scripts
        │   └── check_requirements.py
        ├── tests
        │   ├── __init__.py
        │   ├── …
        │   └── unit
        └── tests.py
```

需要重點注意以下幾個目錄。

（1）auto_gpt_workspace： AutoGPT 的工作區域，通常在執行使用者任務後會將輸出檔案放置於此目錄中。舉例來說，在執行 AI-Dictionary 任務後，會在此目錄中生成 AI-Dictionary.html 檔案以備使用者使用。

（2）autogpt：AutoGPT 原始程式的核心目錄，在 8.1.5 節中會進行詳細解讀。

（3）run.sh：啟動指令稿，在其中可以選擇 Python 的執行版本，以及必要的啟動參數。如果強制使用 GPT-3，則需要加上參數 --gpt3only，詳情如下：

```
#!/bin/bash
python3 scripts/check_requirements.py requirements.txt
if [ $? -eq 1 ]
then
    echo Installing missing packages...
    pip3 install -r requirements.txt
fi
# 如果需要強制使用 GPT-3，則需要帶上參數 --gpt3only，如：python3 -m autogpt --gpt3only $@
python3 -m autogpt
read -p "Press any key to continue..."
```

3. 安裝相關相依

因為 AutoGPT 相依 Python 環境，所以我們先透過 Homebrew（主要功能是從原始程式碼中自動編譯和安裝軟體套件，用於 macOS 作業系統）安裝 Python 環境：

```
brew reinstall python@3.9
```

安裝成功後，可透過 --version 命令來查看版本資訊以確保已成功安裝：

```
python --version // Python 2.7.16
```

此處需要注意，上文指定了 Python 3.9 版本，但是命令列中輸出的卻是 Python 2.7.16 版本。這說明我們安裝的版本並沒有被真正使用，而是使用了 macOS 作業系統的預設 Python 版本。

那麼該如何操作呢？

（1）配置環境變數，預設使用最新版本：

```
# 透過 VIM 編輯設定檔
vim ~/.bash_profile
```

寫入以下資訊：

```
alias python="/usr/local/bin/python3.9"
```

（2）更新環境變數。

在修改完環境變數後，如果希望在不退出命令列（Shell）的情況下使修改立即生效，則可以使用 source 命令重新載入 Shell 的設定檔（如 ~/.bashrc 或 ~/.bash_profile）：

```
source ~/.bash_profile
```

刷新成功後，再次執行 --version 命令來查看版本資訊，結果如下所示：

```
Python 3.9.7    // 發現修改生效
```

最後，安裝專案的相依：

```
pip3 install -r requirements.txt
```

4. 確定重要配置資訊

需要我們確定以下重要配置資訊。

（1）必要的配置。

- 將 .env.template 檔案複製一份，命名為 .env，必須配置 OPENAI_API_KEY（可在 OpenAI 平臺申請該 Key）。

- 如果讀者使用的是 Azure 實例（提供了多種類型和大小的 VM 實例，以滿足不同的應用需求），請將 USE_AZURE 設置為 True，然後將 azure.yaml.template 範本檔案重新命名為 azure.yaml，並在 azure_model_ma 部分中提供相關模型的配置資訊，如 OPENAI_AZURE_API_BASE、OPENAI_AZURE_API_ VERSION、OPENAI_AZURE_DEPLOYMENT_ID 這 3 個關鍵參數的值。

（2）不必要的配置。

- 如果需要使用語音模式，則需要在 elevenlabs.io 官方網站申請 ElevenLabs API 的金鑰，並配置相關 Key 的值為 ELEVEN_LABS_ API_KEY。
- 如果在提問過程中需要進行網路搜尋，則需要提前配置 Google（Google）API 的金鑰。
- 如果需要儲存一些歷史問題和回答的向量快取，則需要配置 Redis 或 Pinecone（一種儲存 AI 資料的向量資料庫）。
- 預設情況下，AutoGPT 使用 DALL·E 進行影像生成。當然也可以配置 HUGGINGFACE_API_TOKEN 以使用 Stable Diffusion。

> ☛ **提示** 截至 2023 年 12 月，部分地區的使用者仍然沒有使用 GPT-4 的許可權，程式預設使用 GPT-3.5。

5. 申請 Google API 的金鑰

複雜的 AI 任務通常需要收集網路資訊進行分析，因此必須配置 Google API 的金鑰。

（1）進入 Google 官網建立一個無組織專案 AutoGPT（官網網址見本書書附資源），如圖 8-3 所示。

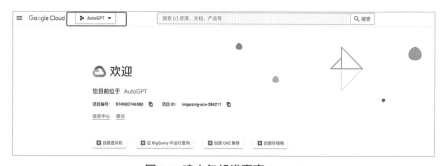

▲ 圖 8-3 建立無組織專案 AutoGPT

（2）選擇左側的「API 和服務」→「庫」，如圖 8-4 所示。

▲ 圖 8-4 選擇庫

（3）在開啟的頁面中搜尋關鍵字「custom」，然後根據智慧提示選擇「custom search api」，如圖 8-5 所示。

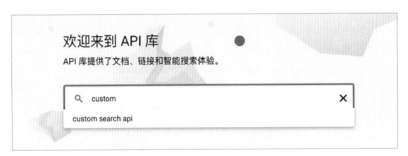

▲ 圖 8-5 選擇「custom search api」

（4）進入「Custom Search API」頁面，啟用 API 後的效果如圖 8-6 所示。

▲ 圖 8-6 啟動 Custom Search API

（5）在左側選單中選擇「憑據」，然後透過按一下頁面頂部的「＋ 建立憑據」找到子功能表中的「API 金鑰」選項，如圖 8-7 所示。

▲ 圖 8-7　選擇「API 金鑰」選項

（6）建立完畢後，在當前頁面中將展示最新建立的 API 金鑰，如圖 8-8 所示。

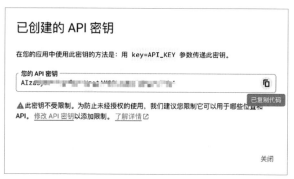

▲ 圖 8-8　查看 API 金鑰

（7）拿到 Google API 金鑰後就可以配置 .env 檔案了，如圖 8-9 所示。

```
✓ scripts              140   ### GOOGLE
  check_requirements.py 141   # GOOGLE_API_KEY - Google API key (Example: my-google-api-key)
› tests                 142   # CUSTOM_SEARCH_ENGINE_ID - Custom search engine ID (Example: my-custom-search-engine-id)
  .env                  143   GOOGLE_API_KEY=your-google-api-key
$ .env.template         144   CUSTOM_SEARCH_ENGINE_ID=your-custom-search-engine-id
$ .envrc                145
≡ .flake8
```

▲ 圖 8-9　配置程式中的 API 金鑰

細心的讀者可能發現了，程式中的「CUSTOM_SEARCH_ENGINE_ID」好像還沒有配置，它具體有什麼作用？「CUSTOM_SEARCH_ENGINE_ID」指 Google 的自訂搜尋引擎（Custom Search Engine, CSE）的唯一識別碼。

提示 CSE 是 Google 提供的一項服務，允許使用者建立自己的搜尋引擎，以在個人網站上搜尋公開的網頁。使用 Google CSE，可以訂製搜尋引擎的搜尋範圍，舉例來說，只搜尋特定的網站或頁面，從而得到更具針對性的搜尋結果。
使用者還可以對搜尋結果頁面的外觀進行訂製，使其符合個人網站或應用的設計。

接下來，我們來看看「CUSTOM_SEARCH_ENGINE_ID」是如何生成的。

（1）開啟 Google 引擎的官網位址（見本書書附資源），會看到「建立新的搜尋引擎」的相關資訊，如圖8-10所示。給搜尋引擎命名，並選中「在整個網路中搜尋」選項。

（2）新的搜尋引擎已建立，如圖 8-11 所示。

▲ 圖 8-10 建立新的搜尋引擎

圖 8-11 新的搜尋引擎已建立

（3）按一下「自訂」按鈕，找到「搜尋引擎 ID」複製即可。當然，別忘了將自訂搜尋引擎的 ID「CUSTOM_SEARCH_ENGINE_ID」填入設定檔（如圖 8-9 所示配置程式中的 API 金鑰）。

6. 常見問題排除

通常情況下，AutoGPT 的安裝和配置過程並沒有那麼順利。如果讀者碰到問題，不妨按照以下說明進行排除。

問題一：在執行過程中顯示出錯「The file 'AutoGpt.json' does not exist. Local memory would not be saved to a file」。

這是提示檔案缺失，可以自查是否未建立對應的 AutoGpt.json 檔案，在專案根目錄下手動建立該檔案即可。

問題二：在執行過程中顯示出錯「__main__.py: error: unrecognized arguments: start」。

該問題為 Python 啟動顯示出錯，往往可能與專案版本或執行指令稿的方式有關。可嘗試在根目錄下執行以下命令來啟動程式：

```
./run.sh
```

7. 執行 AutoGPT

在啟動命令正常執行後，會進入「終端互動」模式，讀者按照引導操作即可，如圖 8-12 所示。

```
→ Auto-GPT git:(master) ✗ ./run.sh
All packages are installed.
Welcome back!  Would you like me to return to being yoyo?
Continue with the last settings?
Name:  Yoyo
Role:  AI Technology Information Collector
Goals: ['Collect 10 AI-specific vocabulary, give detailed explanations and examples', 'Arrange and sort the collected 10 nou
ns according to the alphabet A-Z', 'Save the information in the HTML file, and use the Table to display the data', 'Save the
 generated HTML file in a local directory: /Users/jartto/Desktop', 'Name the file: AI-Dictionary']
Continue (y/n): y
Using memory of type:  LocalCache
Using Browser:  chrome
█ Thinking...
```

▲ 圖 8-12 AutoGPT 執行效果

在執行過程中，獨立的任務都會進行一次資訊的整合，包括 THOUGHTS（想法）、REASONING（推理）、PLAN（計畫）、CRITICISM（批評）、NEXT ACTION（下一步行動），如以下程式所示：

```
Using memory of type:  LocalCache
Using Browser:  chrome
THOUGHTS:  I will start by using the 'google' command to search for AI-specific
vocabulary.
REASONING:  I need to collect 10 AI-specific vocabulary and give detailed explanations
```

and examples. The 'google' command will help me find the information I need.
PLAN:
- Use the 'google' command to search for AI-specific vocabulary
- Collect 10 AI-specific vocabulary and give detailed explanations and examples
- Arrange and sort the collected 10 nouns according to the alphabet A-Z
- Save the information in the HTML file, and use the Table to display the data
- Save the generated HTML file in a local directory: /Users/jartto/Desktop
- Name the file: AI-Dictionary
CRITICISM: I need to ensure that the vocabulary I collect is relevant to AI and that the explanations and examples are clear and concise.
NEXT ACTION: COMMAND = google ARGUMENTS = {'input': 'AI-specific vocabulary'}
Enter 'y' to authorise command, 'y -N' to run N continuous commands, 'n' to exit program, or enter feedback for ...

在使用者確認執行（輸入 Y）後，程式會自動進行下一步操作，每一步操作的輸出格式均保持一致，以下程式所示：

```
-=-=-=-=-=-= COMMAND AUTHORISED BY USER -=-=-=-=-=-=
SYSTEM: Command google returned: ['https://[corporate 位址 ] /en/glossary-artificial-
intelligence-vocabulary/','https://[forbes 位址 ]/sites/tomtaulli/2019/09/07/ai-
artificial-intelligence-words-you-need-to-know/', 'https://[business.twitter 位址 ]/en/
blog/artificial-intelligence-terms-marketers-need-to-know.html', 'https://[expert.ai 位
址 ]/glossary-of-ai-terms/', 'https://[papers.academic-conferences 位址 ]/index.php/
ecair/article/view/929']
THOUGHTS: I will use the 'browse_website' command to visit the first website and
find AI-specific vocabulary.
REASONING: The first website returned by the 'google' command seems to be a good s
tarting point. I will use the 'browse_website' command to visit the website and find
AI-specific vocabulary.
PLAN:
- Use the 'browse_website' command to visit the first website returned by the
'google' command
- Find AI-specific vocabulary on the website
- Collect 10 AI-specific vocabulary and give detailed explanations and examples
- Arrange and sort the collected 10 nouns according to the alphabet A-Z
- Save the information in the HTML file, and use the Table to display the data
- Save the generated HTML file in a local directory: /Users/jartto/Desktop
- Name the file: AI-Dictionary
CRITICISM: I need to ensure that the vocabulary I collect is relevant to AI and
that the explanations and examples are clear and concise.
NEXT ACTION: COMMAND = browse_website ARGUMENTS = {'url': 'https://[corporate.
livingactor 位址 ]/en/glossary-artificial-intelligence-vocabulary/', 'question': 'AI-
specific vocabulary'}
Enter 'y' to authorise command, 'y -N' to run N continuous commands, 'n' to exit
program, or enter feedback for ...
```

AI 任務拆分會不斷地迴圈執行，直到輸出最終結果或被使用者終止。

> **提示** 如果涉及瀏覽器搜尋，則 AutoGPT 會自動整理搜尋資訊，並嘗試自主開啟本地預設瀏覽器，以整合瀏覽器資訊，如圖 8-13 所示。這表示，AutoGPT 可以幫助使用者在瀏覽器中快速找到所需的資訊，提高使用效率。

▲ 圖 8-13 整合瀏覽器資訊

至此，整個流程已經全部完成了。讀者可以嘗試組合不同的任務，看看 AI 是否能舉出準確的結果。當一款 AI 工具能自動完成最佳化程式、搜尋聚合資訊、自動查詢並修改 Bug 時，或許表示它未來可能透過程式設計來不斷強化自身能力，AI 的邊界將再次被拓寬。

8.1.3 AutoGPT 的基本原理

為了更進一步地理解 AutoGPT 是如何工作的，讓我們用一些簡單的「比方」來說明。

1. 想像 AutoGPT 是一個足智多謀的機器人

主人每分配一個任務，機器人（AutoGPT）都會舉出一個相應的解決方案。在需要瀏覽網際網路或使用新資料時，機器人會調整其策略，直到完成任務。機器人就像一個能處理各種任務的「私人助理」，可以幫助主人完成資訊的擷取和分析（如市場分析、客戶服務、行銷策略、競品分析等），而且可以不斷自主迭代。

2. 這個特殊的機器人具有四個能力

- 思考推理能力：AutoGPT 底層使用了強大的 GPT-4 和 GPT-3.5 大型語言模型，它們充當機器人的大腦，進行思考和推理。

- 自主迭代能力：有點像人類「從錯誤中學習」的能力。AutoGPT 可以回顧它以往的工作，在以前的基礎上再接再厲，利用歷史記錄來產生更準確的結果。

- 長時記憶能力：機器人如果配備了長時記憶，則可以記住過去的經歷。結合向量資料庫（一種專門用於儲存和查詢向量資料的資料庫系統），AutoGPT 能夠保留上下文並做出更好的決策。

- 組合任務能力：機器人需要多種能力來處理更廣泛的任務，因此它會組合任務（如檔案操作、網頁瀏覽、資料檢索等）。

3. 使用向量資料庫進行儲存的魔力

為了幫助讀者更進一步地理解「機器人」長時記憶的能力，下面重點介紹信息儲存系統——向量資料庫。

向量資料庫與傳統的關聯式資料庫或鍵值儲存資料庫不同，向量資料庫的主要關注點是對向量進行高效的索引和相似性搜尋。

在許多 AI 應用中，資料不僅是傳統的結構化資料，還包括影像、音訊、視訊和自然語言等非結構化資料。這些非結構化資料通常可以表示為高維向量。

向量資料庫通常具備以下特點。

- 向量索引：向量資料庫使用高效的索引結構（例如樹狀結構或雜湊表），可以快速定位和檢索與給定向量相似的向量。這種相似性搜尋對於聚類系統、分類系統、推薦系統等應用非常有用。

- 相似度度量：向量資料庫提供了一系列相似度度量方法，例如歐氏距離、餘弦相似度等度量方法，以便進行精確的相似性搜尋。

- 高維向量支援：向量資料庫能夠有效地處理高維向量，這在許多應用中非常重要。舉例來說，在影像檢索中，每個影像可以表示為數千維的向量，向量資料庫可以高效率地處理這樣的資料。

- 擴充性和性能：向量資料庫通常具備良好的擴充性和性能，可以處理大規模的向量資料集。它們支援分散式儲存和查詢，以及平行計算和高效的查詢處理。

8.1.4 AutoGPT 的架構

　　讀者或許想了解 AutoGPT 內部究竟是如何工作的。下面從技術的角度來對 AutoGPT 進行深度剖析。AutoGPT 的架構如圖 8-14 所示。

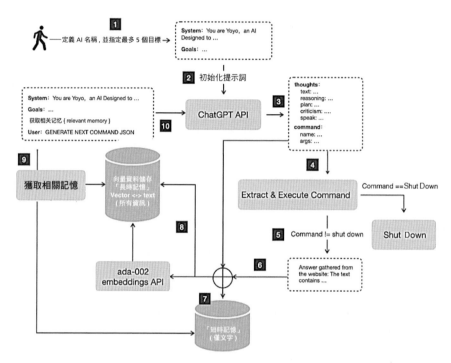

▲ 圖 8-14 AutoGPT 架構圖

下面對架構圖說明。

- 步驟 1：使用者定義 AI 名稱，並指定最多 5 個目標。細節見 8.1.1 節。

- 步驟 2：根據步驟 1 中使用者的設置，初始化提示詞並將其發送到 ChatGPT API。初始提示詞通常包含所有可用的命令，以及 JSON 格式的結果說明。

- 步驟 3：ChatGPT 傳回一個 JSON 格式的資料，其中包含它的想法、推理、計畫和批評，還包含下一步行動的相關資訊，如命令和參數。

- 步驟 4：從 ChatGPT 的回應結果中提取和解析資訊。如果使用者發出的是關閉命令，則直接退出程式，否則繼續執行下一步。

- 步驟 5：繼續執行命令，並傳回一個字串值。利用 Google 進行搜尋後傳回搜尋結果，browse_website 命令會傳回網站內容的摘要，write_to_file 命令會傳回寫入檔案的狀態等。

- 步驟 6：組合步驟 4 和步驟 5 的命令與結果並將其寫入記憶體，以備後續使用。

- 步驟 7：步驟 6 中的「命令與結果」資料被增加到「短時記憶」中，僅儲存為文字，是使用 FIFO（First In First Out，先進先出）資料結構來實現的。在 AutoGPT 中儲存了完整的訊息歷史記錄，但僅選擇前 9 筆 ChatGPT 訊息 / 命令傳回的字串作為短時記憶。

- 步驟 8：主要整合步驟 7 中的資訊，也會將步驟 6 中的「命令與結果」資料增加到「長時記憶」中。通常的資料儲存方式是，使用本地記憶體中的 Pinecone 服務來儲存 (vector,text) 向量對資訊，便於執行 KNN/approximate-KNN（一種非常直觀且簡單的機器學習演算法）搜尋，以從給定查詢中找到前 K 個最相關的專案。補充一點，為了獲取文字嵌入向量，我們需要使用 OpenAI 的 ada-002（文字嵌入模型）嵌入 API。

📌 **提示**　本地記憶體：通常指會進行本機存放區的資料庫，如 Facebook AI Similarity Search（由 Facebook AI 研究院開發的、用於高效相似性搜尋和聚類的函式庫）、FAISS。FAISS 專門為向量搜尋和聚類任務設計，其目標是在大規模資料集中實現快速且精確的搜尋。

Pinecone：一個可擴充的向量搜尋服務，它用於幫助開發者在自己的應用中實現向量搜尋。

- 步驟 9：獲取相關記憶（Relevant Memory），即使用「短時記憶」（步驟 7）中的最新上下文查詢「長時記憶」（步驟 8），以獲得前 K 個最相關的記憶部分（對 AutoGPT 0.2.1 版本來說，K=10）。這樣，Top-K 最相關的記憶就被增加到提示詞中。

- 步驟 10：使用與初始提示詞（步驟 2）相同的命令，結合相關記憶（步驟 9）及末尾的「GENERATE NEXT COMMAND JSON」命令，建構出一個「新提示詞」，以便進一步呼叫 ChatGPT。

- 重複步驟 3 到步驟 10，直到任務完成，即 ChatGPT 發出關閉命令 task_complete。

8.1.5 深入解讀 AutoGPT 的原始程式

在理解 AutoGPT 的架構後，我們將從 AutoGPT 原始程式中整理執行邏輯，從「黑盒」內部來深入解讀。

1. 下載 AutoGPT 的原始程式

在 8.1.2 節中，讀者已經下載過 AutoGPT 的原始程式。可以透過程式編輯器（如 VSCode）將其開啟。如果未下載，請按照以下位址進行原始程式下載。

```
# 為了避免原始程式倉庫版本不一致的問題，以下為筆者本地驗證過的版本，可下載使用
git clone https://[GitHub 位址 ]/AIGC-Vanguard/AutoGPT-Demo
```

2. 尋找程式入口——main() 函數

在 autogpt 目錄下找到檔案 __main__.py，其核心程式如下：

```python
def main() -> None:
    """Main function for the script"""
    cfg = Config()
    # 此處填入 LLM Key 的值
    check_openai_api_key()
    parse_arguments()
    logger.set_level(logging.DEBUG if cfg.debug_mode else logging.INFO)
    ai_name = ""
    system_prompt = construct_prompt()
    # 初始化變數
    full_message_history = []
    next_action_count = 0
    triggering_prompt = (
        "Determine which next command to use, and respond using the"
        " format specified above:"
    )
    memory = get_memory(cfg, init=True)
    logger.typewriter_log(
        f"Using memory of type:", Fore.GREEN, f"{memory.__class__.__name__}"
    )
    logger.typewriter_log(f"Using Browser:", Fore.GREEN, cfg.selenium_web_browser)
    agent = Agent(
        ai_name=ai_name,
        memory=memory,
        full_message_history=full_message_history,
        next_action_count=next_action_count,
        system_prompt=system_prompt,
```

```
            triggering_prompt=triggering_prompt,
    )
agent.start_interaction_loop()
```

上面這段程式是 autogpt 套件的主要指令稿。它從套件中的其他檔案匯入模組和類別，並定義一個主函數 main()。main() 函數的主要作用是初始化變數和物件，並在此過程中驗證 OpenAI API 金鑰、配置記憶體物件，以及實例化用於啟動互動迴圈的 Agent 物件。它還負責設置日誌等級，使我們能夠調整日誌輸出的詳細程度，並構造觸發特定操作的提示。

> 🔖 **提示** 留意兩個函數：construct_prompt() 與 agent.start_interaction_loop()，它們分別是建構提示詞和開始迴圈互動的重要函數，下文會重點介紹。

3. 使用 construct_prompt() 函數建構提示詞

在 prompt.py 中找到 construct_prompt() 函數。該函數會先載入當前使用者輸入的 ai_name、ai_role、ai_goals 等資訊，然後呼叫 config.construct_full_prompt() 函數傳回完整的提示詞，最後呼叫和它在同一個檔案中的 get_prompt() 函數獲取提示詞。核心程式如下：

```
def construct_prompt() -> str:
    """Construct the prompt for the AI to respond to

    Returns:
        str: The prompt string
    """
    config = AIConfig.load(CFG.ai_settings_file)
    if CFG.skip_reprompt and config.ai_name:
        logger.typewriter_log("Name :", Fore.GREEN, config.ai_name)
        logger.typewriter_log("Role :", Fore.GREEN, config.ai_role)
        logger.typewriter_log("Goals:", Fore.GREEN, f"{config.ai_goals}")
    elif config.ai_name:
        logger.typewriter_log(
            "Welcome back! ",
            Fore.GREEN,
            f"Would you like me to return to being {config.ai_name}?",
            speak_text=True,
        )
        should_continue = clean_input(
            f"""Continue with the last settings?
```

```
Name:  {config.ai_name}
Role:  {config.ai_role}
Goals: {config.ai_goals}
Continue (y/n): """
        )
        if should_continue.lower() == "n":
            config = AIConfig()

    if not config.ai_name:
        config = prompt_user()
        config.save(CFG.ai_settings_file)

    global ai_name
    ai_name = config.ai_name

    return config.construct_full_prompt()
```

上面這段程式定義了一個 construct_prompt() 函數，它用於構造一個 AI 響應的提示。它首先從檔案載入 AI 設定檔。

- 如果給 AI 設定檔設置了名稱，並且使用者選擇了「跳過重新提示」選項，則系統會記錄 AI 的名稱、角色和目標。

- 如果 AI 設定檔設置了名稱，但使用者沒有選擇「跳過重新提示」選項，則系統會詢問使用者是否沿用之前的設置。

- 如果使用者拒絕設置資訊，則它會建立一個新的 AI 設定檔。

- 如果 AI 設定檔沒有名稱，則它會提示使用者輸入名稱並將其儲存到設定檔中。

然後，該函數會將全域變數 ai_name 設置為設定檔中的名稱，並傳回根據配置設置建構的完整提示。

4. 透過 setup() 函數為 AI 命名並指定目標

setup() 函數主要有 3 個作用：獲取使用者輸入的 AI 名稱、獲取使用者輸入的 AI 角色、為 AI 輸入最多 5 個目標。其核心程式如下所示：

```
def prompt_user() -> AIConfig:
    """Prompt the user for input

    Returns:
        AIConfig: The AIConfig object containing the user's input
    """
```

```
ai_name = ""
# 建構提示詞
logger.typewriter_log(
    "Welcome to Auto-GPT! ",
    Fore.GREEN,
    "Enter the name of your AI and its role below. Entering nothing will load"
    " defaults.",
    speak_text=True,
)

# 獲取使用者輸入的 AI 名稱
logger.typewriter_log(
    "Name your AI: ", Fore.GREEN, "For example, 'Entrepreneur-GPT'"
)
ai_name = utils.clean_input("AI Name: ")
if ai_name == "":
    ai_name = "Entrepreneur-GPT"

logger.typewriter_log(
    f"{ai_name} here!", Fore.LIGHTBLUE_EX, "I am at your service.", speak_text=True
)

# 獲取使用者輸入的 AI 角色
logger.typewriter_log(
    "Describe your AI's role: ",
    Fore.GREEN,
    "For example, 'an AI designed to autonomously develop and run businesses with"
    " the sole goal of increasing your net worth.'",
)
ai_role = utils.clean_input(f"{ai_name} is: ")
if ai_role == "":
    ai_role = "an AI designed to autonomously develop and run businesses with the"
    " sole goal of increasing your net worth."

# 為 AI 輸入最多 5 個目標
logger.typewriter_log(
    "Enter up to 5 goals for your AI: ",
    Fore.GREEN,
    "For example: \nIncrease net worth, Grow Twitter Account, Develop and manage"
    " multiple businesses autonomously'",
)
print("Enter nothing to load defaults, enter nothing when finished.", flush=True)
ai_goals = []
for i in range(5):
    ai_goal = utils.clean_input(f"{Fore.LIGHTBLUE_ EX}Goal{Style.RESET_ALL}
```

```
{i+1}: ")
        if ai_goal == "":
            break
        ai_goals.append(ai_goal)
    if not ai_goals:
        ai_goals = [
            "Increase net worth",
            "Grow Twitter Account",
            "Develop and manage multiple businesses autonomously",
        ]

    return AIConfig(ai_name, ai_role, ai_goals)
```

至此，我們就搞清楚了 AutoGPT 是如何初始化使用者設置和啟動程式的。

5. 使用 get_relevant() 函數儲存並查詢向量資料

在 memory 目錄下的 local.py 檔案中定義了一個 get_relevant() 函數，它接收兩個參數（一個字串 text 和一個整數 k），並傳回一個文字列表，其中，前 *k* 個文字與輸入文字最相關。

該函數首先為輸入文字建立一個嵌入向量，然後計算嵌入矩陣中每一行與輸入文字的嵌入向量的點積，之後找到前 *k* 個最大分數的索引，並傳回與這些索引相對應的文字。其核心程式如下：

```
def get_relevant(self, text: str, k: int) -> list[Any]:
    """ "
    matrix-vector mult to find score-for-each-row-of-matrix
     get indices for top-k winning scores
     return texts for those indices
    Args:
        text: str
        k: int

    Returns: List[str]
    """
    embedding = create_embedding_with_ada(text)

    scores = np.dot(self.data.embeddings, embedding)

    top_k_indices = np.argsort(scores)[-k:][::-1]

    return [self.data.texts[i] for i in top_k_indices]
```

　　AutoGPT 透過儲存對話的上下文，找到全部歷史資訊中最近 k 個（預設值為 10）關鍵上下文組成下一次搜尋的上下文。比如，LocalCache 就是透過 ada 演算法（目標是將一組弱分類器結合起來形成一個強分類器）來實現 Top K 搜尋的。

6. 呼叫 get_memory () 函數獲取「長 / 短時記憶」

　　在 __init__.py 檔案中，還需要關注 get_memory() 函數。它接收一個配置物件 cfg 和一個布林值 init 作為參數。它將變數 memory 初始化為 None，然後檢查 cfg.memory_backend 的值，以確定要使用的資料庫類型。

```python
def get_memory(cfg, init=False):
    memory = None
    if cfg.memory_backend == "pinecone":
        if not PineconeMemory:
            print(
                "Error: Pinecone is not installed. Please install pinecone"
                " to use Pinecone as a memory backend."
            )
        else:
            memory = PineconeMemory(cfg)
            if init:
                memory.clear()
    elif cfg.memory_backend == "redis":
        if not RedisMemory:
            print(
                "Error: Redis is not installed. Please install redis-py to"
                " use Redis as a memory backend."
            )
        else:
            memory = RedisMemory(cfg)
    elif cfg.memory_backend == "weaviate":
        if not WeaviateMemory:
            print(
                "Error: Weaviate is not installed. Please install weaviate-client to"
                " use Weaviate as a memory backend."
            )
        else:
            memory = WeaviateMemory(cfg)
    elif cfg.memory_backend == "milvus":
        if not MilvusMemory:
            print(
                "Error: Milvus sdk is not installed."
```

```
                "Please install pymilvus to use Milvus as memory backend."
            )
        else:
            memory = MilvusMemory(cfg)
    elif cfg.memory_backend == "no_memory":
        memory = NoMemory(cfg)

    if memory is None:
        memory = LocalCache(cfg)
        if init:
            memory.clear()
    return memory
```

在上面的程式中，如果記憶體中資料庫使用的是「pinecone」、「redis」、「weaviate」或「milvus」，則會實例化適當的記憶體類別（如 PineconeMemory(cfg)）並分配給記憶體。如果 init 為 True，則對記憶體物件呼叫 clear() 方法。如果未指定記憶體中資料庫，則使用本地記憶體（即 LocalCache）。最後傳回記憶體物件。

7. 借助 start_interaction_loop() 函數實現迴圈互動

AutoGPT 是如何與使用者進行互動的呢？我們開啟 agent 目錄，找到 agent.py 檔案，其中定義了 start_interaction_loop() 函數：

```
def start_interaction_loop(self):
    # 互動迴圈
    cfg = Config()
    loop_count = 0
    command_name = None
    arguments = None
    user_input = ""

    while True:
        # 如果達到連續限制則停止
        loop_count += 1
        if (
            cfg.continuous_mode
            and cfg.continuous_limit > 0
            and loop_count > cfg.continuous_limit
        ):
            logger.typewriter_log(
             "Continuous Limit Reached: ", Fore.YELLOW, f"{cfg.continuous_limit}"
            )
```

```python
            break

        # 向 AI 發送訊息，得到回應
        with Spinner("Thinking... "):
            assistant_reply = chat_with_ai(
                self.system_prompt,
                self.triggering_prompt,
                self.full_message_history,
                self.memory,
                cfg.fast_token_limit,
            )

        assistant_reply_json = fix_json_using_multiple_techniques(assistant_reply)

        # 列印幫手的想法
        if assistant_reply_json != {}:
            validate_json(assistant_reply_json, "llm_response_format_1")
            # 獲取命令名稱和參數
            try:
                print_assistant_thoughts(self.ai_name, assistant_reply_json)
                command_name, arguments = get_command(assistant_reply_json)
                command_name, arguments = assistant_reply_json_valid["command"]
["name"], assistant_reply_json_valid["command"]["args"]
                if cfg.speak_mode:
                    say_text(f"I want to execute {command_name}")
            except Exception as e:
                logger.error("Error: \n", str(e))

        if not cfg.continuous_mode and self.next_action_count == 0:
            ### 獲取使用者授權以執行命令 ###
            # 提示使用者按 Enter 鍵繼續
            logger.typewriter_log(
                "NEXT ACTION: ",
                Fore.CYAN,
                f"COMMAND = {Fore.CYAN}{command_name}{Style.RESET_ALL}  "
                f"ARGUMENTS = {Fore.CYAN}{arguments}{Style.RESET_ALL}",
            )
            print(
                "Enter 'y' to authorise command, 'y -N' to run N continuous "
                "commands, 'n' to exit program, or enter feedback for "
                f"{self.ai_name}...",
                flush=True,
            )
```

```python
        # 列印命令
        logger.typewriter_log(
            "NEXT ACTION: ",
            Fore.CYAN,
            f"COMMAND = {Fore.CYAN}{command_name}{Style.RESET_ALL}"
            f"  ARGUMENTS = {Fore.CYAN}{arguments}{Style.RESET_ALL}",
        )

    # 執行命令
    if command_name is not None and command_name.lower().startswith("error"):
        result = (
            f"Command {command_name} threw the following error: {arguments}"
        )
    elif command_name == "human_feedback":
        result = f"Human feedback: {user_input}"
    else:
        result = (
            f"Command {command_name} returned: "
            f"{execute_command(command_name, arguments)}"
        )
        if self.next_action_count > 0:
            self.next_action_count -= 1

    memory_to_add = (
        f"Assistant Reply: {assistant_reply} "
        f"\nResult: {result} "
        f"\nHuman Feedback: {user_input} "
    )

    self.memory.add(memory_to_add)

    # 檢查命令是否有結果，如有則將其附加到訊息中
    if result is not None:
        self.full_message_history.append(create_chat_ message("system", result))
        logger.typewriter_log("SYSTEM: ", Fore.YELLOW, result)
    else:
        self.full_message_history.append(
            create_chat_message("system", "Unable to execute command")
        )
        logger.typewriter_log(
            "SYSTEM: ", Fore.YELLOW, "Unable to execute command"
        )
```

以上程式比較長，讀者只需要關注註釋部分的解釋即可。值得注意的是，大部分程式是處理邏輯和迴圈，核心程式是 chat_with_ai() 函數，它決定了如何把使用者舉出的目標（Goal）分解成一個個命令（Commond），如以下程式所示：

```
# 將訊息發送到 AI，並獲取回饋
with Spinner("Thinking... "):
    assistant_reply = chat_with_ai(
        self.system_prompt,
        self.triggering_prompt,
        self.full_message_history,
        self.memory,
        cfg.fast_token_limit,
    )
```

簡單解釋一下，system_prompt 和 triggering_prompt 是傳遞給 AI 的提示詞（Prompt）；full_message_history 是使用者和 AI 之間發送的所有訊息的列表；memory 是包含永久記憶的記憶體物件；fast_token_limit 是在 API 呼叫中允許的最大權杖數。

在此處就不深入講解 chat_with_ai() 函數了。該函數與 OpenAI API 互動，以生成對使用者輸入的回應。此外，該函數接收提示詞、使用者輸入、使用者和 AI 互動的所有訊息歷史、永久記憶物件及權杖限制等參數。在收到這些輸入後，該函數會生成上下文，然後將該上下文連同使用者輸入一同傳送到 OpenAI API，以生成相應的回應。最後，這個回應將被增加到訊息歷史記錄中，並返給呼叫函數。

> **提示** 在上段程式中還包含一些有關權杖和速率的限制邏輯，以確保 API 呼叫不會超出設定的限制。

8.1.6 AutoGPT 現階段的「不完美」

由於 AutoGPT 擴大了自己的應用範圍，包括檔案操作、網頁瀏覽和資料檢索等，因此很容易給讀者造成一種錯誤認知——AutoGPT 是「無所不能」的。

事實上，AutoGPT 現階段並不完美，下面具體說明。

1. AutoGPT 的優缺點

（1）優點。

①基於向量資料庫，AutoGPT 能夠保留上下文，並做出更好的決策。此外，它可以回顧以前的工作，在以前的基礎上再接再厲，並利用歷史記錄來產生更準確的結果。

② AutoGPT 因為具有檔案操作、網頁瀏覽和資料檢索等功能，從而可以處理更廣泛的任務。

③對本地機器的硬體條件要求不高，使用者本地部署它很便捷，可以不斷試錯和驗證。

（2）缺點。

①不夠靈活，對多技術堆疊的支援有欠缺。舉例來說，AutoGPT 本身是基於 Python 語言的，因此它對於其他語言的任務會出現語言轉換的異常（表現在「語言理解」和「轉換語法」上）。

②成本高昂。平均而言，AutoGPT 完成一項小任務需要 50 個 Step。按照推算，完成單一任務的成本（提示成本 + 結果成本）就是：50 個 Step×0.288 美金 /Step = 14.4 美金。

③ AutoGPT 無法將操作鏈上的任務序列化作為可重用的功能。因此，使用者在每次解決問題時，都必須從頭開發任務鏈。也正是因為這一點，導致它無法被投入實際的生產工作。

2. AutoGPT 的局限性

使用者在每次解決問題時都必須從頭開發，不僅費時費力，還費錢。這種低下的效率引發了對於 AutoGPT 在現實世界生產環境中實用性的質疑，也突顯了 AutoGPT 在為大型問題解決提供可持續、經濟有效的解決方案方面的局限性。

就在 AutoGPT 專案在 GitHub 社區突破 10 萬顆星之際（2023 年 4 月 24 日），OpenAI 也放出重磅炸彈，其聯合創始人 Greg Brockman 親自演示了 ChatGPT 即將上線的新功能。這些新功能包括描述並生成圖片、在聊天介面中直接操作使用者購物車、自主發推特等。此外，聯網能力的加入，可以讓其自動對回答進行事實核心驗證。

是不是很眼熟？ ChatGPT 推出了官方版本的 AutoGPT，將會再次把 AutoGPT 推向高潮。期望在未來的某天，我們迎來「完美」的 AutoGPT，讓 AI 協作變得經濟、便捷又可靠。

8.2 利用大型語言模型作為控制器的 HuggingGPT 系統

HuggingGPT 是一個能夠理解和回應人類輸入的聊天機器人，它可以進行對話、提供資訊和解答問題。更為強大的是，它可以基於先前的對話訓練，並透過閱讀大量的文字資料來學習語言的語法、上下文和語義，然後使用這些「學習」來生成有關使用者輸入的合理回應。

為了處理複雜的 AI 任務，大型語言模型（Large Language Model，LLM）需要與外部 AI 模型協調，以利用它們的能力。因此，HuggingGPT 引入了一個概念「語言是大型語言模型連接外部 AI 模型的通用介面」：透過將外部 AI 模型的描述資訊融入提示詞中，大型語言模型可以被視為管理外部 AI 模型的「大腦」，能夠呼叫外部 AI 模型來解決 AI 任務。

HuggingGPT 的主要目標是，利用大型語言模型（如 ChatGPT）作為控制器來管理和連接各種現有的人工智慧模型（如 Hugging Face 社區中的模型），以解決複雜的 AI 任務。它依賴於使用者輸入和語言介面，然後根據任務要求執行子任務，並進行結果總結。

8.2.1 HuggingGPT 和 Hugging Face 的關係

我們先來介紹 HuggingGPT 和 Hugging Face 的關係。

1. HuggingGPT 是 Hugging Face 提供的具體應用

Hugging Face 是一個開放原始碼社區，致力於推動自然語言處理（NLP）技術的發展。它提供了一個名為 Transformers 的開放原始碼函式庫，其中包含各種預訓練的語言模型，如 GPT、BERT、RoBERTa 等。這些模型可以用於文字生成、情感分析、命名實體辨識等多種自然語言處理任務。

HuggingGPT 是 Hugging Face 社區中的一種模型，它是基於 GPT 模型的聊天機器人。HuggingGPT 是 Transformers 函式庫中的一部分，它使用了 GPT 模型的變種，經過預訓練和微調，具備了對話和回答問題的能力。因此，HuggingGPT 可以被視為 Hugging Face 社區提供的一種具體應用。

Hugging Face 社區提供了易於使用的工具和教學，使開發者能夠使用預訓練的語言模型進行自然語言處理任務。開發者可以透過 Transformers 函式庫載入、訓練和微調模型，也可以透過 Hugging Face 社區的 Model Hub 平臺分享和下載模型。

2. HuggingGPT 與 Hugging Face 社區互動過程

HuggingGPT 的主要目標是利用大型語言模型（如 ChatGPT）作為控制器來管理和連接各種現有的人工智慧模型（如 Hugging Face 社區中的模型），以解決複雜的 AI 任務。那麼，HuggingGPT 與 Hugging Face 社區之間是如何進行互動的呢？

（1）獲取 HuggingGPT 模型。

開發者透過存取 Hugging Face 社區的 Model Hub 平臺，可以找到並下載預訓練的 HuggingGPT 模型。Model Hub 平臺提供了各種語言模型的儲存庫，我們可以選擇適合特定任務的模型。

（2）使用 Transformers 函式庫載入模型。

使用者使用 Hugging Face 社區的 Transformers 函式庫，可以輕鬆地將 HuggingGPT 模型載入到程式中。Transformers 提供了方便的 API 和工具，使得模型的載入和使用變得簡單。

（3）進行對話和回答問題。

一旦載入了 HuggingGPT 模型，使用者可以使用模型的 generate() 函數來與其進行對話。通常情況下，使用者的輸入資訊會被傳遞給模型，從而生成一個回答，並將其結果傳回。使用者可以循環這個過程實現一個基本的聊天互動。

（4）微調和自訂模型。

Hugging Face 社區的 Transformers 函式庫還提供了微調和自訂模型的功能，使用者可以使用自己的資料集對預訓練的模型進行微調，以適應特定的任務或領域。

（5）貢獻和共用模型。

我們在享受 Hugging Face 社區提供的大型模型便利的同時，也可以將自己訓練的模型或微調的模型分享到 Model Hub 上供其他開發者使用和參考。這可以促進模型的改進和共用。

8.2.2　快速體驗 HuggingGPT 系統

下面透過一些簡單的應用來快速體驗 HuggingGPT 系統。

（1）開啟 Hugging Face 社區官方體驗位址（具體位址見本書書附資源）。

（2）熟悉頁面結構，如圖 8-15 所示。

▲ 圖 8-15 HuggingGPT 線上體驗頁面

（3）在上方的輸入框中分別填入 OpenAI Key（可在 OpenAI 平臺申請）和 Hugging Face Token（可在 Hugging Face 平臺申請，下文會重點介紹）。

（4）在「使用者輸入」部分，嘗試輸入提示詞（Prompt），然後按一下 Send 按鈕。此處為了便捷，我們輸入「範例」部分的提示詞，如圖 8-16 所示。

讀者也可以換一些提示詞來探索 HuggingGPT 的強大能力。

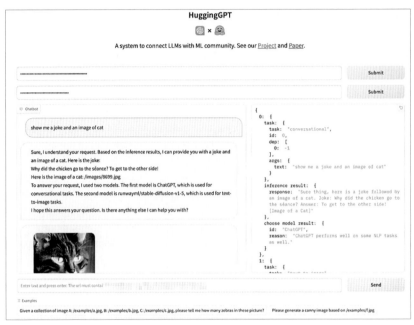

▲ 圖 8-16 HuggingGPT 使用演示

8.2.3 在本地執行 HuggingGPT

很多企業選擇將 HuggingGPT 開原始程式碼部署在本地以獲得最佳體驗。接下來，我們將在本地部署並執行 HuggingGPT，讀者可以按照步驟完成 HuggingGPT 的本地私有化部署。

1. 下載 HuggingGPT 原始程式

HuggingGPT 在 GitHub 上對應的專案名稱為 JARVIS，該專案是由微軟開放原始碼的。

> 📢 **提示** JARVIS 是一個在漫威電影《鋼鐵人》中出現的虛構人工智慧專案，由東尼·斯塔克（鋼鐵人）開發。JARVIS 代表「Just A Rather Very Intelligent System」（只是一個相當智慧的系統），它是一個個性化的智慧助理，為東尼·斯塔克提供各種服務和支援。

將 JARVIS 複製到本地，詳見本書書附資源。

下載完程式之後，我們可以看到以下的目錄結構：

```
├── CITATION.cff
├── CODE_OF_CONDUCT.md
├── …
├── SUPPORT.md
├── assets
│   ├── overview.jpg
│   ├── prompt_flow.jpg
│   ├── screenshot_a.jpg
│   └── screenshot_q.jpg
├── server
│   ├── awesome_chat.py
│   ├── configs
│   ├── data
│   ├── demos
│   ├── …
│   ├── overview.jpg
│   ├── prompt_flow.jpg
│   ├── screenshot_a.jpg
│   └── screenshot_q.jpg
└── web
    ├── electron
    ├── env.d.ts
    ├── index.html
    ├── …
    ├──overview.jpg
    ├── prompt_flow.jpg
    ├── screenshot_a.jpg
    ├── screenshot_q.jpg

12 directories, 26 files
```

我們只需要關注以下 3 個資料夾。

- server：存放伺服器端的程式。啟動後，使用者可以存取由 JARVIS 的提供的 Web API。

- web：提供了一個網頁。在伺服器模式下啟動 awesome_chat.py 後，使用者可以在該網頁中執行命令與 JARVIS 通訊。

- assets：存放靜態資源，如圖片、音訊、視訊等。

2. 明確系統組態要求

　　由於 HuggingGPT 需要執行大量的模型態資料，因此對電腦硬體有較高的要求。

　　（1）作業系統要選擇 Ubuntu 16.04 LTS（長期支援版）。

　　（2）顯示記憶體（VRAM）要大於或等於 24GB。

　　（3）記憶體（RAM）通常有 3 種選擇，即：12GB（最小要求），16GB（標準配置），80GB（完整配置）。建議記憶體為 16GB 及以上，避免因為記憶體不足導致程式執行失敗。

　　（4）硬碟可用空間要大於 284GB。

　　硬碟用於存放模型態資料，儘量留一些容錯空間，避免模型態資料缺失，以及部分相依無法安裝。

3. 安裝相關相依

　　接下來安裝相關相依。

　　（1）伺服器端準備。

```
# 設置環境
cd server
# 建立新的 Python 環境並指定版本為 3.8
conda create -n jarvis python=3.8

# 啟動、進入 JARVIS 環境
conda activate jarvis
conda install pytorch torchvision torchaudio pytorch-cuda=11.7 -c pytorch -c nvidia
pip install -r requirements.txt

# 下載模型，確保安裝了 git-lfs。
cd models
bash download.sh

# 執行伺服器
cd ..
# 當 inference_mode 被設置為 local 或 hybrid 時，需要進行相應的配置
python models_server.py --config configs/config.default.yaml

# 調配 text-davinci-003
python awesome_chat.py --config configs/config.default.yaml --mode server
```

在服務正常啟動後，我們可以透過 Web API 存取 JARVIS 的服務。

- /hugginggpt --method POST，存取完整服務。
- /tasks --method POST，存取 Stage #1（任務規劃）的中間結果。
- /results --method POST，存取 Stage #1 至 Stage #3（任務規劃、模型選擇、任務執行）的中間結果。

舉個例子：

```
# 請求
curl --location 'http://localhost:8004/tasks' \
--header 'Content-Type: application/json' \
--data '{
    "messages": [
        {
            "role": "user",
            "content": "based on pose of /examples/d.jpg and content of /examples/
e.jpg, please show me a new image"
        }
    ]
}'

# 回應
[{"args":{"image":"/examples/d.jpg"},"dep":[-1],"id":0,"task":"openpose-control"},
{"args":{"image":"/examples/e.jpg"},"dep":[-1],"id":1,"task":"image-to-text"},{"args
":{"image":"<GENERATED>-0","text":"<GENERATED>-1"},"dep":[1,0],"id":2,"task":"openp
ose-text-to-image"}]
```

安裝相依的過程如圖 8-17 所示，請確保每個模組都正常安裝。

```
Collecting datasets==2.11.0
  Downloading datasets-2.11.0-py3-none-any.whl (468 kB)
                                ──────────── 468.7/468.7 kB 59.2 kB/s eta 0:00:00
Collecting asteroid==0.6.0
  Downloading asteroid-0.6.0-py3-none-any.whl (246 kB)
                                ──────────── 246.3/246.3 kB 78.4 kB/s eta 0:00:00
Collecting speechbrain==0.5.14
  Downloading speechbrain-0.5.14-py3-none-any.whl (519 kB)
                                ──────────── 519.0/519.0 kB 74.2 kB/s eta 0:00:00
Collecting timm==0.6.13
  Downloading timm-0.6.13-py3-none-any.whl (549 kB)
                                ──────────── 549.1/549.1 kB 94.3 kB/s eta 0:00:00
Collecting typeguard==2.13.3
  Downloading typeguard-2.13.3-py3-none-any.whl (17 kB)
Collecting accelerate==0.18.0
  Downloading accelerate-0.18.0-py3-none-any.whl (215 kB)
                                ──────────── 215.3/215.3 kB 64.6 kB/s eta 0:00:00
Collecting pytesseract==0.3.10
  Downloading pytesseract-0.3.10-py3-none-any.whl (14 kB)
Collecting gradio==3.24.1
  Downloading gradio-3.24.1-py3-none-any.whl (15.7 MB)
                                ──────────── 13.7/15.7 MB 47.9 kB/s eta 0:00:43
```

▲ 圖 8-17　安裝相依

接下來是模型的下載過程（下載命令為：bash download.sh），過程比較慢，讀者耐心等待執行即可。

模型數量較多（大概 27 個），並且每個檔案都比較大，該過程需要確保網路暢通。

（2）Web 端準備。

在伺服器模式下啟動 awesome_chat.py 後，使用者就可以在瀏覽器中執行命令與 JARVIS 進行通訊了。

接下來就可以開始著手準備 Web 端環境了。HuggingGPT 提供了一個對使用者友善的操作介面，讀者只需要按照以下步驟進行即可：

- 安裝 Node.js（一個開放原始碼的、跨平臺的 JavaScript 執行時期環境，它讓開發者可以在伺服器端執行 JavaScript 程式）和 NPM（Node Package Manager，一個用於 Node.js 套件的預設套件管理器）。

- 如果使用者在另一台機器上執行 Web 使用者端，則需要將 http://{LAN_IP_of_the_ server}:{port} 設置為 web/src/config/index.ts 的 HUGGINGGPT_BASE_ URL。

- 如果要使用視訊生成功能，則需要使用 H.264（一種視訊壓縮標準）手動編譯 FFmpeg（一個可以用來記錄、轉換數位音訊、視訊，並能將其轉化為串流的開放原始碼電腦程式）。

具體的操作命令如下所示：

```
cd web
npm install
npm run dev

# 可選：安裝 FFmpeg
# 此命令需要無錯誤地執行
LD_LIBRARY_PATH=/usr/local/lib /usr/local/bin/ffmpeg -i input.mp4 -vcodec libx264
output.mp4
```

4. 準備重要配置資訊

在執行 HuggingGPT 之前需要準備 OpenAI Key 和 Hugging Face Token，在「server/configs」目錄下的 config.default.yaml 檔案中書附它們，如圖 8-18 所示。

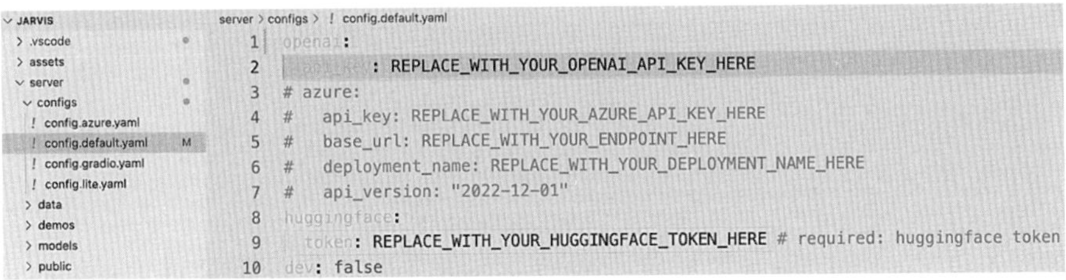

▲ 圖 8-18 配置 OpenAI Key 和 Hugging Face Token

（1）申請 OpenAI Key。

在讀者註冊完 OpenAI 帳號後，存取本書書附資源中的位址來申請。申請過程如圖 8-19 所示。

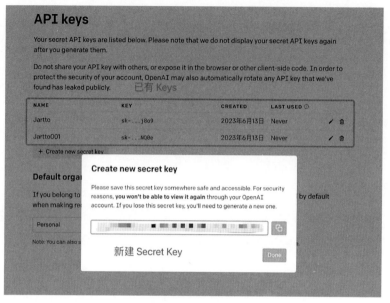

▲ 圖 8-19 申請過程

（2）申請 Hugging Face Token。

需要先在 Hugging Face 官網註冊帳號，然後才能存取設置選單（Setting）中的 Access Tokens 子功能表，如圖 8-20 所示。

▲ 圖 8-20 申請 Hugging Face Token

5. 執行 HuggingGPT

在伺服器模式下啟動 awesome_chat.py 後，使用者可以啟動 Web 端使用者介面（在 Web 目錄下執行 npm run dev 命令），這樣就可以在瀏覽器中執行命令與 JARVIS 進行通訊了，如圖 8-21 所示。

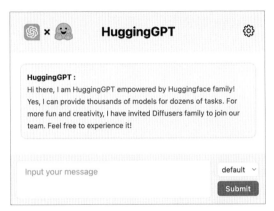

▲ 圖 8-21 HuggingGPT 的使用者介面

介面很簡潔，操作也比較直觀。這裡就不再演示了。

6. 異常自查

（1）Node.js 版本過低。

如果碰到以下異常，則可能是 Node.js 版本過低導致的。可以切換至高版本，如 16.18.1 版本。

```
/Users/jartto/Documents/Project/JARVIS/web/node_modules/esbuild/install.js:154
    } catch {
          ^

SyntaxError: Unexpected token {
    at createScript (vm.js:80:10)
    at Object.runInThisContext (vm.js:139:10)
    at Module._compile (module.js:599:28)
    at Object.Module._extensions..js (module.js:646:10)
    at Module.load (module.js:554:32)
    at tryModuleLoad (module.js:497:12)
    at Function.Module._load (module.js:489:3)
    at Function.Module.runMain (module.js:676:10)
    at startup (bootstrap_node.js:187:16)
    at bootstrap_node.js:608:3
}
```

（2）顯示出錯「command not found: conda」。

出現這種顯示出錯資訊，說明本地並沒有安裝 Anaconda，可以從其官網下載。

（3）安裝模組時提示「TimeoutError: The read operation timed out」。

在下載模組的過程中經常會出現逾時異常（TimeoutError），如圖 8-22 所示，一般是因為網路原因或檔案過大導致的。

```
Downloading torch-2.0.1-cp310-none-macosx_10_9_x86_64.whl (143.4 MB)
                    49.5/143.4 MB 3.3 MB/s eta 0:00:29
ERROR: Exception:
Traceback (most recent call last):
  File "/Users/jartto/anaconda3/lib/python3.10/site-packages/pip/_vendor/urllib3/response.py", line 437, in _error_catcher
    yield
  File "/Users/jartto/anaconda3/lib/python3.10/site-packages/pip/_vendor/urllib3/response.py", line 560, in read
    data = self._fp_read(amt) if not fp_closed else b""
  File "/Users/jartto/anaconda3/lib/python3.10/site-packages/pip/_vendor/urllib3/response.py", line 526, in _fp_read
    return self._fp.read(amt) if amt is not None else self._fp.read()
  File "/Users/jartto/anaconda3/lib/python3.10/site-packages/pip/_vendor/cachecontrol/filewrapper.py", line 90, in read
    data = self.__fp.read(amt)
  File "/Users/jartto/anaconda3/lib/python3.10/http/client.py", line 465, in read
    s = self.fp.read(amt)
  File "/Users/jartto/anaconda3/lib/python3.10/socket.py", line 705, in readinto
    return self._sock.recv_into(b)
  File "/Users/jartto/anaconda3/lib/python3.10/ssl.py", line 1274, in recv_into
    return self.read(nbytes, buffer)
  File "/Users/jartto/anaconda3/lib/python3.10/ssl.py", line 1130, in read
    return self._sslobj.read(len, buffer)
TimeoutError: The read operation timed out
```

▲ 圖 8-22　在下載模組過程中出現逾時異常

（4）git-lfs 異常——「'lfs' is not a git command. See 'git --help'」。

如果出現該異常（如圖 8-23 所示），則要先安裝 git-lfs（Git Large File Storage，是 Git 的一款擴充工具，用於改善大檔案，如音訊、視訊、資料集等），否則後續步驟會持續顯示出錯。

```
The most similar command is
        log
----- Downloading from ████████████████████sets/Matthijs/cmu-arctic-xvectors -----
hint: Pulling without specifying how to reconcile divergent branches is
hint: discouraged. You can squelch this message by running one of the following
hint: commands sometime before your next pull:
hint:
hint:   git config pull.rebase false  # merge (the default strategy)
hint:   git config pull.rebase true   # rebase
hint:   git config pull.ff only       # fast-forward only
hint:
hint: You can replace "git config" with "git config --global" to set a default
hint: preference for all repositories. You can also pass --rebase, --no-rebase,
hint: or --ff-only on the command line to override the configured default per
hint: invocation.
Already up to date.
git: 'lfs' is not a git command. See 'git --help'.
```

▲ 圖 8-23　git-lfs 異常

　　讀者可以使用 Homebrew（一款開放原始碼的軟體套件管理系統，它能夠簡化在 macOS 上安裝軟體的過程）快速安裝 git-lfs，如下：

```
brew install git-lfs
```

　　安裝過程如圖 8-24 所示。

```
(base) → server git:(main) x brew install git-lfs
==> Fetching git-lfs
Downloading ████████ ██████ ███████ homebrew-bottles/bottles/git-lfs-3.3.0.big_sur.bottle.tar.gz
############################################################### 100.0%
==> Pouring git-lfs-3.3.0.big_sur.bottle.tar.gz
==> Caveats
Update your git config to finish installation:

  # Update global git config
  $ git lfs install

  # Update system git config
  $ git lfs install --system
==> Summary
🍺  /usr/local/Cellar/git-lfs/3.3.0: 76 files, 12.8MB
==> Running `brew cleanup git-lfs`...
Disable this behaviour by setting HOMEBREW_NO_INSTALL_CLEANUP.
Hide these hints with HOMEBREW_NO_ENV_HINTS (see `man brew`).
==> `brew cleanup` has not been run in the last 30 days, running now...
Disable this behaviour by setting HOMEBREW_NO_INSTALL_CLEANUP.
Hide these hints with HOMEBREW_NO_ENV_HINTS (see `man brew`).
Removing: /Users/jartto/Library/Caches/Homebrew/gnuplot_bottle_manifest--5.4.2... (29.5KB)
Removing: /Users/jartto/Library/Caches/Homebrew/lua--5.4.3... (261.0KB)
Removing: /Users/jartto/Library/Caches/Homebrew/qt@5--5.15.2... (130.6MB)
Removing: /Users/jartto/Library/Caches/Homebrew/lua_bottle_manifest--5.4.3-2... (7.5KB)
Removing: /Users/jartto/Library/Caches/Homebrew/gnuplot--5.4.2... (1MB)
Removing: /Users/jartto/Library/Caches/Homebrew/qt@5_bottle_manifest--5.15.2-1... (26.8KB)
Removing: /Users/jartto/Library/Caches/Homebrew/libcerf_bottle_manifest--1.17... (7.2KB)
Removing: /Users/jartto/Library/Caches/Homebrew/libcerf--1.17... (42KB)
Removing: /Users/jartto/Library/Logs/Homebrew/python@3.9... (2 files, 2.4KB)
```

▲ 圖 8-24 透過 Homebrew 安裝 git-lfs

📖 **提示**　如果讀者「先安裝模型，後安裝 git-lfs」，則需要重新安裝模型（執行 bash download.sh 命令）。

8.2.4 HuggingGPT 底層技術揭秘

　　讀者在成功執行 HuggingGPT 後，一定會被它的「魔力」所吸引。HuggingGPT 底層技術是怎樣的呢？下面具體介紹。

1. HuggingGPT 架構全景

　　官方給的 HuggingGPT 架構全景的簡化版如圖 8-25 所示。

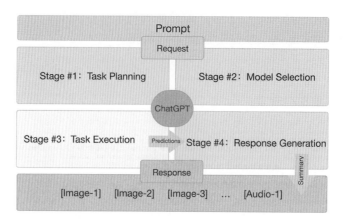

▲ 圖 8-25 HuggingGPT 架構全景的簡化版

下面將對核心步驟說明。

- Request：使用者提出明確的請求（Prompt）並發送請求給 HuggingGPT。

  ➤ Stage #1 Task Planning（任務規劃）：HuggingGPT 借助 ChatGPT 分析使用者請求，洞悉其需求，並將使用者需求細化為多個小任務（稱為「任務解析」）。在此過程中，HuggingGPT 會明確任務間的依賴關係與執行順序。同時，HuggingGPT 與使用者間的聊天內容會儲存在「資源歷史」中以便後續查閱。

  ➤ Stage #2 Model Selection（模型選擇）：為解決 Stage #1 中規劃的任務，HuggingGPT 透過「任務 - 模型」匹配機制，為每個任務挑選出最合適的模型。這類似做單項選擇題。為確保模型選擇的準確性，HuggingGPT 依據下載次數將模型排序，進而實現 Top-K 精選。

  ➤ Stage #3 Task Execution（任務執行）：HuggingGPT 會呼叫 Stage #2 中選定的模型執行任務，並將結果返給 ChatGPT。為提高效率，HuggingGPT 能並行執行多個模型，此時多個模型間不共用資源。舉例來說，在使用者請求生成貓圖片和斑馬圖片後，生成貓圖片的模型和生成斑馬圖片的模型可並行執行。但在串列執行多個模型時，模型間可以共用資源，此時 HuggingGPT 透過 <resource> 屬性來有效管理資源的使用，確保資源得到合理分配。

➤ Stage #4 Response Generation（生成回應）：HuggingGPT 整合所有模型的推理結果，透過 ChatGPT 生成清晰、結構化的回應結果。

• Response：將 Stage #4 中的回應結果傳回使用者端呈現給使用者。

2. HuggingGPT 原始程式實現

為了避免過於枯燥地解讀 HuggingGPT 原始程式，下面將從 4 個核心流程切入。

（1）任務規劃。

複雜的請求往往涉及多個任務，大型語言模型是如何確定這些任務的依賴關係和執行順序的呢？

▬ **提示**　為了引導大型語言模型進行有效的任務規劃，HuggingGPT 在其提示設計中同時採用了基於標準的指令和基於演示的解析這兩種方法。

舉個例子來說明：

```
# 範例一：看看 /exp1.jpg，你能告訴我圖片中有多少個物體嗎？
Look at /exp1.jpg, Can you tell me how many objects in the picture?
```

我們可以看到，在範例一中需求被細分為兩個任務：image-to-text（圖轉文）和 object-detection（物體辨識），如以下程式所示：

```
[
    {
        "task": "image-to-text",
        "id": 0, "dep": [-1],
        "args": {"image": "/exp1.jpg"}
    },
{
        "task": "object-detection",
        "id": 0,
        "dep": [-1],
        "args": {"image": "/exp1.jpg" }
}
]
```

不同的使用者問題，複雜度是不一樣的，因此會有不同的解析結果。例如以下使用者問題：

```
# 範例二：在 /exp2.jpg 中，動物是什麼，它在做什麼？
In /exp2.jpg, what's the ani- mal and what's it doing?
```

該範例既要讀懂圖片，又要進行分類，還要解釋「做什麼」。因此，需求被細化為 4 個任務：image-to-text（圖轉文）、image-classification（影像分類）、visual-question-answering（視覺問答），以及 object-detection（物體辨識），如以下程式所示：

```
[
  {
    "task": "image-to-text",
    "id": 0, "dep":[-1],
    "args": {"image": "/exp2.jpg" }
  },
  {
    "task":"image-classification",
    "id": 1, "dep": [-1],
    "args": {"image": "/exp2.jpg" }
  },
  {
    "task":"object-detection",
    "id": 2,
    "dep": [-1],
    "args": {"image": "/exp2.jpg" }
  },
  {
    "task": "visual- question-answering",
    "id": 3,
    "dep":[-1],
    "args": {"text": "What's the animal doing?",
    "image": "/exp2.jpg" }
}]
```

（2）模型選擇。

為了執行預定的任務，HuggingGPT 首先從 Hugging Face 社區獲取模型的詳細描述，然後透過一種獨特的「上下文任務與模型的動態分配」機制，為當前任務選擇最調配的模型。這種方法實現了模型的漸進式存取（只需要提供模型的描述），從而更加開放和靈活。

在具體操作中，HuggingGPT 會先依據任務的類型篩選模型，僅保留那些與當前任務匹配的模型；然後會參照各模型在 Hugging Face 社區的下載量進行排序，從前 K 名模型中選取最佳的模型作為 HuggingGPT 的備選模型，以進行後續的選擇。

通常情況下，模型中會儲存一些介面的基本資訊，如以下程式所示：

```
# 模型舉例：/server/data/p0_models.jsonl
{
"downloads": 1677372,
"id": "ProsusAI/finbert",
"likes": 186,
"pipeline_tag": "text-classification",
"task": "text-classification",
"meta": {"language": "en", "tags": ["financial-sentiment-analysis", "sentiment-
analysis"], "widget": [{"text": "Stocks rallied and the British pound gained."}]},
"description": "nnFinBERT is a pre-trained NLP model to analyze sentiment of
financial text. It is built by further training the BERT language model in the
finance domain, using a large financial corpus and thereby fine-tuning it for financial
sentiment classification.on Medium.nnThe model will give softmax outputs for three
labels: positive, negative or neutral.nn"
}
```

（3）任務執行。

在此階段，HuggingGPT 呼叫並執行所有選定的模型，並將結果回饋給 ChatGPT。一旦任務被指派給特定模型，則下一步就是任務執行（即模型進行推理計算）。

為了最佳化計算速度並保持計算的穩定性，HuggingGPT 會選擇在混合推理端點上執行這些模型。這些模型將任務參數作為輸入進行推理計算，並將結果返給大型語言模型，從而完成整個操作過程。相關程式如下：

```
def huggingface_model_inference(model_id, data, task):
    task_url = f"https://[api-inference.huggingface 位址 ]/models/
{model_id}"
    inference = InferenceApi(repo_id=model_id, token=config["huggingface"]["token"])
    # 自然語言處理（NLP）任務
    if task == "question-answering":
        inputs = {"question": data["text"], "context": (data["context"] if "context"
in data else "" )}
        result = inference(inputs)
    if task == "sentence-similarity":
        inputs = {"source_sentence": data["text1"], "target_sentence": data["text2"]}
```

```
        result = inference(inputs)
    if task in ["text-classification", "token-classification", "text2text-
generation", "summarization", "translation", "conversational", "text-generation"]:
        inputs = data["text"]
        result = inference(inputs)

    # 電腦視覺（CV）任務
    if task == "visual-question-answering" or task == "document-question-answering":
        img_url = data["image"]
        text = data["text"]
        img_data = image_to_bytes(img_url)
        img_base64 = base64.b64encode(img_data).decode("utf-8")
        json_data = {}
        json_data["inputs"] = {}
        json_data["inputs"]["question"] = text
        json_data["inputs"]["image"] = img_base64
        result = requests.post(task_url, headers=HUGGINGFACE_HEADERS, json=json_
data).json()
```

　　為了進一步提高推理計算的效率，沒有資源依賴性的多個模型可以並行處理。
這表示，我們可以同時啟動多個任務，如以下程式所示：

```
    # 圖片轉文本
    if model_id == "Salesforce/blip-image-captioning-large":
        raw_image = load_image(request.get_json()["img_url"]).convert('RGB')
        text = request.get_json()["text"]
        inputs = pipes[model_id]["processor"](raw_image, return_tensors="pt").
to(pipes[model_id]["device"])
        out = pipe.generate(**inputs)
        caption = pipes[model_id]["processor"].decode(out[0], skip_special_
tokens=True)
        result = {"generated text": caption}
    # 文字轉圖片
    if model_id == "runwayml/stable-diffusion-v1-5":
        file_name = str(uuid.uuid4())[:4]
        text = request.get_json()["text"]
        out = pipe(prompt=text)
        out["images"][0].save(f"public/images/{file_name}.jpg")
        result = {"path": f"/images/{file_name}.jpg"}

    # VQA 演算法，用於影像處理、自然語言處理和深度學習模型
    if model_id == "dandelin/vilt-b32-finetuned-vqa":
```

```
        question = request.get_json()["text"]
        img_url = request.get_json()["img_url"]
        result = pipe(question=question, image=img_url)

#DQA 針對文件問答的預訓練模型
if model_id == "impira/layoutlm-document-qa":
        question = request.get_json()["text"]
        img_url = request.get_json()["img_url"]
        result = pipe(img_url, question)
```

（4）生成回應。

在所有任務執行完畢後，HuggingGPT 便進入生成回應階段。

ChatGPT 將所有模型的推理計算的結果進行綜合，為使用者生成最終的答案。核心過程是，將前述各個階段的結果匯集並組成提示詞（Prompt），進而作為摘要模型的輸入進行生成。

在此階段，HuggingGPT 將前 3 個階段的所有資訊（包括預設的任務列表、為每項任務所選定的模型，以及每個模型的推理計算的結果）整合並簡化。

其中，推理計算的結果尤為關鍵，它為 HuggingGPT 最後的決策提供依據。這些推理計算結果會以結構化的形式展現，舉例來說，物體檢測模型會傳回帶有是某個物體的機率的邊界框，問題回答模型傳回答案及其機率分佈資訊等。

HuggingGPT 允許大型語言模型以結構化的推理計算結果作為輸入，並以易於理解的人類語言形式生成回應。而且，大型語言模型不是簡單地總結結果，而是積極生成對應使用者請求的回應，並提供可靠度高的決策。

8.2.5 HuggingGPT 與 AutoGPT 的本質區別

到這裡，相信讀者心中會產生一個疑惑，HuggingGPT 與 AutoGPT 的本質區別是什麼？在實際生產過程中，究竟應該選擇哪個技術方案？讓我們一起帶著問題，從「技術方案的異同」和「軟硬體條件要求的異同」兩方面展開。

1. 技術方案的異同

HuggingGPT 是一個協作工作的系統，由大型語言模型（LLM）作為主控制器，以及由許多專家模型作為執行者共同組成。

- 在任務規劃階段，HuggingGPT 一旦收到請求，就將需求細化為一系列結構化的任務，並且鑑別這些任務之間的依賴性及執行順序。

- 在模型選擇階段，LLM 將解析後的任務排程給相應的專家模型。

- 在任務執行時，專家模型在混合推理端點上執行，不僅即時回饋執行詳情，還將推理計算結果精準地傳遞給 LLM。

- 在生成回應階段，LLM 對執行過程日誌和推理計算結果進行綜合，並將結果返給使用者。

AutoGPT 是一個自動生成文字的模型，能夠自動地創作各類文字，比如新聞報導、小説、詩歌等。AutoGPT 的核心特點在於，它身為 AI 代理會將目標拆分為多個任務，不同於 HuggingGPT 這樣的協作系統。

2. 軟硬體條件要求的異同

對於 AutoGPT，只需要確定好執行環境即可，具體的執行環境如下：

- Docker：版本沒有特別要求。

- Python：3.10 或更高版本。

- VSCode 和 DevContainer：無特別要求。

HuggingGPT 因為涉及許多專家模型的排程及執行，所以對軟硬體條件有較高要求。

（1）預設（推薦）。

對於 configs/config.default.yaml：

- Ubuntu 採用 16.04 LTS 版本。

- VRAM（顯示記憶體）≥ 24GB。

- RAM（記憶體）> 12GB（最小要求），標準配置要求 16GB，完整配置要求 80GB。

- 硬碟空間 > 284GB。
  - ➤ damo-vilab/text-to-video-ms-1.7b 模型需要 42GB。
  - ➤ ControlNet 模型需要 126GB。

➤ stable-diffusion-v1-5 模型需要 66GB。

➤ 其他任務需要 50GB。

（2）最低配置（精簡版）。

對於 configs/config.lite.yaml：

• Ubuntu 採用 16.04 LTS 版本。

• 其他無要求。

如果讀者的本地環境不滿足上述要求，則建議您不要輕易嘗試運行原始程式，否則可能會由於電腦的顯示卡、記憶體、硬碟空間不足等，導致應用程式出現異常或閃崩。

■☞提示 總的來說，HuggingGPT 的目標是利用所有可用的 AI 模型介面來完成一個複雜的任務，其更像是一個針對特定技術問題的解決方案；而 AutoGPT 更像是一個決策機器人，它的行動範圍比單一的 AI 模型更為廣泛，因為它融合了 Google 搜尋、網頁瀏覽、程式執行等多種能力。

使用者可以根據「是需要解決一個單一技術問題，還是需要進行決策並執行」來選擇是使用 HuggingGPT 還是 AutoGPT。

8.2.6 HuggingGPT 是通用人工智慧的雛形

通用人工智慧（AGI），也被稱為「全能人工智慧」，指可以理解、學習、適應和實現任何智慧任務的智慧。這種人工智慧能夠在任何情況下進行自主學習，理解複雜的概念，用各種方式與環境互動，並適應各種環境。

我們先來大致了解一下人工智慧的 3 個重要階段。

1. 人工智慧的 3 個重要階段

人工智慧通常被分為 3 個階段，如圖 8-26 所示。

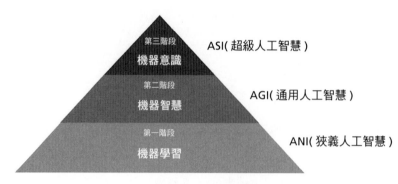

▲ 圖 8-26 人工智慧階段

（1）ANI（Artificial Narrow Intelligence，狹義人工智慧）。

ANI 也被稱為「弱人工智慧」，是我們目前最常見的人工智慧類型。ANI 是專門針對單一任務進行訓練的人工智慧，比如語音辨識系統、推薦演算法、自動駕駛系統，以及玩圍棋的 AlphaGo。它們在某個領域內可能表現得比人類更好，但缺乏理解和應對它們未被訓練過的任務的能力。

（2）AGI（Artificial General Intelligence，通用人工智慧）。

AGI 也被稱為「強人工智慧」，這是一種理論上的人工智慧，它能夠執行人類可以做的智慧任務。AGI 系統能夠理解、學習、適應和實現從「語言翻譯」到「遊戲、玩耍」等各種任務，它們能夠自我理解、自我改進，還能夠獨立地進行抽象思維和創新，甚至在沒有人工干預的情況下也可以學習。雖然我們還遠未實現 AGI，但這是許多研究者正在努力的目標。

（3）ASI（Artificial Superintelligence，超級人工智慧）。

ASI 是人工智慧發展的最高階段，也是一種理論上的人工智慧。它在所有重要的智慧指標（包括創造力、理解力、社交能力等）上都遠超過人類。ASI 的出現將帶來深遠的影響，可能在科技、社會、經濟等方面都產生根本性的變化。然而，對它的可能性及其對人類社會的影響，目前學術界與科技界正在熱烈地討論和研究中。

2. 通俗易懂地理解 AGI

為了讓 AGI（通用人工智慧）這個概念變得更加通俗易懂，我們可以把它想像成一個擁有與人類相似智慧的複雜系統。這個系統極具靈活性，能夠展現出人類智慧的各種特性，並在眾多工和領域中發揮其優勢。

AGI 與我們目前常見的 ANI 有著顯著的差異：ANI 主要針對特定的任務進行最佳化訓練，AGI 則表現出更為全面和綜合的特性。

讀者可以把 AGI 想像成一個極其先進的機器人或虛擬幫手，它不僅可以完成某些特定任務，還可以完成更多複雜的任務。這些複雜的任務包括理解抽象的概念、解答未曾遇到過的問題，甚至進行創新思考。AGI 具有自我學習和改進的能力，可以從錯誤中學習，不斷適應和理解全新的環境和場景。

設想你有一個具備 AGI 的機器人。今天，你讓它幫你烹飪晚餐，它能自主學習新的菜譜，理解烹飪流程，並做出美味佳餚。明天，你可能需要它幫你修復電腦，雖然它以前並未接觸過電腦硬體，但它能夠自我學習，從而理解電腦的工作原理，找到並解決問題。後天，你或許希望它幫你撰寫一篇論文，它能理解主題，進行研究，然後寫出一篇邏輯清晰、富有深度的文章。

然而，現實中我們尚未實現 AGI。目前我們擁有的人工智慧主要還是狹義人工智慧。

3. HuggingGPT 是 AGI 的雛形

再次聚焦於 HuggingGPT。以公司中的情況來打比方：公司內有一群工程師（專家模型），有一位經理（HuggingGPT）負責協調這些工程師的工作，協調時需要依賴大型語言模型的排程能力。當使用者透過提示詞提出需求時，經理會分析需求並將其分配給合適的多位工程師進行處理。最後，經理將多位工程師的工作成果整合呈現給使用者。這種協作方式確保了使用者需求的精準滿足。

HuggingGPT 是一個具有革命性的系統，其利用語言的力量來連接和管理來自不同領域和模態的現有 AI 模型，為實現 AGI 鋪平了道路。

AGI 是未來人工智慧的目標之一，儘管我們現在還無法確定具體的實現路徑和時間，然而我們可以對未來可能出現的 AGI 情景進行一些推測和討論。

（1）科學研究和技術發展。

如果 AGI 的技術水準和理解力達到甚至超過人類的水準，則它可能會極大地推動各個領域的科學研究和技術發展。從醫學研究到空間探索，AGI 都有可能提供全新的解決方案，幫助我們更深入地理解生命和宇宙。

（2）工作和就業。

AGI 可能會對許多工作產生深遠影響。許多傳統的、需要大量人力的工作可能會被 AGI 取代，同時也可能會出現全新的工作職位。社會和政策制定者需要思考如何在這個變革中實現公正和公平。

（3）教育和學習。

AGI 可以根據每個人的需求和能力，提供個性化的教育和學習方案。AGI 可能會改變我們對教育和學習的理解，讓學習變得更有效和有趣。

（4）藝術和娛樂。

AGI 可能會在藝術和娛樂領域創造出我們從未想像過的新形式。它們可能會創作出獨特的藝術作品，也可能會提供新穎的娛樂體驗。

（5）倫理和道德問題。

AGI 的出現可能會帶來許多新的倫理和道德問題。比如，我們是否應該賦予 AGI 某種形式的權利和責任？我們如何防止 AGI 被用於有害的目的？這些問題需要我們提前考慮並找到合適的解決方案。

第 4 篇
企業應用

第 9 章
實戰——架設企業級「文生視訊」應用

傳統的視訊製作既耗時又需要專業的裝置和技能。利用「文生視訊」這類應用，可以輕鬆地將文字轉為視訊，使內容的創造和分享變得更加自由和多元。

▎9.1 理解「文生視訊」技術

為了更進一步地理解「文生視訊」技術，我們透過一個例子來說明。

9.1.1 類比電影製作來理解「文生視訊」

以電影製作為例，「文生視訊」可被視為利用 AI 技術來創作一部電影。這個複雜而精緻的過程可以被細分為以下幾個核心步驟。

1. 理解故事（文字解析與理解）

這是電影製作的第一步，也是最重要的一步。AI 需要像一位導演那樣深入理解文字中的故事情節、人物性格、情感波動等。這需要透過先進的自然語言處理技術分析文字的語義和情感，確保故事的核心得以準確傳達。

2. 撰寫劇本（視訊指令稿生成）

AI 需要將理解的故事轉化為一個詳細的劇本，這不僅包括場景的設定、人物的動作和對話，還涉及鏡頭的選擇、音樂的搭配等，相當於建構了一個全方位、多維度的視覺和聽覺體驗的藍圖。

3. 找到演員和場景（視訊元素生成或檢索）

有了劇本後，AI 就像一位選角導演，需要為每個角色挑選合適的演員，需要找到合適的場景。這可能需要從現有的影像和視訊庫中檢索素材，也可能需要透過電腦圖形技術生成全新的虛擬角色和場景。

4. 指導演出並錄製下來（視訊合成）

最後一步是真正的電影拍攝階段。AI 需要像一位經驗豐富的導演那樣精確控制每個鏡頭的拍攝，協調演員的表演，確保燈光、音效等元素的和諧統一，然後將所有這些元素合成為一部連貫流暢的電影。

透過這一系列精心設計和協調的步驟，「文生視訊」技術就像一位全能的電影人，將文字的故事轉化為了富有動感的視覺體驗。這不僅讓內容的表現更加生動和引人入勝，也打破了傳統視訊製作的時間和成本限制，讓更多人有機會說明自己的故事，並以全新的方式分享給世界。

9.1.2 「文生視訊」的三大技術方案

「文生視訊」技術大致分為三類：影像拼接生成、GAN/VAE/Flow-based 生成、基於自迴歸模型和穩定擴散模型生成。

1. 方案一：影像拼接生成

這是早期採用的方案。這種方案的基礎在於影像技術，將一系列單獨的靜態影像按照特定的時間序列組合起來，從而形成一個動態的視覺效果。

這種方法的缺點也是顯而易見的：生成的視訊品質往往較低，過渡不自然。

2. 方案二：GAN/VAE/Flow-based 生成

隨著機器學習技術的發展，一系列先進的模型和方法，如生成對抗網路（GAN）、變分自程式碼器（VAE）及基於流的模型（Flow-based model），開始被引入視訊生成任務中。這個階段的發展主要集中在改進模型訓練方法和生成演算法方面。

由於直接對視訊進行建模的難度極大，所以工程師和研究人員採取了一些創新的方法來進行突破。舉例來說，一些模型透過將視訊的前景和背景解耦，將運動和內容分解，這樣可以更精確地控制視訊生成的各個方面。還有一些方法嘗試基於對影像的翻譯來改進生成效果，以加強連續幀之間的平滑過渡。

然而在實際應用中，這些模型和方法還會有許多局限性：生成的視訊在視覺連貫性、真實感和複雜性方面仍存在欠缺。

3. 方案三：基於自迴歸模型和穩定擴散模型生成

隨著 Transformer 和 Stable Diffusion 在語言生成和影像生成領域獲得了突破性成功，基於自迴歸模型和穩定擴散模型的視訊生成逐漸成為主流。這兩種模型在視訊生成領域的運用展示了新的可能性和方向。

（1）自迴歸模型。

自迴歸模型在視訊生成方面的優勢是，可以根據之前的幀來預測下一幀，使得生成的視訊更加連貫、自然。這種方法在幀與幀之間的關係捕捉上具有先進性，從而增強了視訊的動態效果。然而，自迴歸模型也存在一些挑戰，例如生成效率低，而且錯誤容易在連續幀之間累積，導致生成長視訊存在一定困難。

（2）穩定擴散模型。

一些研究將穩定擴散模型在影像生成方面的成果遷移到了視訊生成中。透過對影像生成架構進行改進和最佳化，使其適應連續、動態的視訊生成任務。這種方法的顯著優點是，生成的視訊具有高保真的效果，可以捕捉更豐富、更複雜的視覺細節。然而，這也帶來了一些問題，如需要更多的訓練資料、更長的訓練時間，以及更高的運算資源。

這種方案仍不可避免出現一些問題，如跳幀現象，這可能使觀看體驗受到影響。同時，內容表現的邏輯性也可能存在欠缺，導致生成的視訊在故事線、情感表達或主題連貫性方面存在缺陷。

總的來説，基於自迴歸模型和穩定擴散模型的視訊生成開啟了新的研究方向，展示了前所未有的潛力。未來的研究將可能集中在提高生成效率、減少錯誤累積、增強邏輯連貫性、降低對資源的依賴等方面，以期望推動視訊生成技術向更廣泛、更實用的方向發展。

9.1.3 「文生視訊」通用的技術方案

雖然「文生視訊」依賴的演算法模型存在較大差異，但通用的技術方案卻大同小異，如圖 9-1 所示。

步驟①：使用者輸入提示詞，如「請使用【古老村莊】【村民離奇失蹤】【未解之謎】撰寫一個懸疑故事，其中出現兩次反轉」，透過 ChatGPT 生成一段文字內容（使用者故事）。具體方法在第 3 章已詳細講解過，此處不再贅述。

步驟②：將步驟①中生成的文字內容進行格式化處理，主要包含：文字前置處理（分詞、命名實體辨識）、句子解析（判斷句子成分）、資訊提取（提取視訊製作的關鍵資訊）這 3 個步驟，這樣我們就準備好了視訊指令稿。

步驟③：針對使用者故事中的特定關鍵字進行資訊提取，選擇使用者指定的圖片或視訊部分，即特定素材。如果無特殊指定，則可以跳過此步驟。

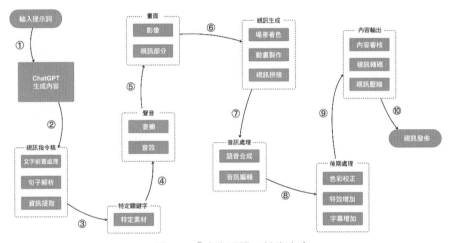

▲ 圖 9-1 「文生視訊」技術方案

步驟④：選擇聲音。根據使用者故事的情感和內容選擇合適的背景音樂和音效。

步驟⑤：形成畫面。根據使用者故事，自動或手動搜尋相應的影像或視訊部分。

步驟⑥：生成視訊。將步驟③至步驟⑤中的素材部分進行整合，完成視訊拼接。如果其中涉及 3D 或虛擬場景，則需要先完成場景著色。如果使用者故事需要動畫展示，則需要製作對應的動畫。

步驟⑦：進行音訊處理。主要包含語音合成和音訊編輯這兩個動作。語音合成可以將使用者故事的文字轉化為語音，作為視訊的配音。音訊剪輯則對語音、音樂和音效進行剪輯和混音。此步驟非必要。

步驟⑧：後期處理。進行色彩校正、特效增加、字幕增加等處理，使得視訊內容更加飽滿。

步驟⑨：內容輸出。做好內容審核（避免非法內容、敏感資訊等）、視訊轉碼和視訊壓縮等，完成發佈前的準備。

步驟⑩：將視訊發佈到各大平臺。

9.2 「文生視訊」應用的行業領軍者

在 9.1.3 節中探討了如何建立一個企業等級的「文生視訊」應用，相信讀者已經意識到，實現這樣的功能需要考慮許多環節，並涉及許多技術細節。

行業領軍者已經在這個領域大放異彩。接下來將介紹這些領軍者在「文生視訊」領域的應用技術，為我們的技術選型提供一些想法。

9.2.1 Meta 公司的 Make-A-Video

Make-A-Video 是 Meta 公司研發的 AI 視訊製作工具，能夠根據給定的文字內容快速生成視訊。使用者輸入提示詞，該工具便能生產出充滿創意的短視訊。讓人眼前一亮的是：此技術基於「文生圖」的最新研究，並融入了「時空管道」技術，確保視訊內容的流暢性。使用者還可以靈活調整視訊，增添個性化創意。

Make-A-Video 透過帶描述的影像來學習對世界的認知與描述習慣，並透過無標籤視訊來掌握物體的動態運動。

Make-A-Video 提供了豐富的官方範例，如圖 9-2 所示。

▲ 圖 9-2 Make-A-Video 的官方範例

1. 特色功能

Make-A-Video 的核心功能如下。

（1）從文字生成視訊。

使用者僅需輸入幾個關鍵字或簡短的句子，Make-A-Video 便可為其打造與之相符的視訊畫面。無論使用者的想像是現實的還是虛構的，是壯麗風景還是生動人物，是抽象概念還是具體場景，Make-A-Video 都能捕捉並呈現。它會依據使用者的輸入挑選合適的場景、調整顏色、選擇最佳角度和光線等元素，綜合打磨出一個完美的視訊作品。

（2）從影像生成視訊。

使用者只需上傳一兩張影像，Make-A-Video 即可為其打造與之相應的視訊，或為兩圖之間製作過渡動畫效果。Make-A-Video 會深入分析使用者所上傳影像的內容、風格與情感特點，進而按照其內在聯繫製作出生動的視訊。

（3）建立視訊變形。

使用者可以基於現有視訊製作出富有新意或風格獨特的視訊變形。只需上傳一個已有視訊，無論是使用者親自創作的還是從網路上獲取的，Make-A-Video 都能為使用者打造出一個既保留原有特色又帶有新鮮元素的視訊。使用者既可以選擇保留原視訊的內容、風格與情感基調，也可根據需要調整某些成分，使視訊更符合使用者的個性或特定需求。

2. Make-A-Video 是如何工作的

Make-A-Video 是如何實現這個強大的「文生視訊」能力的呢？ Make-A-Video 巧妙地將近期在文生圖（T2I）領域的顯著進展應用到文生視訊（T2V）上，核心思想是：透過匹配的文字與圖像資料來理解世界的外觀和其描述，並從無監督的視訊部分中學習物體的動態變化。

Make-A-Video 具有 3 個顯著特點：

（1）大大加速了文生視訊（T2V）模型的訓練過程，使用者無須從零開始掌握視覺及多模態表達。

（2）無須基於匹配的文字 - 視訊資料。

（3）所生成的視訊汲取了當下影像生成技術在美感、奇幻描繪等方面的豐富多樣性。

除此之外，Make-A-Video 還為文生圖（T2I）模型建構了一個創新的、高效的時空模組。首先，Make-A-Video 對「全時間 U-Net」（一個深度學習模型，主要用於處理序列資料）及其「注意張量」（一種機制或方法，用於在處理影像、文字或其他資料時集中注意力於特定的部分或特徵）進行了分解，並在空間與時間維度上進行了近似處理；接著，Make-A-Video 設計了一套時空處理流程，透過視訊解碼器、插值模型及兩種超解析度模型，能夠輸出高清晰度、高每秒顯示畫面的視訊，適用於文生視訊（T2V）及其他多種應用場景。

從空間和時間的解析度、與文字的一致性，到整體品質，Make-A-Video 都為文生視訊設立了新的行業標桿。

3. 核心技術

下面介紹 Make-A-Video 的核心技術。

（1）Make-A-Video 的模型架構。

Make-A-Video 的模型架構共分為 6 部分，如圖 9-3 所示。

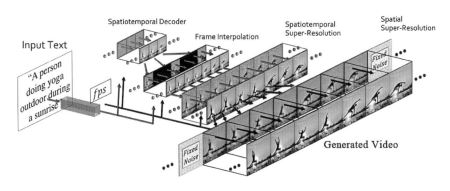

▲ 圖 9-3 Make-A-Video 的模型架構（圖片來自 Meta 公司的論文 Make-A-Video.pdf）

- Input Text：輸入生成視訊的提示詞。
- Spatiotemporal Decoder：時空解碼器，它會利用程式碼器輸出的特徵圖譜進行空間和時間上的解碼，以此獲得更為精準的影像或視訊輸出。
- Frame Interpolation：幀插值，用於提高每秒顯示畫面（fps）。

- Spatiotemporal Super Resolution（STSR）：時空超解析度，主要是提高視訊的視覺品質，具體來説，它可以在時間和空間上增強視訊的解析度和清晰度。

- Spatial Super Resolution（SSR）：空間超解析度，它從低解析度影像中提取特徵，並使用這些特徵來恢復高解析度影像，從而使得影像的細節與紋理更加清晰和豐富。

- Generated Video：最終生成視訊並輸出。

（2）時空層結構

為了給二維條件網路（即只能生成二維影像）增加時間維度，Make-A-Video 修改了兩個關鍵建構區塊（卷積層和注意力層）。這兩個建構區塊不僅需要時間維度，還需要空間維度，以便生成視訊。

9.2.2 Google 公司的 Imagen Video 與 Phenaki

Google 公司也推出了兩大重磅產品——Imagen Video 和 Phenaki。

- Imagen Video 在解析度上超越了 Meta 的 Make-A-Video，能夠生成 1280 像素 ×768 像素解析度的、24 幀 / 秒的視訊部分。

- Phenaki 的獨特之處在於，僅需約 200 個單字的文字描述，就能呈現出長達 2 分鐘的視訊，繪製一個連貫的小故事。

下面重點介紹 Imagen Video。

Imagen Video 是一個基於視訊擴散模型串聯技術的文生視訊系統。只需要使用者輸入一段文字提示詞，Imagen Video 便會創造出具有極高清晰度的視訊。

此外，Imagen Video 還將影像生成的研究成果應用於視訊生成領域。最終，Imagen Video 採用「漸進式蒸餾」技術，借助無分類器的引導，實現了快速且高品質的視訊生成。Imagen Video 不僅可以製作出高保真度的視訊，還能夠生成多種藝術風格的視訊和文字動畫，並展現出對 3D 物件的深入理解。

> **■►提示**　「漸進式蒸餾」（Progressive Distillation）技術的目的是對訓練好的擴散模型進行逐步「蒸餾」，每次「蒸餾」都會把採樣時間步降低一半。最終，只需要 4 次採樣步驟，就能生成高保真影像。

下面剖析從輸入提示詞到生成視訊的流程，如圖 9-4 所示。

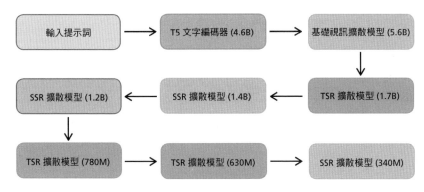

▲ 圖 9-4 從輸入提示詞到生成視訊的流程

🔖 **提示** 對於大型語言模型，M 和 B 都表示模型參數的個數，M 表示百萬（Million）個，而 B 表示十億（Billion）個。

整個架構共涉及 8 個模型：T5 文字程式碼器（1 個）、基礎視訊擴散模型（1個）、TSR（Temporal Super Resolution，時間超解析度）擴散模型（3 個）、SSR（Spatial Super Resolution，空間超解析度）擴散模型（3 個），約 116 億個參數。

各個模型的作用分別如下。

- T5 文字程式碼器：一個高效的文字處理模型，它的主要任務是將給定的文字提示詞轉化為一個固定的數值表示，通常稱之為 text_embedding。T5 採用了 Transformer 模型結構，這表示，它能夠捕捉文字中的各種複雜關係和模式，並將這些資訊程式碼進輸出的 text_embedding 中。

- 基礎視訊擴散模型：接收來自 T5 文字程式碼器的 text_embedding，並以此為條件產生一個初始的、低解析度或低幀數的視訊。

- TSR 擴散模型：從「時間」的角度來增加視訊的每秒顯示畫面，使得視訊更加平滑和連續。常見的 TSR 方法是在相鄰幀之間插入新的幀來增加每秒顯示畫面，使得視訊更加流暢。其核心機制在於研究連續幀之間的微妙動態，從而準確預測並補充中間幀。

- SSR 擴散模型：從「空間」這個角度來增加影像的解析度（空間指的是影像中的像素分佈和排列情況）。其核心技術基於對許多「低解析度與高解析度視訊對」的深度分析，使用一些演算法和技術將低解析度影像轉為高解析度影像。

9.3 從零開始架設一個「文生視訊」應用

接下來將詳細介紹如何從零開始架設起自己的「文生視訊」應用。

9.3.1 選擇合適的開放原始碼模型

在視訊生成領域,一個優質的模型不僅能夠確保高效率地輸出,還能保證內容的真實性和吸引力。

1. 使用開放原始碼模型或自行訓練模型

「文生視訊」相關的模型通常具有處理和解析文字的能力,並據此生成與之相匹配的視訊。

對那些擁有豐富資料資源和訓練經驗的研究者或開發者來説,自己從頭開始訓練模型是一個值得考慮的選擇。這能確保模型與自己的專案或應用更加貼合。但這無疑需要更多的時間、資源和技巧。

不過,無論是選擇現有的開放原始碼模型還是自行訓練模型,關鍵在於對模型的深入理解和合理應用。只有這樣,AIGC 才能真正發揮其潛力。

2. 典型的開放原始碼模型

為了在短時間內成功實現「文生視訊」功能,我們採用擴散模型以確保高效且準確地生成所需的視訊。

擴散模型為我們提供了一個既直觀又高效的方法,能夠輕鬆地將文字轉化為生動的視訊。

Hugging Face 社區提供給使用者了種類繁多的模型資源。在此挑選 modelscope-damo-text-to-video-synthesis 模型。該模型由 3 個子模組組成:「文字特徵提取」模組、「文字特徵到視訊潛在空間」模組和「視訊潛在空間到視訊視覺空間」模組。該模型支援英文輸入,採用 Unet3D 結構。

9.3.2 架設應用

接下來正式開始架設應用。

1. 準備 SSH Key

SSH Key（Secure Shell Key）用於身份驗證，以實現在使用者和伺服器之間安全地進行通訊。與基於密碼的身份驗證相比，SSH Key 提供了更高級別的安全性。

從 Hugging Face 社區下載模型需要透過 SSH Key 驗證。讀者可以在社區官網使用者圖示下拉式功能表中找到「Settings」選項，如圖 9-5 所示。

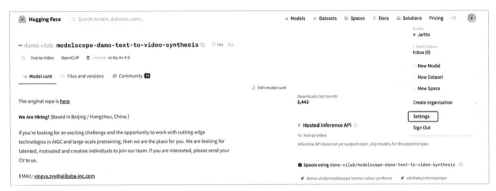

▲ 圖 9-5 進入使用者設置

進入新頁面後，按一下「SSH and GPG Keys」（①），然後按一下「Add SSH Key」（②），如圖 9-6 所示。

▲ 圖 9-6 兩次按一下

在新開啟的頁面中填入「Key name」（①）和「SSH Public key」（②），並按一下「Add key」按鈕（③），即可完成配置，如圖 9-7 所示。

▲ 圖 9-7 完成配置

> 📢 **提示** 如果讀者不清楚如何操作，則可以按照官方提示的「Learn how to generate a SSH key here」進行生成。

在本地生成 SSH Key 後，可以透過 cat 命令進行查看並複製，如圖 9-8 所示。

▲ 圖 9-8 複製本地的 SSH Key

以 macOS 為例，SSH Key 通常存放在名為 .ssh 的隱藏目錄下。在這個目錄下，讀者會找到一個名為 id_rsa.pub 的檔案，其內容就是我們要複製的本地 SSH Key。

2. 下載專案

在 modelscope-damo-text-to-video-synthesis 模型的官網首頁中，可以透過「Clone this model repository」彈窗中的 Clone 命令下載專案，如圖 9-9 所示，具體過程如下：

```
# SSH 方式
git clone
git@hf.co:damo-vilab/modelscope-damo-text-to-video-synthesis
```

▲ 圖 9-9 下載專案

在成功下載專案到本地後，還需要安裝模型的相關依賴。

（1）安裝 ModelScope。

ModelScope 提供了必要的分層 API，以便將來自 CV、NLP、語音、多模態，以及科學計算的模型整合到 ModelScope 生態系統中。所有這些不同模型的實現都以一種簡單、統一存取的方式進行了封裝，使用者只需要透過幾行程式即可完成模型的推理、微調和評估。

同時，靈活的模組化設計使得在必要時也可以自訂模型訓練過程中的不同元件。

安裝 ModelScope 的命令以下（官方下載網址見本書書附資源）：

```
pip install modelscope==1.4.2
```

安裝過程如圖 9-10 所示。

▲ 圖 9-10　安裝 ModelScope

（2）安裝 open_clip_torch。

open_clip_torch 旨在透過「影像與文字的對比性監督」來訓練模型，以提升模型性能。

安裝 open_clip_torch 比較簡單，直接執行以下命令即可，官方下載網址見本書書附資源。

```
pip install open_clip_torch
```

安裝過程如圖 9-11 所示。

▲ 圖 9-11　安裝 open_clip_torch

（3）安裝 PyTorch Lightning。

PyTorch Lightning 是一個開放原始碼的 PyTorch 加速框架，它不僅可以幫助使用者輕鬆擴充模型，還可以大大減少容錯的範本程式。

執行以下命令安裝 PyTorch Lightning，官方下載網址見本書書附資源。

```
pip install pytorch-lightning
```

安裝過程如圖 9-12 所示。

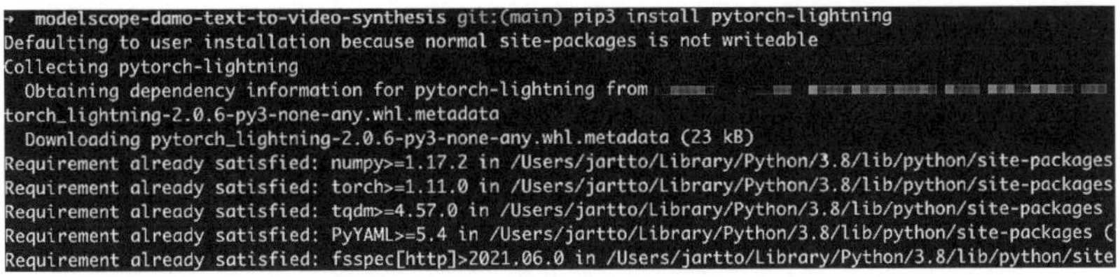

▲ 圖 9-12 安裝 PyTorch Lightning

3. 載入模型並使用

只需要撰寫幾行程式，即可使用 ModelScope 函式庫中的 pipline 載入「文生視訊」模型進而根據文字生成視訊。

```
from huggingface_hub import snapshot_download

from modelscope.pipelines import pipeline
from modelscope.outputs import OutputKeys
import pathlib

model_dir = pathlib.Path('weights')
snapshot_download('damo-vilab/modelscope-damo-text-to-video-synthesis',
                  repo_type='model', local_dir=model_dir)

pipe = pipeline('text-to-video-synthesis', model_dir.as_posix())
test_text = {
    'text': 'A panda eating bamboo on a rock.',
}
output_video_path = pipe(test_text,)[OutputKeys.OUTPUT_VIDEO]
print('output_video_path:', output_video_path)
```

上述程式建立了一個管道物件，並透過這個管道物件基於所提供的輸入文字（A panda eating bamboo on a rock.）生成視訊。完成後會輸出生成視訊的儲存路徑。

📌 **提示** ModelScope 模型需要大約 16GB 的 CPU 記憶體和 16GB 的 GPU 記憶體，並且目前只支援在 GPU 上進行生成。

9.3.3 體驗「文生視訊」的效果

如果讀者的本地電腦不滿足「文生視訊」模型的執行要求,則可以透過官方提供的演示來體驗其執行效果。

1. 官方體驗

開啟官方體驗位址(搜尋關鍵字 modelscope-text-to-video-synthesis 可找到),在頁面中輸入「puppy playing basketball」,等待 3~5 秒後生成視訊,如圖 9-13 所示。

▲ 圖 9-13 生成視訊

也可以對「文生視訊」進行參數最佳化,如圖 9-14 所示。

▲ 圖 9-14 參數最佳化

接下來說明上述參數的含義。

（1）Seed（種子）參數。

Seed 值在許多演算法和程式中都非常重要。設定一個 Seed 值可以確保在每次執行時期都獲得相同的隨機序列，這對於測試和偵錯非常有用。Seed 被設置為 -1，表示在每次執行程式或演算法時，都會選擇一個新的隨機種子，從而確保每次的結果都是不同的。這提供給使用者了一種方式來觀察模型在不同初始化情況下的表現。

（2）Number of frames 參數。

視訊是由多個連續的靜止影像或幀組成的，Number of frames 參數允許使用者調整視訊的幀數。更多的幀可以使視訊看起來更為流暢，但也表示更高的儲存和處理需求。

（3）Number of inference steps 參數。

推理是 AI 模型對新資料進行預測的過程。Number of inference steps 參數決定了模型在生成視訊時應執行的推理步驟數。更大的推理步驟數表示更精細、更高品質的輸出，但也會增加計算的複雜性和時間。使用者可以根據自己的需求和資源選擇適當的推理步驟數。

2. modelscope-text-to-video-synthesis 模型的局限性

- 資料集偏差：該模型是基於公開資料集進行訓練的，因此，其生成的結果可能會存在與訓練資料分佈情況相關的偏差。
- 生成能力：該模型無法實現完美的影視級生成。
- 文字清晰度：該模型無法生成清晰的文字。
- 語言支援：該模型主要使用英文語料進行訓練，暫時不支援生成其他語言的內容。
- 組合性任務：該模型在處理複雜的組合性生成任務上的表現尚有提高空間。

儘管當前的「文生視訊」技術尚有不足，但我們堅信，隨著時間的演進，其發展潛力將不可估量。「文生視訊」不僅是一項技術革新，更是一次資訊傳遞方式的革命，它正在重新定義我們如何創造、交流和理解資訊，也為企業和個人提供了全新的商業機遇和價值空間。

第 10 章
實戰——基於 AI 全面升級軟體研發系統

受 AI 影響最大的行業，除與圖文、視訊相關的內容生產行業外，就是軟體開發行業。AI 技術自從誕生之初，就和軟體開發（尤其是其中的 AI 軟體）行業息息相關。

AI 軟體應用場景主要是指，在軟體產品中，透過應用人工智慧技術實現業務提升的場景。這些軟體產品包括拍照修圖、語音幫手等個人端應用，也包括組織資源管理、自動化倉儲管理等企業端應用。

傳統 AI 軟體應用場景主要基於傳統的電腦視覺、自然語言處理和機器學習等技術為軟體產品賦能。

- 個人端應用範例：在拍照修圖過程中，先透過 AI 人臉辨識技術對人臉輪廓和五官進行自動化的、像素級的精準定位，再透過影像變形演算法對臉形、膚色和五官的位置進行調整，大幅提升了人像圖片的編輯效率。

- 企業端應用範例：在自動化倉儲過程中，透過 AI 自動駕駛技術驅動分揀機器人在多點進行商品運輸，透過 AI 影像辨識技術驅動分揀機器人對商品的標識特徵進行辨識，在幾乎無人干預的情況下完成商品的入庫、歸類和出庫。

這些應用場景都是針對軟體功能的增強，不涉及軟體本身的交付，原因主要是傳統的 AI 技術尚無法應對複雜的軟體研發系統，但是，這個瓶頸隨著 AIGC 技術的出現被打破。

AIGC 底層是基於超大參數集和語料庫進行訓練的，並且在語料庫中包括了GitHub 上全部的開放原始碼專案，因此，最後訓練出的大型語言模型（LLM）具備了撰寫程式的基本能力。在「嗅到」這個機會後，GitHub 自己率先進行突破，推出智慧開發工具 GitHub Copilot，在其幫助下有的開發者的開發效率提升了 50% 以上

（參考論文「The Impact of AI on Developer Productivity」，Sida Peng 等著）。除此之外，有的商業公司基於 AIGC 技術推出了自己的軟體研發提效工具，包括但不限於 Cursor、Mendable 等。

傳統的軟體開發模式正在逐漸發生變化，在 AIGC 技術的加持下，軟體的交付效率可能成倍提升，而效率更高的企業和個人將在 AI 時代佔據更多優勢。

本章將基於軟體研發系統，介紹當前熱門的 AIGC 軟體研發提效工具 / 平臺，以及筆者對自研相關工具 / 平臺的理解和探索，以幫助讀者更快地將 AIGC 技術引入自己的軟體研發流程中。

10.1 軟體研發智慧化全景

大型語言模型是同時基於常識類語料和程式類語料進行訓練的，它可以同時理解自然語言和程式語言。因此，AIGC 對軟體研發系統的影響，不會僅侷限於程式生成，而是會擴散到軟體研發系統的各方面，以及每個流程節點。

10.1.1 傳統軟體開發的現狀和困境

軟體開發行業是伴隨第三次資訊產業技術革命而誕生的，至今已有數十年，相關系統已趨於成熟。本節參考行業通用的 PDLC（Project Development Life Cycle，專案開發生命週期）的流程對軟體研發系統的現狀進行整理。

PDLC 的流程如圖 10-1 所示。

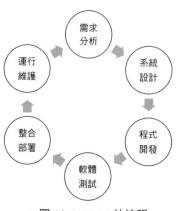

▲ 圖 10-1 PDLC 的流程

- **需求分析**：業務分析師和設計師通常會與客戶進行深入交流和討論，以便準確地理解客戶的業務需求。
- **系統設計**：設計師會根據需求分析結果，設計出軟體的整體架構和各個模組。
- **程式開發**：開發人員會根據設計文件進行實際的程式設計工作。
- **軟體測試**：測試人員會對軟體進行各種測試，以確保軟體的品質和性能。
- **整合部署**：運行維護人員會將軟體部署到實際的執行環境中。
- **運行維護**：運行維護人員會對軟體進行日常的執行和維護工作。

這些流程組成了一個閉環，推動著軟體功能的持續迭代和交付。在這個流程中，常常會遇到以下問題。

- **需求變動頻繁**：需求變動是常見的。這不僅會導致專案延期，還會增加專案的成本。
- **技術更新快速**：由於技術的快速更新，團隊需要不斷學習新的技術和方法。這無疑增加了團隊的學習壓力和工作負擔。
- **測試效率低下**：由於軟體複雜性的增加，測試工作的難度也在增加。同時，由於缺乏有效的自動化測試工具和方法，測試的效率和效果也不理想。
- **部署和運行維護困難**：由於環境複雜，部署和運行維護的難度也在增加。這不僅增加了專案的成本，還可能影響系統的穩定性和性能。
- **專案管理困難**：由於缺乏有效的專案管理工具和方法，專案管理的效率和效果也不理想。這可能會導致專案延期、超預算、品質不及格等問題。
- **團隊協作問題**：由於缺乏有效的協作工具和方法，團隊協作的效率和效果也不理想。這可能會影響專案的進度和品質。

10.1.2 智慧化軟體研發系統介紹

LLM 高度智慧化的能力，是 OpenAI 等 AI 巨頭公司基於開放語料庫訓練出來的。在這些語料庫中，不僅包括 GitHub、StackOverflow 等知名開放技術平臺的全部資訊，也包括軟體開發行業幾十年來在各大部落格網站的技術經驗累積。因此，對於軟體開發行業的痛點，LLM 是可以提供幫助的。

對話應用是 LLM 提供的最簡單應用，我們可以直接利用它來提升軟體研發效率。

1. 範例 1

舉一個產品需求溝通方面的簡單範例：當產品經理提出需求「製作一個手機軟體，其背景顏色能隨手機箱顏色變化而變化」時，我們可以諮詢 LLM 應該如何和產品經理進行溝通，圖 10-2 為「文心一言」在需求溝通中的應用範例。

從這個對話中我們可以看到，LLM 已經具備了基本的軟體專案管理常識，並了解技術的可行性、使用者體驗、開發成本等核心要素。

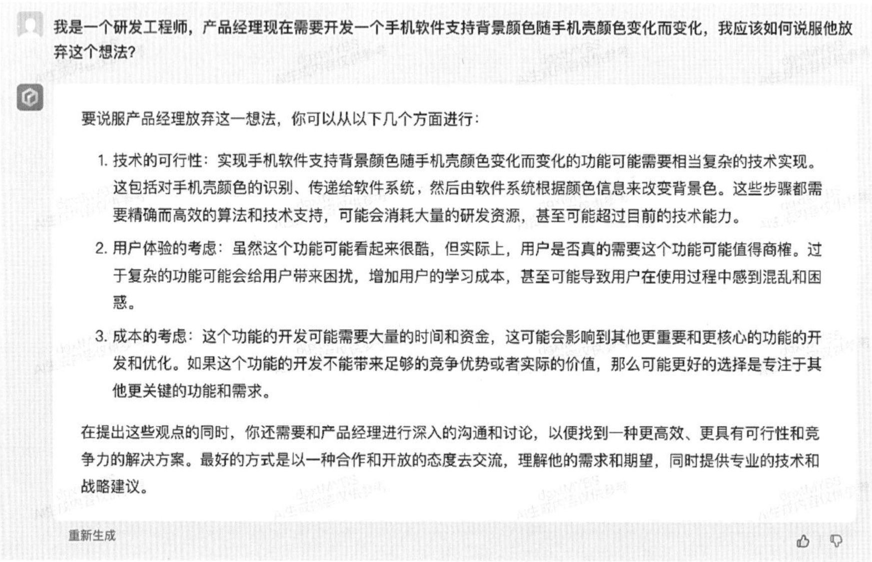

> 我是一个研发工程师，产品经理现在需要开发一个手机软件支持背景颜色随手机壳颜色变化而变化，我应该如何说服他放弃这个想法？
>
> 要说服产品经理放弃这一想法，你可以从以下几个方面进行：
>
> 1. 技术的可行性：实现手机软件支持背景颜色随手机壳颜色变化而变化的功能可能需要相当复杂的技术实现。这包括对手机壳颜色的识别、传递给软件系统，然后由软件系统根据颜色信息来改变背景色。这些步骤都需要精确而高效的算法和技术支持，可能会消耗大量的研发资源，甚至可能超过目前的技术能力。
>
> 2. 用户体验的考虑：虽然这个功能可能看起来很酷，但实际上，用户是否真的需要这个功能可能值得商榷。过于复杂的功能可能会给用户带来困扰，增加用户的学习成本，甚至可能导致用户在使用过程中感到混乱和困惑。
>
> 3. 成本的考虑：这个功能的开发可能需要大量的时间和资金，这可能会影响到其他更重要和更核心的功能的开发和优化。如果这个功能的开发不能带来足够的竞争优势或者实际的价值，那么可能更好的选择是专注于其他更关键的功能和需求。
>
> 在提出这些观点的同时，你还需要和产品经理进行深入的沟通和讨论，以便找到一种更高效、更具有可行性和竞争力的解决方案。最好的方式是以一种合作和开放的态度去交流，理解他的需求和期望，同时提供专业的技术和战略建议。
>
> 重新生成

▲ 圖 10-2 「文心一言」在需求溝通中的應用範例

2. 範例 2

再舉一個純技術方面的簡單範例：一個軟體開發者想在 Python 環境下將西曆日期轉為農曆日期，但他對 Python 和相關函式庫不熟悉，此時也可以直接諮詢 LLM。圖 10-3 為「文心一言」舉出的回覆。

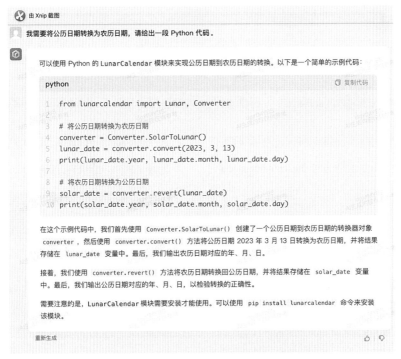

▲ 圖 10-3 「文心一言」在程式撰寫中的應用範例

在這個對話中，LLM 舉出了一段基於 Python 的 LunarCalendar 模組的範例程式，並詳細解釋了每行程式的作用，以及安裝方式。

提示 除這兩個簡單的範例外，還可以基於 LLM 封裝更多工具，並將其嵌入日常的軟體開發流程，使得其中的每個環節都能夠提效。產品化這些工具本身具有很大的商機，很多初創公司甚至網際網路巨頭都投身其中，交付了諸如 GitHub Copilot、Mendable 等知名產品。

考慮到軟體程式和資料是軟體公司的核心商業機密。因此，軟體團隊也需要圍繞自身的核心資產建立基於私域的智慧化軟體研發工具，在提升開發效率的同時保障核心商業資訊的安全。

3. 智慧化的軟體研發系統

考慮以上背景，我們認為在智慧時代，智慧化的軟體研發系統可能如圖 10-4 所示。

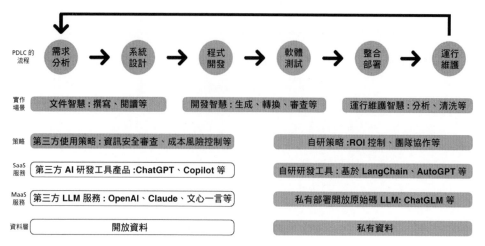

▲ 圖 10-4 智慧化的軟體研發系統

　　在這個系統中，開放資料、第三方 LLM 服務、第三方 AI 研發工具產品共同組成智慧軟體研發的行業公共生態，企業可依據自身需要採購並部署。但對於第三方的服務和產品，則需要制定相應的技術策略（包括資訊安全審查、成本風險控制等），以規避可能的風險，需要注意以下問題。

- **準確性問題**：在使用 OpenAI 的 API 處理問答類型任務（如客服任務）時，需要評估 API 傳回結果的正確性，避免提供錯誤的產品和服務資訊。

- **穩定性、可用性問題**：在 AI 相關場景遇到突然的流量高峰時，常規的 LLM 服務配額難以保障服務的穩定性和可用性，需要進行必要的擴充、降級等應急處理。

- **隱私問題**：對於私有資料，可以在企業內部私有化部署開放原始碼的大型模型框架（如 ChatGLM 等），這樣不用擔心核心資料被洩露。在私有化部署後，還可以基於私有資料對開放原始碼的 LLM 進行微調，讓其更進一步地理解企業內部資訊。

　　自研研發工具可以基於私有的 LLM 服務，也可以基於第三方的 LLM 服務。企業技術選型的原則取決於企業自研技術的戰略規劃，即結合企業真實情況，綜合考量 ROI、團隊組織協作成本等。對於小型企業，程式等知識資產規模較小，也沒有專職團隊負責自研研發工具，因此更適合直接購買第三方成熟的解決方案。對於大型企業，私域知識規模龐大，並且這些知識並未納入第三方 LLM 服務的預訓練集中，如果貿然使用第三方的 LLM 服務,則可能導致傳回資訊不準確,或洩露企業內部資訊。因此,對於大型企業,採用私有化部署甚至自研研發工具是更優的選擇。

4. 三個應用場景

結合 PDLC 流程,AIGC 可以有以下三個應用場景。

- **文件智慧場景**:主要影響需求分析、系統設計這兩個環節。在這個場景中,AIGC 不僅能幫助產品經理更快地撰寫產品需求文件,也能幫助開發者更快地撰寫技術文件,還能幫助開發者更快地閱讀、理解產品需求文件和其他人撰寫的技術文件。

- **開發智慧場景**:主要影響程式開發、軟體測試這兩個環節。在這個場景中,AIGC 不僅能幫助開發者自動生成程式和測試用例,提升研發效率,還能幫助其最佳化現有程式的邏輯,增加程式的穩健性。

- **運行維護智慧場景**:主要影響整合部署、運行維護這兩個環節,並且運行維護資料的分析結果也可能影響下一輪的需求分析。在這個場景中,AIGC 主要幫助團隊分析產品的線上執行狀態,能更快地發現可能的隱憂和商機。

10.2 巧用第三方研發工具

下面介紹熱門的第三方研發工具,以及自研研發工具的幾種可能性,啟發讀者建立自己的智慧研發系統。

10.2.1 智慧文件工具——Mendable、Docuwriter

撰寫文件是軟體開發人員最頭疼的工作。文件的閱讀、撰寫和維護,都會消耗開發人員大量的時間和精力。

在閱讀文件時,受限於文件的語言和品質,開發者常會耗費較多的時間才能找到想要的資訊。舉例來說,在一個關於 Kubernetes 的文件中,使用的都是「Kubernetes」全稱,導致開發者難以透過檢索其簡稱「K8s」來找到想要的資訊。另外,絕大部分技術文件都是使用英文撰寫的,不是不存在中文版本,就是內容存在歧義,這都增加了中文世界開發者的閱讀成本。

在撰寫文件方面，最常見的 AIGC 應用場景是基於實際程式來交付對應的使用文件。但在實際開發場景中，程式和介面可能會經常變化，導致開發者需要經常調整文件的內容。長期維護這種一致性會耗費開發者不少的時間。

對於以上這兩個場景，AIGC 實踐了以下兩個標桿產品。

（1）Mendable：可以被低成本地嵌入文件，透過對話式的 UI 互動來解答讀者對於文件的問題，並支援連結「Kubernetes」和「K8s」等功能。

（2）Docuwriter：支援從程式智慧地生成讀取文件，降低了文件的撰寫和維護成本。

下面將對其分別介紹。

1. Mendable：智慧文件客服

Mendable 來自 SideGuide 公司，LangChain 框架的官方網站都在使用它。

目前 Mendable 具有以下核心能力。

- **文件整合管理**：能處理多種文件來源的輸入和管理，文件來源支援 GitHub 倉庫、Docusaurus、Notion、Google Drive、Slack、Website、YouTube、自訂的文件檔案和 API。

- **文件 API 整合**：被封裝為 API 形式的智慧文件服務，提供資料上傳 API、對話 API 和回答統計 API。連線者可以基於 API 自訂全流程互動。

- **文件組件整合**：針對對話 API 封裝的、開箱即用的元件庫，提供了搜尋框和懸浮欄這兩大元件，內建了對話式互動 UI，降低了文件的維護成本。

Mendable 的核心原理並不複雜，和基於 LLM 的私有知識庫類似，都是在將文件分割、嵌入（embedding）後，依據每次的搜尋結果選取連結向量對應的文件部分進行查詢和總結。

Mendable 目前已預設整合在 LangChain 官方文件中，可以實現對文件全文的對話式檢索、傳回問題總結和相關文件連結，如圖 10-5 所示。

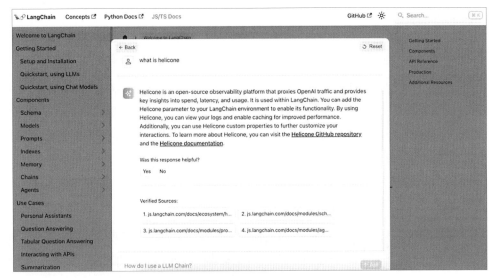

▲ 圖 10-5 LangChain 官方文件中的 Mendable 應用範例

　　相比傳統的資訊檢索，Mendable 的匹配成功率更高，並且對自然語言風格有更高的辨識能力。它還能基於 AIGC 對傳回的結果進行總結，並舉出相關文件的連結。在效率和體驗上，它都遠遠優於傳統的資訊檢索。

　　在 Mendable 背景還提供了對多文件來源資訊的管理，支援整理多個文件的資訊。

2. Docuwriter：智慧文件生成

　　Docuwriter 是一款基於原始程式碼智慧生成文件的平臺。目前它具有以下能力。

- **生成文件**：基於原始程式碼快速生成準確的、一致的、完整的文件描述。該能力可以自動保持文件和程式的同步，從而降低維護文件的成本。

- **生成測試用例**：基於原始程式碼生成準確的、高品質的測試用例，以便快速發現問題。

- **最佳化程式**：基於 AIGC 智慧最佳化程式，支援註釋補全、程式命名最佳化等功能。

提示 Docuwriter 提供了針對 VSCode 的外掛程式，在該外掛程式中可使用上述功能。

生成文件能力是 Docuwriter 最核心的能力。推測其底層也是基於提示詞工程的，但在其上可能增加了對程式的語法分析、Markdown 檔案的格式化處理等功能，進而最終支援「輸入任意原始程式碼，輸出高品質的 Markdown 技術文件」。

在圖 10-6 中可以看到，原始程式並未攜帶任何註釋，Docuwriter 僅依賴程式中的命名，即可推斷出這部分程式的作用（在圖 10-6 中對一段 PHP 程式進行了推斷）。最終輸出結果是 Markdown 格式的，並支援預覽和匯出。Markdown 格式是軟體開發行業最常用的文件格式，可以將其匯出為網頁或 PDF。如果將上述流程整合到程式的常規整合流程中，則可以保證在每次迭代程式後，文件都能自動地、智慧地同步相應資訊，這樣即可解決技術人員手動維護文件的成本問題。

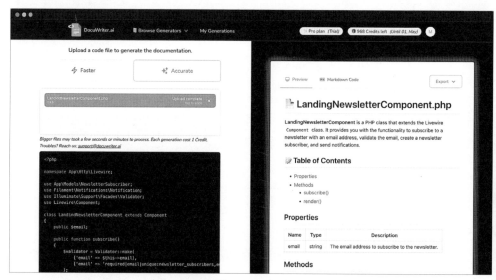

▲ 圖 10-6 使用 Docuwriter 的範例

10.2.2 智慧開發工具——GitHub Copilot、Locofy、Code Language Converter、Jigsaw、Codium

1. GitHub Copilot：最熱門的程式開發智慧幫手

GitHub Copilot 是 GitHub 團隊在 OpenAI Codex 基礎上開發的，它支援在編輯器中進行即時的程式建議和程式補全。其核心功能如下。

- 針對 VSCode、JetBrain 等主流程式編輯器提供了外掛程式：支援在各種程式編輯器中進行程式的提示和補全。

- **將自然語言轉為程式**：理解用自然語言撰寫的註釋或函數命名，進而基於當前程式檔案所使用的程式語言，智慧地補全註釋內容並自動增加程式，從而極大地提升了程式的可讀性和可維護性。
- **自動生成測試用例**：支援「分析原始程式碼，然後自動生成對應的測試用例」。
- **保障安全**：自動過濾易受攻擊的程式。

由於 GitHub Copilot 是基於 GitHub 上全部公開倉庫進行訓練的，因此它幾乎能完美支援所有的程式語言，尤其是 GitHub 上開放原始碼社區活躍的程式語言，如 JavaScript、Go、Python 等。

在官方範例中，在舉出函數的命名和介面定義後，GitHub Copilot 能自動補全多種語言的實現程式，如圖 10-7 所示。

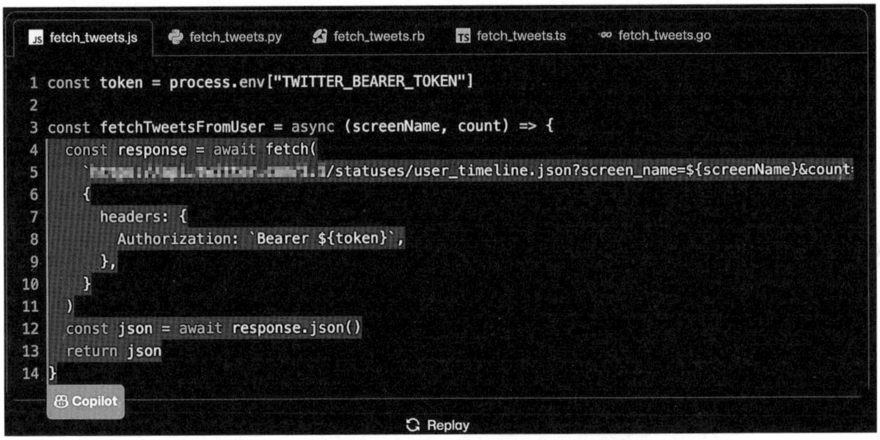

▲ 圖 10-7 GitHub Copilot 的程式自動補全範例

在圖 10-7 中，透過第 1 行的 token 從環境變數 TWITTER_BEARER_TOKEN 中設定值，可以推斷出需要將這個值用於使用者帳號的鑑權；透過第 3 行函數名稱 fetchTweetsFromUser，可以推斷出函數的內容是透過網路請求獲取使用者的 Tweets 資訊。另外，結合通用的網路請求程式，GitHub Copilot 可以自動補全網路請求部分，包括鑑權和請求傳回回應本體的 JSON 格式部分。

上述程式自動補全功能看似複雜，但熟悉提示詞工程的讀者都可以複現如圖 10-7 所示的範例效果。

如圖 10-8 所示，我們使用 GPT-3 完成必要的背景設定，即可實現和 GitHub Copilot 類似的程式自動補全功能。

從這個範例中可以看到，當我們遵循提示詞工程標準提問時，在正確設置好角色「資深前端開發工程師」、程式語言「JS 程式」和任務「舉出具體實現建議」後，ChatGPT 就能自動補全和 GitHub Copilot 類似水準的程式。熟悉這個原理後，企業可以利用其私有技術框架擴充出程式自動補全功能。

2. Locofy：讓設計稿自動生成程式

Locofy 基於 AI 技術，是同時服務設計團隊和前端研發團隊的平臺。它能快速、自動地將設計團隊產出的設計樣式轉化為前端研發團隊的程式實現，從而大幅提升團隊的工作效率。

Locofy 的核心能力如圖 10-9 所示。

▲ 圖 10-8　基於 GPT-3 複現 GitHub Copilot 的程式補全範例

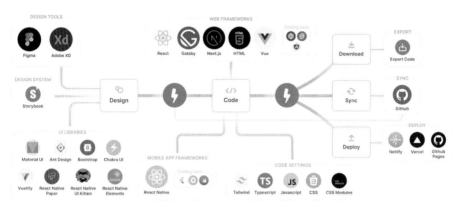

▲ 圖 10-9 Locofy 的核心能力

可以看出，其核心能力按照左中右分為三大類，即設計側能力、開發側能力、運行維護側能力。

- **設計側能力**：Locofy 提供了面向設計工具 Figma 和 Adobe XD，以及設計系統 Storybook 的外掛程式，還相容了多種熱門 UI 組件庫（包括 Material UI、Ant Design、Bootstrap 等）的標準。這樣可以更進一步地適應不同團隊的設計和研發習慣。

- **開發側能力**：Locofy 支援多個主流網頁開發框架，包括 React、Vue.js 等。針對移動端開發場景，它單獨支援 React Native 等行動應用程式開發框架。Locofy 還相容了不同研發團隊的開發方式，包括 JavaScript 和 TypeScript 的程式語言開發習慣，以及 Tailwind、CSS、CSS Modules 等的樣式開發習慣，以適應不同團隊的研發方式。

- **運行維護側能力**：Locofy 支援程式的原始程式下載、GitHub 倉庫的自動化同步，以及面向 Netlify、Vercel、GitHub Pages 等平臺的自動化生產部署。對於小型靜態頁面，自動化的程式同步和生產部署能力能大幅提升頁面的上線速度。

如圖 10-10 所示，左側是設計團隊輸出的設計稿，右側是基於這個設計稿自動生成的基於 React 框架的頁面原始程式。在右側頂部也可以選擇生成其他框架的頁面原始程式。Locofy 能基於設計稿生成多種技術堆疊的頁面原始程式，並且程式的命名、格式也有較高的可讀性。

▲ 圖 10-10　Locofy 的工作效果圖

對於一份在移動端和 PC 端採用不同解析度的設計稿，Locofy 可以分別生成移動端和 PC 端技術框架的程式。

3. Code Language Converter：智慧程式重構

Code Language Converter 是基於 AIGC 的程式重構工具。其主要功能是，將一種語言的程式轉為另外一種語言的程式。目前這個功能在小規模程式轉換上表現優異。

在官方舉出的程式轉換範例中，待轉換的程式是用 TypeScript 實現的檔案上傳程式。在將這段程式輸入轉換工具後，選擇要轉換的語言是 Java，則 Code Language Converter 能自動找到 Java 的相依函式庫，並將上傳的這段程式轉為 Java 程式，能處理好兩種語言的差異，如圖 10-11 所示。

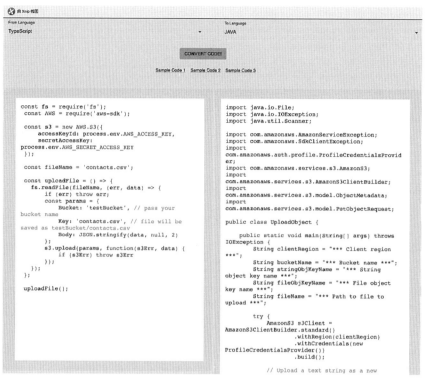

▲ 圖 10-11 Code Language Converter 程式轉換範例

> **提示** 關注細節的讀者不難發現，這兩段程式對異常的處理邏輯並不完全一致。這就需要使用者依據具體場景判斷是需要差異化處理還是統一處理。

基於 AI 的程式重構還處於探索階段，所有商業化產品的能力都還較為弱。透過分析 GitHub 社區中開放原始碼專案 mckaywrigley/ai-code-translator 的原始程式，我們發現可以透過提示詞範本實現 AI 程式重構。在 mckaywrigley/ai-code-translator 專案內觀察 utils/index.ts 的原始程式，可以看到以下關鍵程式：

```
const createPrompt = (
  inputLanguage: string,
  outputLanguage: string,
  inputCode: string,
) => {
…
return endent`
```

```
    You are an expert programmer in all programming languages. Translate the
"${inputLanguage}" code to "${outputLanguage}" code. Do not include \`\`\`.

    Example translating from JavaScript to Python:

    JavaScript code:
    for (let i = 0; i < 10; i++) {
      console.log(i);
    }

    Python code:
    for i in range(10):
      print(i)

    ${inputLanguage} code:
    ${inputCode}

    ${outputLanguage} code (no \`\`\`):
    `;
}
```

　　這段程式遵循提示詞工程標準，舉出了轉換程式語言的提示詞範本，包括 AI 角色設定（一個掌握所有程式語言的程式設計專家）、任務設定（將輸入語言轉為輸出語言）、任務範例（從 JavaScript 語言到 Python 語言的程式轉換）。這個提示詞範本接收 3 個入參：輸入語言、輸出語言和實際輸入的原始程式碼。

　　如果將輸入 / 輸出語言替換為「natural language」，則能實現程式和自然語言的雙向轉換——這個能力可以被用於生成註釋，以及利用自然語言生成程式的場景。

4. Jigsaw：智慧程式審查

　　這裡的 Jigsaw 特指微軟的 AI 輔助程式設計工具。

　　常規的程式智慧生成系統一般都是開環的，即開發者輸入生成程式的提示詞，系統輸出最終生成的程式，由開發者人工判斷生成的程式是否符合採納標準。而 Jigsaw 則嘗試建構這個流程的閉環，以提升生成程式的準確性。

　　Jigsaw 的核心功能：從使用者的回饋和標準 I/O 案例進行學習，並將學習結果作用於 AIGC 生成程式的輸入 / 輸出環節。

　　圖 10-12 為 Jigsaw 生成程式的流程圖。

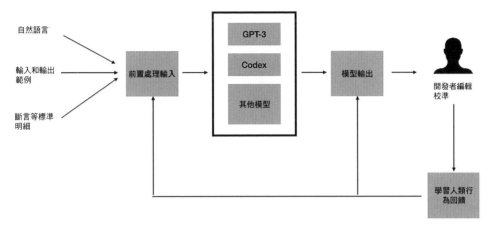

▲ 圖 10-12 Jigsaw 生成程式的流程圖

下面是微軟官方基於 Pandas 舉出的 Jigsaw 使用範例：

```
%jigsaw -q "Get fourth value from column 'C' in dfin
and assign to dfout"          # 將資料框 dfin 中 C 列第 4 個元素賦值給 dfout


dfout = dfin.ix[3, 'C']          # 預訓練模型的回答
dfout = dfin.loc[3, 'C']         # Jigsaw 校準後的回答
```

上面兩種回答的結果都能執行，但 ix 索引在 Pandas 文件中已被廢棄，loc 索引是目前推薦使用的索引。但是，因為大型語言模型是基於所有存量程式進行訓練的，所以它會將已廢棄的內容錯誤地學習和記憶。而 Jigsaw 是基於使用者回饋和 I/O 標準案例的，所以可以有效地避免這個問題。

5. Codium：智慧測試

Codium 可以基於 AIGC 技術，利用 Python、JavaScript、TypeScript 自動化生產有效的測試用例，幫助開發者在產品上線前發現其潛在問題。自動化生成測試用例，可以降低開發成本和維護成本。

Codium 提供了主流編輯器（包括 VSCode 和 JetBrain IDE）的外掛程式，方便開發者快速整合使用它。其具有以下 5 個核心功能。

- **自動生成測試用例**：可以為各種類型的程式（包括類別、函數和程式部分）生成測試用例。

- **程式分析**：智慧分析程式的功能和原理，並產出分析報告。幫助開發者進行程式文件的撰寫、程式問題排除和程式邏輯驗證等工作。

- **程式最佳化建議**：結合程式分析功能，提供程式最佳化建議。該功能還可以在 TestGPT 幫助下舉出提高程式品質的建議。

- **測試執行**：支援在生成程式測試用例後，透過操作 Codium AI 主控台自動化執行測試。

- **測試增強**：支援透過和 TestGPT 模型的對話來微調生成的測試用例，以提升測試用例的使用效果。

除上述核心功能外，Codium 還提供了用例管理、mock 資料生成等功能，幫助開發者更高效率地執行測試。

圖 10-13 展示了 Codium 的測試用例管理頁面。

▲ 圖 10-13 Codium 的測試用例管理頁面

Codium 的 VSCode 外掛程式不僅提供了一鍵自動生成測試用例的功能，還提供了簡單的互動功能，以幫助開發者管理測試用例。

Codium 的自動生成測試用例功能也可以透過最佳化提示詞範本來實現。比如，我們要求 ChatGPT 針對一個 JavaScript 函數生成 3 個測試用例，如圖 10-14 所示。

▲ 圖 10-14 利用 ChatGPT 生成測試用例

　　在這個的範例中，待測試函數的功能計算當天是全年的第幾周。我們給 ChatGPT 設置好角色（資深測試工程師，精通 Jest 測試框架）、任務（生成 3 個測試用例）和任務素材（函數原始程式），ChatGPT 會傳回符合要求的測試用例，輸入資料會覆蓋邊界場景和常規場景。

10.2.3　智慧運行維護工具——Dify

在傳統的軟體開發中，有經驗的團隊會建設或採購一套完整的 DevOps 平臺，以實現軟體交付及運行維護全流程的自動化。在 LLM 智慧開發領域也有類似的平臺——LLMOps（大型語言模型運行維護）平臺，它能提升大型語言模型的開發和部署效率。

LLMOps 涵蓋大型語言模型開發、部署、維護和最佳化環節。其目標是確保高效、可擴充和安全地使用 AI 模型來建構和執行應用。

Dify 的主要特點如下。

- **提供開箱即用的完整功能**：具有託管使用者私有資料的能力，提供了遵循 ChatGPT Plugin 標準的外掛程式工具集，並整合了 GPT-3.5、GPT-4、Claude 等 LLM。

- **具有較強的開發及運行維護能力**：具有模型存取、上下文嵌入、成本控制和資料標注等能力，提供給使用者流暢的體驗，並充分發揮 LLM 的潛能。

- **提供熱門場景的應用範本**：支援使用者在 5 分鐘內建立簡單的 AI 聊天應用，包括聊天機器人應用、程式轉換應用、文章總結應用等。

- **提供可訂製化的社區開放原始碼版本**：提供可私有託管的開放原始碼框架版本，這樣企業可以更進一步地保護私域商業資料。

利用 Dify，只需要簡單地初始化應用並編排提示詞，即可架設簡單的聊天機器人應用，如圖 10-15 所示。

（a）開始建立　　　　　　　　　　（b）編排提示詞

▲ 圖 10-15　利用 Dify 架設簡單的聊天機器人應用

在架設一個簡單的聊天機器人應用時，設定機器人的背景資訊是很重要的。Dify 不僅支援透過編排提示詞來設定機器人的背景，也支援使用者匯入資料來設定。舉例來説，企業可以匯入自己的商業產品資訊，進而將建立的應用擴充成為企業的客服機器人。在圖 10-15 中將「對話前提示詞」設定為「假設你是唐代詩人李白，以其豪放的個性和獨特的寫作風格而聞名，下面的對話請參考這個人物設定」。

按一下應用建構介面右上角的「發佈」按鈕後，可以預覽 Dify 應用的上線效果，如圖 10-16 所示。

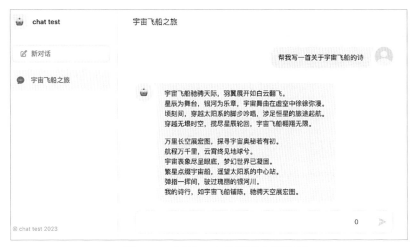

▲ 圖 10-16 預覽 Dify 應用的上線效果

提示 因為使用的是聊天機器人的預設範本，所以在發佈 Dify 應用時，我們無須關心這個應用的前端頁面是怎樣開發的，只需要關注最核心的提示詞、資料設置。這對於非前端開發人員有很大幫助。

在應用上線後，Dify 還提供了網頁版本和 API 存取版本，以及書附的運行維護平臺，以方便使用者了解專案的運行維護資料（如應用的使用者量、LLM 的使用費用等）。

10.3 自研相關工具

前文我們提到，直接使用第三方 LLM 服務可能會導致回答不準確、資料洩露等問題。直接採購並使用第三方工具也有同樣的風險。對此，一方面，可以私有化部署第三方工具將資料的流動限制在公司內部，甚至進行私有化訂製；另一方面，可以利用底層 LLM 服務的 API 自主實現一些功能（如智慧生成程式）。

10.3.1 AI 運行維護系統：私有化部署 Dify

ChatGPT 這種對話類型的通用智慧服務難以滿足企業內部訂製化場景的需求，而完全依賴第三方工具平臺又會喪失企業的競爭力和資料安全。所以，智慧研發系統在企業內實踐還是需要易擴充的私有化部署，Dify 社區開放原始碼版本能滿足這個訴求。本節介紹在企業內部私有化部署 Dify 的流程。

Dify 主要提供了兩種部署方式。

（1）利用 Docker Compose 一鍵部署：針對雲端，適合功能的正式交付。

（2）本地原始程式部署：針對本地開發 / 偵錯，既支援前後端全端統一部署，也支援前端單獨部署。

兩種部署方式在底層都依賴 Docker 容器，對系統組態的要求也是一致的。

- **macOS 系統**：安裝 Docker Desktop。將 Docker 虛擬機器（VM）設置為使用至少兩個虛擬 CPU 和 8 GB 的虛擬記憶體。
- **Linux 系統**：Docker 版本大於或等於 19.03，Docker Compose 版本大於或等於 1.25.1。
- **Windows 系統**：安裝 Docker Desktop。官方建議在將原始程式碼和其他資料綁定到 Linux 容器中時，應將其儲存在 Linux 檔案系統中，而非 Windows 檔案系統中。這是因為，Linux 檔案系統具有更高的穩定性和可靠性，能更進一步地支援容器化的應用程式。同時，Linux 檔案系統還提供了更高效的儲存和存取機制，可以提高應用程式的性能和效率。

1. 利用 Docker Compose 一鍵部署

利用 Docker Compose 一鍵部署很簡單，只需要以下 3 個命令即可完成。

```
# 1. 複製 Dify 專案原始程式，Dify 原始程式位址見本書書附資源中的「Dify 原始程式位址」
git clone [Dify 原始程式位址]
# 2. 切換到 Docker 目錄
cd dify/docker
# 3. 利用 Docker Compose 一鍵部署
docker compose up -d
```

　　注意，不同作業系統安裝的 Docker Compose 版本可能存在差異。如果 Docker Compose 版本為 2，則推薦使用「docker compose」命令一鍵部署；如果版本為 1，則推薦使用「docker-compose」命令一鍵部署。

　　執行完上述 3 個命令後，如果看到以下提示訊息則表示部署成功：

```
[+] Running 7/7
✓ Container docker-web-1         Started            1.0s
✓ Container docker-redis-1    Started               1.1s
✓ Container docker-weaviate-1 Started               0.9s
✓ Container docker-db-1          Started            0.0s
✓ Container docker-worker-1      Started            0.7s
✓ Container docker-api-1         Started            0.8s
✓ Container docker-nginx-1       Started            0.5s
```

　　還可以透過以下命令檢查所有容器是否正常執行：

```
docker compose ps
```

　　可以看到主要有 3 個業務服務——api、web 和 worker，以及 4 個基礎組件——db、nginx、redis 和 weaviate。

```
NAME                 IMAGE                              COMMAND
SERVICE              CREATED             STATUS             PORTS
docker-api-1         langgenius/dify-api:0.3.2          "/entrypoint.sh"
api                  4 seconds ago       Up 2 seconds       80/tcp, 5001/tcp
docker-db-1          postgres:15-alpine                "docker-entrypoint.s…"
db                   4 seconds ago       Up 2 seconds       0.0.0.0:5432->5432/tcp
docker-nginx-1       nginx:latest                      "/docker-entrypoint.…"
nginx                4 seconds ago       Up 2 seconds       0.0.0.0:80->80/tcp
docker-redis-1       redis:6-alpine                    "docker-entrypoint.s…"
redis                4 seconds ago       Up 3 seconds       6379/tcp
docker-weaviate-1 semitechnologies/weaviate:1.18.4     "/bin/weaviate --hos…"
weaviate             4 seconds ago       Up 3 seconds
docker-web-1         langgenius/dify-web:0.3.2          "/entrypoint.sh"
web                  4 seconds ago       Up 3 seconds       80/tcp, 3000/tcp
```

```
docker-worker-1      langgenius/dify-api:0.3.2        "/entrypoint.sh"
worker           4 seconds ago      Up 2 seconds        80/tcp, 5001/tcp
```

2. 本地部署原始程式

本地部署原始程式對於企業延伸開發場景是非常有用的。本地部署原始程式分為後端部署和前端部署兩個部分。

如果只需要單獨開發 / 偵錯後端，則可以重複使用官方提供的前端 Docker 容器鏡像並單獨啟動，不需要建構前端程式，以實現前後端開發解耦。

首先做好準備工作，主要包括程式複製和本地 PostgreSQL / Redis / Weaviate 基礎服務的啟動。

```
# 1. 複製程式，Dify 原始程式位址見本書書附資源中的「Dify 原始程式位址」
git clone [Dify 原始程式位址 ]
# 2. 如果本地沒有 PostgreSQL、Redis 和 Weaviate，則可以透過 Dify 配置
cd dify/docker
docker compose -f docker-compose.middleware.yaml up -d
```

Dify 在 docker-compose.middleware.yaml 中預設配置了上述 3 個基礎服務（PostgreSQL、Redis、Weaviate）。

（1）部署後端服務。

部署後端服務的具體步驟如下。

①配置 Python 環境。

基於 Dify 部署後端服務依賴於 Python 的 Flask 框架，為了快速且便捷地為 Dify 專案配置環境，我們推薦使用 Anaconda 作為工具。

需要注意的是，必須明確指定 Python 為 3.10 或以上版本，否則在建構 Flask 的過程中會顯示出錯。

```
# 1. 建立名為 Dify 的 Python 3.10 環境
conda create --name dify python=3.10
# 2. 切換至 Dify Python 環境
conda activate dify
# 3. 檢查 Python 版本
Which python
# 顯示 /Users/xxx/anaconda3/envs/dify/bin/python 即正確
```

②配置 API 專案環境。

具體步驟如下。

```
# 1. 進入 api 目錄
cd dify/api
# 2. 建立環境變數設定檔，可以直接複製官方範例
cp .env.example .env
# 3. 配置 env 檔案內 SECRET_KEY 的值，如果是本地偵錯，則可以賦值隨機金鑰
openssl rand -base64 42
sed -i 's/SECRET_KEY=.*/SECRET_KEY=<your_value>/' .env # 不同系統中 Linux 的 sed 命令可
能存在區別，如果出錯，則建議手動修改
# 4. 在安裝 Python 的相關相依函式庫時，請務必確保所使用的 pip 是位於 「anaconda3/
# envs/dify/bin/」下的 pip
pip install -r requirements.txt
```

在完成上述步驟後，就可以啟動 API 服務了。

③啟動 API 服務。

```
# 1. 更新資料庫到最新版本，如果不執行這一步，則架設的服務將請求不到任何資料
flask db upgrade
# 2. 啟動 API 服務
flask run --host 0.0.0.0 --port=5001 -debug
```

執行上述命令後，如果系統顯示出錯，建議先使用 which 命令來檢查 Flask 是
否安裝在「anaconda3/envs/dify」目錄下。如果不是，則建議在當前終端中重新執行
conda activate dify 命令以啟動配置。

如果看到類似以下的日誌，則表明啟動 API 服務成功：

```
* Debug mode: on
INFO:werkzeug:WARNING: This is a development server. Do not use it in a production
deployment. Use a production WSGI server instead.
 * Running on all addresses (0.0.0.0)
 * Running on http://127.0.0.1:5001
INFO:werkzeug:Press CTRL+C to quit
INFO:werkzeug: * Restarting with stat
WARNING:werkzeug: * Debugger is active!
INFO:werkzeug: * Debugger PIN: 695-801-919
```

④啟動 Worker 服務。

為了消費非同步佇列任務（如資料集檔案匯入、更新資料集文件等），我們還需要啟動 Worker 服務。使用 celery 命令啟動該服務：

```
# Linux 或 macOS 系統
celery -A app.celery worker -P gevent -c 1 --loglevel INFO
# Windows 系統
celery -A app.celery worker -P solo --without-gossip --without-mingle --loglevel INFO
```

如果輸出類似以下的日誌，則表明成功啟動 Worker 服務。

```
-------------- celery@TAKATOST.lan v5.2.7 (dawn-chorus)
--- ***** -----
-- ******* ---- macOS-10.16-x86_64-i386-64bit 2023-06-10 16:33:46
- *** --- * ---
- ** ---------- [config]
- ** ---------- .> app:         app:0x13ab02510
- ** ---------- .> transport:   redis://:**@localhost:6379/1
- ** ---------- .> results: postgresql://postgres:**@localhost:5432/dify
- *** --- * --- .> concurrency: 1 (gevent)
-- ******* ---- .> task events: OFF (enable -E to monitor tasks in this worker)
--- ***** -----
 -------------- [queues]
                .> celery           exchange=celery(direct) key=celery

[task]…

[2023-06-10 16:33:46,274: INFO/MainProcess] Connected to redis://:**@localhost:6379/1
[2023-06-10 16:33:46,279: INFO/MainProcess] mingle: searching for neighbors
[2023-06-10 16:33:47,320: INFO/MainProcess] mingle: all alone
[2023-06-10 16:33:47,334: INFO/MainProcess] pidbox: Connected to
redis://:**@localhost:6379/1.
[2023-06-10 16:33:47,345: INFO/MainProcess] celery@TAKATOST.lan ready.
```

至此，部署後端服務就順利完成了，接下來開始部署前端服務。

（2）部署前端服務。

部署前端服務可以分為本地原始程式部署和 Docker 鏡像部署兩種。前者支援在本地開發 / 偵錯前端頁面；後者使用建構好的前端鏡像，更方便在後端進行獨立的開發 / 偵錯。

①本地原始程式部署。

Dify 前端專案是基於前端開發框架 Next.js 開發的，不但方便實踐 SSR（伺服器端著色，一種網頁最佳化策略）等性能最佳化策略，而且本地開發體驗也相當優異。

啟動本機服務分為三步：

```
# 1. 進入 web 目錄，安裝 NPM 相依
cd dify/web
npm install
# 2. 複製 env.example 檔案中的環境配置資訊，並透過 run 命令觸發本地建構
cp .env.example .env.local
npm run build
# 3. 啟動服務
npm run start
```

之後如看到以下日誌，則表示啟動成功：

```
> dify-web@0.3.6 start
> next start

- ready started server on 0.0.0.0:3000, url: http://localhost:3000
- info Loaded env from /Users/xxx/Github/dify/web/.env.local
```

接下來利用瀏覽器開啟 http://localhost:3000，即可看到本地部署的 Dify 網站。

② Docker 鏡像部署。

Docker 鏡像部署可以使用 DockerHub 的開放原始碼鏡像，也可以使用在本地用原始程式建構的鏡像。

```
# 使用 DockerHub 的開放原始碼鏡像
docker run -it -p 3000:3000 -e EDITION=SELF_HOSTED -e CONSOLE_URL=http://127.0.0.1:3000
-e APP_URL=http://127.0.0.1:3000 langgenius/dify-web:latest
# 使用在本地用原始程式建構的鏡像，包括以下兩步：
# 1. 建構本地鏡像
cd web && docker build . -t dify-web
# 2. 啟動本地鏡像
docker run -it -p 3000:3000 -e EDITION=SELF_HOSTED -e CONSOLE_URL=http://127.0.0.1:3000
-e APP_URL=http://127.0.0.1:3000 dify-web
```

利用瀏覽器開啟 http://127.0.0.1:3000，可以看到部署的效果，如圖 10-17 所示。

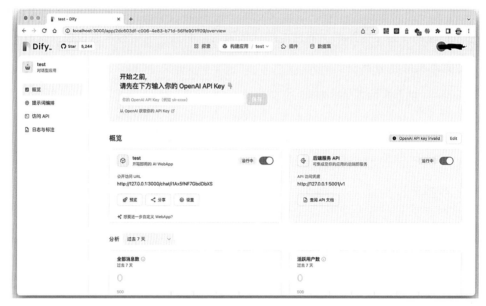

▲ 圖 10-17 Dify 本地部署的效果

　　本地部署的 Dify 沒有預置的專案範本、外掛程式和資料集，但支援建立和管理 LLM 應用、編排相關管線、發佈應用和 API。企業可以靈活訂製自己的 UI 互動介面和底層服務。

10.3.2 AI 文件工具：教 AI 讀懂內部研發手冊

　　10.3.1 節私有化部署了 LLMOps 平臺 Dify，基於該平臺可以快速交付企業私有知識庫，讓 AI 讀懂企業內部的產品 / 研發手冊，同時憑藉私有化部署降低洩露敏感資訊的風險。

　　在 Dify 資料集頁面中，可以建立本地資料集並進行管理。

　　考慮到 GPT-3.5 學習的是 2022 年前的巨量網路公共知識，所以這裡我們選用 2022 下半年發佈的 useId-React.pdf 文件作為學習範例。

　　將 PDF 文件拖入 Dify，之後按一下「下一步」按鈕，如圖 10-18 所示。

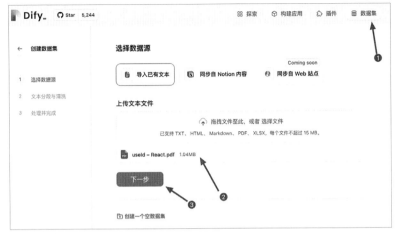

▲ 圖 10-18 匯入私有文件範例

之後進行文字分段與清洗介面，如圖 10-19 所示。Dify 既支援免費的離線分段（經濟索引），也支援呼叫 OpenAI 嵌入介面進行更高品質的分段（高品質索引）。

▲ 圖 10-19 文字分段範例（主要查看右側的分段預覽效果）

■ 提示 如果文件的結構化程度較高且有明顯的分段標識，則可以自訂分段。Dify 支援基於分行符號、分頁符號等特定標識進行分段。好的分段能提升匹配的準確度，並能降低整體的 Token 消耗。

　　如果對分段效果滿意，則按一下圖 10-19 中的「儲存並處理」按鈕進行向量化儲存，稍後提示「資料集已建立」，如圖 10-20 所示。

▲ 圖 10-20　提示「資料集已建立」

　　在圖 10-20 中按一下「前往文件」按鈕會進入文件管理頁面，如圖 10-21 所示，在其中可以查看文件分段詳情、文件資訊，並進行命中測試，以及重新設置分段策略。

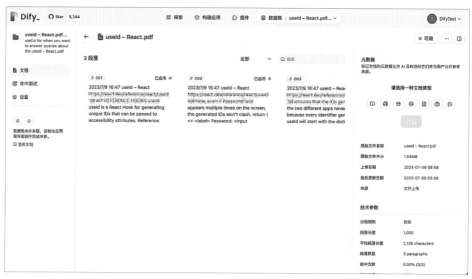

▲ 圖 10-21　文件管理頁面

在「建構應用 /test」頁面中,將資料集匯入上下文中,並在「對話前提示詞」中設置好角色和任務要求,之後可以在偵錯介面中詢問關於 useId 的問題,如圖 10-22 所示。

▲ 圖 10-22 建構應用範例

按一下「發佈」按鈕,稍後可獲得一個基於匯入文件的問答機器人網頁及對應的 API。

💡 **提示** 上下文匹配準確度依賴匯入資料集的格式,以及文字分段的精度。所以,建議多準備一些測試用例以持續最佳化文件的命中率。

10.3.3 AI 開發工具:利用一句話生成網站

我們可以使用 AIGC 快速生成靜態網站內容。只要事先對網站內容進行系統的結構化整理,那麼基於 AIGC 技術,我們就能針對不同背景和需求迅速填充與網站相匹配的內容,實現高效且精準的個性化訂製。

MakeLanding 具有自動生成「產品實踐頁」(有時也稱「產品功能宣傳頁」)的能力。本節以個人簡歷網站為例,介紹如何利用「一句話」生成網站所需要的全部內容。整體想法:首先找到一個固定的網頁範本,然後透過 LLM 將「一句話」中的需求轉為填充這個網頁範本的內容。

1. 自動生成網站內容

　　我們選擇熱門的簡歷範本 tbakerx/react-resume-template，這個範本生成的個人網頁如圖 10-23 所示。

　　選擇單頁面範本的好處是，頁面內的所有內容均在「src/data/data.tsx」檔案中，方便統一查看和編輯。圖 10-23 所示網頁的資料（圖片、HTML 程式、CSS 程式）均來自 data.tsx 檔案的 heroData 常數，如圖 10-24 所示。

▲ 圖 10-23　範本生成的個人網頁

```
test-resume-temlate / src / data / data.tsx

 Code    Blame   373 lines (359 loc) · 10.4 KB                                          Raw

 68    * Hero section
 69    */
 70    export const heroData: Hero = {
 71      imageSrc: heroImage,
 72      name: `I'm Tim Baker.`,
 73      description: (
 74        <>
 75          <p className="prose-sm text-stone-200 sm:prose-base lg:prose-lg">
 76            I'm a Victoria based <strong className="text-stone-100">Full Stack Software Engineer</strong>, currently working
 77            at <strong className="text-stone-100">Instant Domains</strong> helping build a modern, mobile-first, domain
 78            registrar and site builder.
 79          </p>
 80          <p className="prose-sm text-stone-200 sm:prose-base lg:prose-lg">
 81            In my free time, you can catch me training in <strong className="text-stone-100">Muay Thai</strong>,
 82            plucking my <strong className="text-stone-100">banjo</strong>, or exploring beautiful{' '}
 83            <strong className="text-stone-100">Vancouver Island</strong>.
 84          </p>
 85        </>
 86      ),
 87      actions: [
 88        {
 89          href: '/assets/resume.pdf',
 90          text: 'Resume',
 91          primary: true,
 92          Icon: ArrowDownTrayIcon,
 93        },
 94        {
 95          href: `#${SectionId.Contact}`,
 96          text: 'Contact',
 97          primary: false,
 98        },
 99      ],
100    };
101
```

▲ 圖 10-24　頁面範本底層資料範例

我們可以利用提示詞指導 LLM 輸出符合格式要求的 HTML 網頁內容。

對於這個簡歷網站範本，可以使用以下程式自動生成 HTML 網頁內容。

```
def genResumeInfo(inputInfo):
    template = """
    你是一個職場經理人，可以根據候選人的基本資訊擴充推測其完整資訊。要求傳回資料為 JavaScript 物
件格式。內容要求前後描述一致。
    範例如下
    輸入資訊：「一個全端工程師叫張三」
    輸出資訊：
    ```
    // 封面介紹
    export const heroData: Hero = {
      imageSrc: heroImage,
      name: ` 我是張三 `,
      description: (
        <>
          <p className="prose-sm text-stone-200 sm:prose-base lg:prose-lg">
          我是一名 <strong className="text-stone-100"> 資深全職工程師 </strong>，擁有豐富
的前端和後端技術經驗，熟悉現代工作方法論和專案管理。
          </p>
          <p className="prose-sm text-stone-200 sm:prose-base lg:prose-lg">
          我在多個業務專案中擔任過技術負責人和專案經理的角色，具備良好的團隊合作和溝通能力。
我對技術的熱情和追求卓越的態度使我成為一個 <strong className="text-stone-100"> 高效、可靠 </
strong> 的團隊成員
          </p>
        </>
      ),
      actions: [],
    };
    // 教育經歷
    export const education: TimelineItem[] = [
      {
        date: '2013~2017',
        location: ' 清華大學 ',
        title: ' 大學 ',
        content: <p> 電腦科學與技術專業 </p>,
      },
      {
        date: '2017~2019',
        location: ' 北京大學 ',
        title: ' 碩士 ',
        content: <p> 工商管理專業 </p>,
      },
```
```

```
    ];

    // 工作經歷
    export const experience: TimelineItem[] = [
      {
        date: '2019~2020',
        location: ' 北京智慧駕駛有限公司 ',
        title: ' 軟體開發實習 ',
        content: (
          <>
            <p> 參與制定專案計畫和需求分析，與產品經理和設計師合作，確保專案按時交付，並滿足使用
者需求。</p>
            <p> 負責公司核心產品的前端開發，使用 React 和 Vue.js 等框架，實現了使用者介面的最佳
化和功能擴充。</p>
          </>
        ),
      },
      {
        date: '2021~2023',
        location: ' 北京超級大腦有限公司 ',
        title: ' 軟體開發工程師 ',
        content: (
          <>
            <p> 負責開發和維護公司的後端系統，使用 Java 和 Spring 框架，實現了高性能和可擴充的系
統架構。</p>
            <p> 參與需求分析和系統設計，與團隊成員合作，確保專案的順利進行，並按時交付。</p>
            <p> 負責技術團隊的管理和指導，培養新人，提升團隊整體技術水準。</p>
          </>
        ),
      },
    ];
    ```

    現在使用者的輸入資訊是：{{userInput}}
    """
    prompt = PromptTemplate.from_template(template=template, template_
format="jinja2")
    llm_chain = LLMChain(prompt=prompt, llm=llm)
    return llm_chain.run(inputInfo)

if IS_DEBUG:
    print(genResumeInfo(' 小美，一個旅行 App 產品經理 '))
```

由於篇幅較長，建議選擇 Token 上限更高的模型（這裡使用的是 gpt-3.5-turbo-16k）。最終 LLM 輸出的 HTML 網頁內容如下：
```

```
```
// 封面介紹
export const heroData: Hero = {
  imageSrc: heroImage,
  name: ` 我是小美 `,
  description: (
    <>
      <p className="prose-sm text-stone-200 sm:prose-base lg:prose-lg">
      我是一名 <strong className="text-stone-100"> 旅行 App 產品經理 </strong>，擁有豐富的
產品規劃和專案管理經驗，熟悉使用者需求分析和產品設計。
      </p>
      <p className="prose-sm text-stone-200 sm:prose-base lg:prose-lg">
          我在多個旅行 App 專案中擔任過產品經理的角色，具備良好的團隊合作和溝通能力。我對使用者體驗的
關注和不斷追求產品最佳化的態度使我成為一個 <strong className="text-stone-100"> 使用者導向、創
新 </strong> 的產品經理
      </p>
    </>
  ),
  actions: [],
};
...// 篇幅有限，省略部分內容
```

用上述程式替換「src/data/data.tsx」檔案中 heroData 常數對應的程式即可更新
網頁內容，效果如圖 10-25 所示。

▲ 圖 10-25 智慧生成的網頁效果（同一個網頁的 1~4 螢幕）
```

可以看到，個人簡歷網站的內容均已被正確填充，而填充的內容來源於一句話「小美，一個旅行 App 產品經理」。

LLM 能依據我們提供的範例舉出我們想要的內容，並嚴格遵循範例中的格式。網頁中的圖片也是使用大型語言模型生成的，如第 2 螢幕中的個人圖示就是從 10000 張 AI 生成的虛擬人圖示中隨機挑選的。這個能力可以被用於訂製化生成 mock 資料、生成測試用例，以及其他需要大量生成網頁的場景。

2. 最佳化互動體驗

上面展示了如何使用大型語言模型自動填充網頁資料，但在實際的軟體研發過程中，還需要對 HTML 網頁的樣式和對話模式進行調整。對於簡單的調整，我們可以透過提示詞來實現。

以圖 10-25 中第 4 螢幕為例，目前為瀑布流排列的照片牆展示樣式，如果需要將其調整為橫向輪播的橫幅展示樣式，則可以透過以下提示詞實現：

```
def changeUI(inputInfo):
    template = """
    你是一名資深前端開發工程師，精通 React。請利用使用者輸入資訊對程式內容進行樣式調整。
    程式內容為
    ```
    import {ArrowTopRightOnSquareIcon} from '@heroicons/react/24/outline';
    import classNames from 'classnames';
    import Image from 'next/image';
    import {FC, memo, MouseEvent, useCallback, useEffect, useRef, useState} from
'react';

    import {isMobile} from '../../config';
    import {portfolioItems, SectionId} from '../../data/data';
    import {PortfolioItem} from '../../data/dataDef';
    import useDetectOutsideClick from '../../hooks/useDetectOutsideClick';
    … // 由於篇幅限制，此處僅展示了部分程式，如需看全部內容，請查閱「src/ components/Section/
Portfolio.tsx」檔案
    ```

    現在使用者的輸入資訊是：{{userInput}}
    """
    prompt = PromptTemplate.from_template(template=template, template_format="jinja2")
    llm_chain = LLMChain(prompt=prompt, llm=llm)
    return llm_chain.run(inputInfo)
```

```
if IS_DEBUG:
    print(changeUI(' 當前視圖為瀑布流照片牆樣式，請將其調整為左右輪播的橫幅樣式 '))
```

對比原始程式和 AI 修改後的程式可以發現，大型語言模型辨識並改變了兩行程式，如圖 10-26 所示。

```
11
12 const Portfolio: FC = memo(() => {
13   return (
14     <Section className="bg-neutral-800" sectionId={SectionId.Portfolio}>
15       <div className="flex flex-col gap-y-8">
16         <h2 className="self-center text-xl font-bold text-white">Check out some of my work</h2>
17         <div className="w-full columns-2 md:columns-3 lg:columns-4">
18           {portfolioItems.map((item, index) => {
19             const {title, image} = item;
20             return (
21               <div className="pb-6" key={`${title}-${index}`}>
22                 <div
23                   className={classNames(
24                     'relative h-max w-full overflow-hidden rounded-lg shadow-lg shadow-black/30 lg:shadow-xl',
25                   )}>
26                   <Image alt={title} className="h-full w-full" placeholder="blur" src={image} />
```

（a）原始程式

```
11
12 const Portfolio: FC = memo(() => {
13   return (
14     <Section className="bg-neutral-800" sectionId={SectionId.Portfolio}>
15       <div className="flex flex-col gap-y-8">
16         <h2 className="self-center text-xl font-bold text-white">Check out some of my work</h2>
17         <div className="w-full flex items-center overflow-x-auto">
18           {portfolioItems.map((item, index) => {
19             const {title, image} = item;
20             return (
21               <div className="pb-6 flex-shrink-0" key={`${title}-${index}`}>
22                 <div
23                   className={classNames(
24                     'relative h-max w-full overflow-hidden rounded-lg shadow-lg shadow-black/30 lg:shadow-xl',
25                   )}>
26                   <Image alt={title} className="h-full w-full" placeholder="blur" src={image} />
```

（b）AI 修改後的程式

▲ 圖 10-26 對比原始程式和 AI 修改後的程式

調整前後的頁面效果如圖 10-27 所示。

（a）調整前的效果　　　　　　　　（b）調整後的效果

▲ 圖 10-27 調整樣式前後的對比

關於互動體驗最佳化，本節開頭提到的商業化產品 MakeLanding 提供了一個參考實踐，如圖 10-28 所示。

📢 **提示**　MakeLanding 的核心功能是「文生網頁」，生成的網頁也提供了豐富的互動入口，方便使用者對頁面進行微調（包括但不限於主題和字型切換、增刪元素、替換圖文等）。

▲ 圖 10-28 MakeLanding 智慧互動式網站開發範例

第 11 章
實戰──打造領域專屬的 ChatGPT

本章將介紹如何打造一個領域專屬的 ChatGPT。該領域專屬 ChatGPT 具有類似通用 ChatGPT 的回答能力，並且能夠更精準地回答某個領域內的問題。

■ 11.1 整體方案介紹

當前，許多企業希望在其內部應用 ChatGPT。然而，ChatGPT 是一個預訓練好的模型，其知識主要來源於網際網路上公開的資料。因此，它對於某些垂直領域和企業內部的私有知識的回答可能不盡如人意。

為了解決這個問題，目前主流的解決方案是利用 OpenAI 等公司提供的 LLM 服務，以及 LangChain 等 AI 應用程式開發框架，建構基於領域專屬知識庫的問答機器人。

11.1.1 整體流程

實現一個領域專屬問答機器人的流程如圖 11-1 所示，主要步驟如下：

（1）首先對儲存在本地的領域專屬知識庫中的資料進行載入和切分得到文字區塊，然後對其進行向量化處理（將文字資料轉為向量資料，使得機器學習演算法可以處理文字資料），並將處理後的向量資料存入向量資料庫。對應圖 11-1 中的 1、2、3、4、5、6 步。

（2）將使用者問題進行向量化處理，轉為向量，對應圖 11-1 中的 8、9 步。

（3）根據使用者問題向量進行向量資料庫查詢匹配，傳回相似度最高的 N 筆相關文字區塊，對應圖 11-1 中的 10、7、11 步。

（4）將匹配出的相關文字區塊和「使用者問題的上下文」輸入提示詞範本生成提示詞（對應圖 11-1 中的 12、13 步），之後將這些提示詞提交給 ChatGPT 等大型語言模型來生成回答結果（對應圖 11-1 中 14、15 步）。

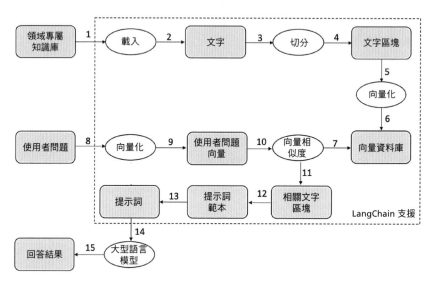

▲ 圖 11-1 領域專屬問答機器人的實現流程

11.1.2 整體模組

下面將透過一個案例展示如何建構領域專屬問答機器人。

假設有這樣一個應用場景：小 A 是一個電子商務賣家，它有數百款鞋類商品，他想擁有一個領域專屬問答機器人以回答使用者關於所售商品的問題。

小 A 原來想直接採用 ChatGPT 等通用聊天機器人，但是 ChatGPT 並不具備小 A 的商品知識，所以回答效果不佳。因此，希望將 ChatGPT 的優勢與其專屬商品知識相結合，以實現更加出色的使用者諮詢體驗。

為了滿足小 A 的訴求，我們將為他建構一個小型的領域專屬問答機器人，稱之為 ShoesGPT。ShoesGPT 以大型語言模型為基礎，外加本地領域專屬知識庫，能夠以較低的成本解決小 A 的商品諮詢問題。

整體解決方案如圖 11-2 所示，一共包含 3 個模組。

- 模組一：知識庫建構模組。該模組負責將全部商品知識進行整理、前置處理和向量化，得到的資料是後續商品問答的基礎資料，也是微調開放原始碼大型語言模型時的資料來源。
- 模組二：問答服務模組。該模組負責將問答服務架設起來，包括建立向量資料庫，以及根據本地知識進行問答。
- 模組三：大型語言模型服務模組。在本模組中有 3 種選擇：①呼叫 ChatGPT 模型的開放介面；②本地部署開放原始碼的大型語言模型 ChatGLM；③本地部署並微調大型語言模型，需要 3 個步驟：首先建構問答資料集，匯集一系列問題和答案，形成精準的資料集；隨後，選擇合適的開放原始碼大型語言模型，確保它具備強大的語言處理能力；最後，利用這個資料集進行模型微調，使其更精準地匹配特定領域的問題和答案。

如果選擇方案一，則實現便捷、效果令人滿意，但是成本較高；如果選擇方案二，則成本更低，但是效果較差；如果選擇方案三，則平衡了成本和效果，但是開發難度較大。

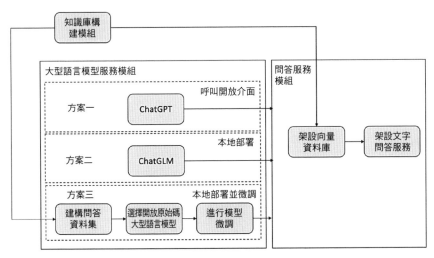

▲ 圖 11-2 建構領域專屬 ShoesGPT 的整體解決方案

11.2 基於 ChatGPT 開發領域專屬問答機器人

接下來基於 ChatGPT 開發領域專屬問答機器人。它可以提供給使用者專業、精準的回答，滿足特定領域的需求。

11.2.1 架設領域專屬知識庫

需要先建構一個領域專屬知識庫，這樣大型語言模型可以利用其中的知識來回答特定領域的使用者問題。

1. 收集資料

為了建構領域專屬知識庫，需要收集的資料包括：商品的名稱、品牌、價格、材質、介紹、賣點、使用者評論等。各種可以被大型語言模型參考來回答使用者問題的資訊都可以放入該領域專屬知識庫。

為了便於將領域專屬知識庫中的知識輸入大型語言模型，我們在領域專屬知識庫中以文字形式儲存知識，資料範例見表 11-1。表格中的每一行是一段包含商品資訊的文字，文字長短不限。

▼ 表 11-1 領域專屬知識庫資料範例

商品名稱	商品 ID	句　子
思加圖復古涼鞋	145	名稱是復古涼鞋
思加圖復古涼鞋	145	品牌是思加圖
思加圖復古涼鞋	145	價格是 99
思加圖復古涼鞋	145	產地是中國
思加圖復古涼鞋	145	類目是女鞋
思加圖復古涼鞋	145	適用人群為年輕女性
思加圖復古涼鞋	145	可選顏色為白色、灰色
思加圖復古涼鞋	145	適用季節為夏季
思加圖復古涼鞋	145	材質為牛皮
思加圖復古涼鞋	145	鞋子的設計簡潔而時尚，能夠搭配各種服裝，使您在任何場合都能散發出自信的魅力。此外，這款鞋還具有出色的耐久性和舒適性，讓您的步履更加輕鬆自如。無論您是在日常生活中行走，還是在運動場上奔跑，這款鞋都是您最佳的選擇

. 前置處理資料

在收集完領域專屬知識庫的文字資料後，還需要對其進行前置處理，以解決文字過長的問題。領域專屬知識庫中的文字會被放入大型語言模型的提示詞，以指導大型語言模型回答使用者問題，過長的文字會超過大型語言模型的「最大字元長度」限制。

前置處理文字資料的程式如下：

```python
from langchain.text_splitter import TextSplitter
import hanlp

class SentencesTextSplitter(TextSplitter):

    def __init__(self, max_chunk_size, **kwargs):
        """
        初始化文字分割器
        :param max_chunk_size: 最大字元長度
        :param kwargs: 一個可變的參數
        """
        super().__init__(**kwargs)
        self.tokenizer = hanlp.utils.rules.split_sentence
        self.max_chunk_size = max_chunk_size

    def split_text(self, text):
        """
        當 text 字元數量超過 max_chunk_size 時，對 text 進行分割
        :param text: 要分割的文字
        :return: 分割之後的陣列
        """
        if len(text) < self.max_chunk_size:
            return [text]
        splits_chunk = []
        texts = self.tokenizer(text)
        cur_text = []
        cur_len = 0
        for item in texts:
            item = str(item)
            if item.strip():
                if cur_len + len(item) >= self.max_chunk_size:
                    splits_chunk.append("".join(cur_text))
                    cur_text = [item]
                    cur_len = len(item)
```

```
        else:
            cur_text.append(item)
            cur_len += len(item)
    splits_chunk.append("".join(cur_text))
    return splits_chunk
```

這段程式的想法是，判斷當前文字是否超過設定的「最大字元長度」（max_chunk_size）：如果沒有超過，則直接傳回；如果超過了，則用 HanLP 工具進行分句，並以「句」為單位拼接成最長不超過「最大字元長度」的文字區塊。

💡 **提示**　在上述程式中用到了 LangChain 和 HanLP，讀者可以用 pip install langchain 和 pip install hanlp 命令分別安裝它們。

HanLP 是一個開放原始碼的 NLP 工具套件，這裡主要呼叫了其分句函數 split_sentence。讀者也可以隨選選擇其他的分句工具。

3. 向量化資料

通常領域專屬知識庫中的文字資料較多，為了快速找到包含使用者問題答案的文字資料，一般在前置處理後需要對領域專屬知識庫中的文字資料進行向量化處理，並將向量化處理的結果存入向量資料庫。

向量化處理是一種將非數值的詞語或符號程式碼成數值向量的技術，它是自然語言處理和深度學習中常用的資料處理技術。文字對應的向量通常透過神經網路模型得到，該網路模型接收文字中的詞語作為輸入，輸出一個對應的數值向量。兩個文字的語義相似度越高，則它們對應的向量相似度的值就越大。

💡 **提示**　本案例中採用了 Hugging Face 社區開放原始碼的 SentenceTransformer 模型對文字進行向量化處理，讀者可以執行 pip install sentence_transformers 命令安裝該模型。

下面是呼叫 SentenceTransformer 模型對文字進行向量化處理的程式。

```
from sentence_transformers import SentenceTransformer

class Embedding():
    def __init__(self):
        self.model = SentenceTransformer("shibing624/text2vec-base-chinese")

    def encoder(self, sentence):
        return self.model.encode(sentence)
```

```
def get_sentence_embedding(self, sentence):
    """
    對 sentence 進行向量化處理
    :param sentence: 要進行向量化處理的文字
    :return: 向量結果
    """
    embeddings = self.encoder(sentence)
    return embeddings
```

如果呼叫 get_sentence_embedding(「中國的首都在哪裡？」)，則輸出一個 768 維度的浮點型陣列。

11.2.2 架設向量資料庫

領域專屬知識庫的資料需要儲存到向量資料庫中，以方便後續透過語義檢索出與使用者問題最相似的資料。

> **提示** 向量資料庫是一種專門用於儲存和查詢高維向量資料的資料庫。
>
> 與傳統的關聯式資料庫不同，向量資料庫不是基於表格結構的，而是基於向量結構的。在向量資料庫中，每個資料專案都是一個向量，向量的每個維度代表一個屬性或特徵。
>
> 向量資料庫的主要優點：允許根據向量距離或相似度，對資料進行快速、準確的檢索。這表示，可以使用向量資料庫根據語義查詢最相似的資料，而非使用基於精確匹配或預先定義標準查詢資料庫的傳統方法。

1. 常用的向量資料庫

下面介紹一些常用的向量資料庫以供讀者選擇。

（1）Pinecone：用於索引和儲存向量，以進行快速檢索和相似性搜尋。它具有 CRUD 操作、中繼資料過濾和橫向擴充等功能。

（2）Weaviate：一個開放原始碼的向量資料庫，允許使用者執行高效的純向量相似性搜尋，它還允許關鍵字搜尋與向量搜尋相結合，以獲得最佳的結果。

（3）Chroma：為儲存和搜尋高維向量提供了簡單的 API。它是專為基於特徵和屬性的相似性搜尋而設計的。

（4）Kinetica：一個高性能的向量資料庫，可以在多個 GPU 節點上進行分散式運算；它還提供了高效的向量相似性搜尋演算法，可以快速查詢出與給定向量相似的向量資料專案。

2. 以 Chroma 為例架設向量資料庫

考慮到 Chroma 同時支援按照關鍵字、ID 和向量進行檢索，我們選擇用它作為本專案的向量資料庫。

安裝 Chroma：

```
pip install chromadb
```

之後，將本地領域專屬知識庫中的資料儲存到向量資料庫 Chroma 中，並實現向量檢索。程式如下所示：

```
1 import os
2 from collections import defaultdict
3 import pandas as pd
4 from langchain.embeddings.huggingface import HuggingFaceEmbeddings
5 from langchain.vectorstores import Chroma
6 from chinese_text_splitter import SentencesTextSplitter
7 from chromadb.config import Settings
9
10 class KBSearchService(object):
11     def __init__(self, config):
12         self.vector_store = {}
13         self.config = config
14         self.embedding_model = HuggingFaceEmbeddings(model_name= self.config.
embedding_model_name)
15         self.docs_path = self.config.docs_path
16         self.vector_store_path = self.config.vector_store_path
17         self.init_source_vector()
18
19     def corpus_preprocess(self):
20         """
21         資料前置處理，切分並處理成方便匯入向量資料庫的格式
22         :return: 處理好的資料，字典格式，key 是商品 ID，value 是該商品下切分好的文字
23         """
24         text_splitter = SentencesTextSplitter(max_chunk_size=100)
25         texts_list = defaultdict(list)
26
27         data_corpus = pd.read_csv(self.docs_path, sep="\t")
28         for index, row in data_corpus.iterrows():
```

```
29            sentence = row['句子']
30            goods_id = row['商品_ID']
31            texts_split = text_splitter.split_text(sentence)
32            for item in texts_split:
33                texts_list[goods_id].append(item)
34
35        return texts_list
36
37    def init_source_vector(self):
38        """
39        將領域專屬知識庫中的資料匯入向量資料庫
40        """
41        data = self.corpus_preprocess()
42        for goods_id, texts in data.items():
43            goods_id = str(goods_id)
44            print(goods_id)
45            vs = Chroma.from_texts(
46                texts=texts,
47                embedding=self.embed    ding_model,
48                collection_name=goods_id,
49                client_settings=Settings(persist_directory=  os.path.join(self.
vector_store_path, goods_id))
50                )
51            self.vector_store[goods_id] = vs
52
53    def knowledge_search(self,goods_id,question,top_k):
54        db = self.vector_store[goods_id]
55        search_result = db.similarity_search(question, k=top_k)
56        doc = [r.page_content for r in search_result]
57        return "\n".join(doc)
```

下面對上述程式的重點部分説明。

（1）第 5 行，用 LangChain 匯入向量資料庫 Chroma，因為用 LangChain 作為本專案的總開發框架，可以快速地將向量檢索、組裝 Prompt、呼叫大型語言模型等環節串聯起來。

（2）第 19 ～ 35 行，用 11.2.1 節中的「2. 前置處理資料」標題中的方式處理資料，並以商品為單位將語料整理，輸出為 { 商品 ID:[描述 1，描述 2，…]} 的字典格式。

（3）第 37 ～ 51 行，將處理結果逐一儲存到 Chroma 的 collection 裡，每個商品對應一個 collection。collection 是 Chroma 中用來儲存向量、原始文字資料、其他中繼資料的地方，可以將其類比為資料庫中的資料表。

（4）第 49 行，設置 Chroma 中資料的永久儲存路徑。如果不設置永久儲存路徑（persist_directory 參數），則 Chroma 會將資料儲存在記憶體中，資料會隨著程式的關閉而被刪除。

11.2.3　架設文字問答服務

在將領域專屬知識庫中的資料儲存到向量資料庫後，就可以開始架設問答服務了。核心程式如下：

```
1 from dataclasses import dataclass
2 from kb_service import kb_service
3 from llm_tools import ChatGPTService
4
5
6 @dataclass
7 class QABotConfig:
8     embedding_model_name:str      # 向量模型的名稱
9     docs_path:str                 # 領域專屬知識庫的路徑
10    vector_store_path:str         # 向量資料庫的本機存放區路徑
11    history_len:int               # 儲存的歷史對話數量
12
13
14 class QABot(object):
15     def __init__(self, config:QABotConfig):
16         self.config = config
17
18         self.prompt_template = """
19             你目前是電子商務客服，你的職責是回答使用者關於商品的問題。
20             要求：
21             1. 基於已知資訊，簡潔且專業地回答使用者的問題。
22             2. 如果無法從中得到答案，請說「對不起，我目前無法回答你的問題」，不允許在答
案中增加編造成分。
23             已知資訊：
24             {context}
25             使用者問題：
26             {question}
27             回答：
28             """
29
```

```
30          self.source_service = kb_service.KBSearchService(config)
31          self.llm_model_dict = {"ChatGPT":ChatGPTService}
32
33      def get_knowledge_based_answer(self,
34                                      query,
35                                      llm_model,
36                                      goods_id,
37                                      top_k,
38                                      chat_history=[]):
39          """
40          根據 query 傳回答案
41          :param query: 使用者問題
42          :param llm_model: 大型語言模型
43          :param goods_id: 所諮詢商品的 ID
44          :param top_k: 傳回商品知識資料的筆數
45          :param chat_history: 對話歷史記錄
46          :return: 問題答案
47          """
48          # 資料庫查詢結果
49          db_result = self.source_service.knowledge_search(goods_id,query,top_k)
50          # 模型呼叫結果
51          llm_service = self.llm_model_dict[llm_model]
52          history = chat_history[-self.config.history_len:] if self.config.history_
len > 0 else []
53          prompt = self.prompt_template.format(context=db_result, question=query)
54          result = llm_service.get_ans(prompt,history)
55
56          return result,db_result
```

下面對重點部分説明。

（1）第 18 行，定義了大型語言模型的提示詞範本。該提示詞範本的核心思想是，讓大型語言模型根據儲存在 context 變數中的已知資訊，回答儲存在 question 變數中的問題。第 53 行展示了如何填充該範本得到完整的提示詞。

（2）第 30 行，定義了問答服務所使用的向量資料庫服務。KBSearchService 為 11.2.2 節「2」小標題中所定義的向量資料庫工具類別（那裡程式加粗了）。

（3）第 33 ～ 56 行，實現問答功能的核心程式，原理：首先設計一個能夠讓大型語言模型根據上下文背景資訊回答問題的提示詞範本，然後透過向量資料庫得到與使用者問題最相似的 k 個知識資料作為背景資訊，之後將提示詞輸入大型語言模型得到最終結果。

（3）第 49 行，呼叫向量搜尋得到與使用者問題最相似的 k 個知識資料。

（4）第 51 行，選擇大型語言模型，當前只有 ChatGPT。我們在 11.3.2 節和 11.3.3 節將擴充到本地部署的 ChatGLM-6B 大型語言模型，以及本地部署並微調的 ChatGLM- 6B-SFT 大型語言模型（特指在 ChatGLM-6B 的基礎上進行微調得到的模型）。

（5）第 54 行，透過 llm_service.get_ans() 函數呼叫大型語言模型服務得到問題答案。該函數的程式如下所示。

```
def get_ans(prompt,history):
    message = []
    for item in history:
        message.append({"role": item[0], "content": item[1]})
    message.append({"role": "user", "content": prompt})
    try:
        response = openai.ChatCompletion.create(
            model=model,
            messages=message
        )
        ans = response.choices[0].message.content
    except:
        ans = " 服務呼叫失敗 "
    return ans
```

這樣一個基於領域專屬知識庫的簡單問答機器人就架設完成了。

基於 Gradio 架設的展示頁如圖 11-3 所示，完整程式可以參考本書書附資源中列出的 GitHub 程式倉庫。

- 左側部分支援選擇商品、選擇向量化模型、選擇大型語言模型服務、設置 top_k 參數。
- 中間部分為問答對話方塊。
- 右側部分展示向量資料庫搜尋出來的 top_k 個資料，以便分析問題。

▲ 圖 11-3 領域專屬問答機器人的展示頁

11.3 本地部署開放原始碼的大型語言模型

在實際應用中，企業往往會傾向於選擇本地部署開放原始碼的大型語言模型。這不僅能夠降低營運成本，還能確保資料的安全性。

11.3.1 選擇開放原始碼的大型語言模型

使用開放原始碼的大型語言模型，除更加便宜外，也更加透明和靈活，使得我們可以針對不同的任務進行訂製。下面對當前比較著名的幾款開放原始碼的大型語言模型進行簡介，以供讀者選擇。

1. ChatGLM 系列模型

ChatGLM 系列模型是由清華大學唐傑團隊開發的，它是一個開放原始碼的、支援中英雙語的、類似於 ChatGPT 的大型語言模型。ChatGLM 系列模型包括 ChatGLM-6B 模型、ChatGLM-130B 模型。

2. LLaMA 系列模型

LLaMA 系列模型是 Meta 公司開放原始碼的。該系列模型是目前開放原始碼大型語言模型中功能最強的，許多研究都是基於 LLaMA 系列模型進行的。2023 年 7 月，Meta 發佈了免費商用的 LLaMA 2 系列模型，改變了大型語言模型的競爭格局。

3. Falcon-40B 模型

Falcon-40B 由阿聯酋科技創新研究所開發。它是開放原始碼的，擁有 400 億個參數，並在 1MB 個標記上接受了訓練。在 Hugging Face 社區的大型語言模型排行榜上，其受到了廣泛的關注。

4. Baichuan-7B 模型

Baichuan-7B 是由百川智慧公司推出的中英文預訓練大型語言模型。在 AGIEval 的評測中，其綜合評分達到 34.4 分，超過 LLaMA-7B、Falcon-7B、Bloom-7B 及 ChatGLM-6B 等大型語言模型。

5. Aquila-7B 模型、AquilaChat-7B 模型

Aquila-7B、AquilaChat-7B 是由智源研究院開放原始碼的，是首個支援中英雙語知識、商用授權合約，並符合料符合標準要求的大型語言模型。這兩個模型透過資料品質控制、多種訓練的最佳化方法，獲得了較好的性能。

在綜合考慮大型語言模型的性能表現和訓練成本後，我們決定在 ShoesGPT 專案中採用規模較小的 ChatGLM-6B 作為本地部署的大型語言模型。值得一提的是，下面所介紹的部署和微調方案不僅適用 ChatGLM-6B，也適用其他開放原始碼大型語言模型。

11.3.2　本地部署 ChatGLM-6B 大型語言模型

本節將本地部署 ChatGLM-6B 大型語言模型，並將其連線 11.2 節介紹的問答服務。

1. 準備 ChatGLM-6B 的安裝環境

為了避免影響本地的其他 Python 環境，我們使用 Conda 工具來建立一個名為「chatglm」的獨立虛擬環境以安裝 ChatGLM-6B，具體方法如下。

```
conda create -n chatglm python=3.9
conda activate ChatGLM-6B
```

2. 複製 ChatGLM-6B 的原始程式碼到本地

```
# ChatGLM-6B 原始程式位址見本書書附資源
git clone [ChatGLM-6B 原始程式位址]
```

3. 安裝 ChatGLM-6B 執行所需的相依

建議不要直接按照 ChatGLM-6B 原始程式中的 requirements.txt 檔案來安裝，最好先確認一下相依的版本，如下所示，以防止發生版本衝突。

```
Protobuf==3.18.0
transformers==4.27.1
cpm_kernels==1.0.11
torch==1.13.1
gradio
mdtex2html
sentencepiece
accelerate
gradio
fastapi
uvicorn
```

接下來，使用 pip 方式安裝相依項。為了提升安裝速度，需要將 pip 來源設置為就近的來源。

```
pip config set global.extra-index-url
# 就近來源位址見本書書附資源
https://[ 就近來源位址 ]/simple
pip config set global.index-url
https://[ 就近來源位址 ]/simple
pip config set global.trusted-host
https://[ 就近來源位址 ]/simple
```

之後，進入 ChatGLM-6B 的原始程式資料夾下透過 requirements.txt 安裝相關相依。

```
cd ChatGLM-6B
pip install -r requirements.txt
```

4. 下載 ChatGLM-6B 模型檔案

由於 ChatGLM-6B 模型檔案並沒有在初始的原始程式檔案裡，所以還需要單獨下載模型檔案。模型檔案比較大，下載過程會比較長，這裡提供 3 種方法供大家選擇。

- 方法 1：使用 Git LFS 下載。

```
# 以 CentOS 安裝 Git LFS 為例
sudo yum install git-lfs
# 驗證安裝
```

```
git lfs install
# 執行 Git LFS initialized 命令，如果顯示已初始化則安裝成功
# ChatGLM-6B 模型檔案位址見本書書附資源
git clone [ChatGLM-6B 模型檔案位址]
```

- 方法 2：使用「清華雲」下載工具下載。

```
# 複製模型程式
git clone [ChatGLM-6B 模型檔案位址]
# 這樣複製下來的程式中 model 部分都是說明文件，並不是真正的模型檔案，需要單獨下載模型檔案，之後
自行替換該目錄下的說明文件
git clone git@github.com:chenyifanthu/THU-Cloud-Downloader.git
cd THU-Cloud-Downloader
pip install argparse requests tqdm
python main.py \
--link [ChatGLM-6B 模型檔案位址] \
--save ../chatglm-6b/
```

- 方法 3：從 Hugging Face 社區網站手動下載。

```
# 複製模型原始程式，ChatGLM-6B 原始程式位址見本書配置資源
git clone [ChatGLM-6B 原始程式位址]
# 使用 Wget 對 Hugging Face 社區網站中儲存的模型檔案進行手動下載，下載所有模型檔案後自行替換該目
錄下的模型檔案
# 新建一個模型下載檔案 download_filelist.txt，見本書書附資源
https://[hugging Face 社區的網址]/pytorch_model-00001-of-00008.bin
# 使用 wget 下載
wget -i download_filelist.txt
```

5. 本地部署 ChatGLM-6B 模型

　　有多種方式來部署 ChatGLM-6B 模型：API 模式、命令列模式及網頁端模式。因為後續我們會以服務介面方式來呼叫 ChatGLM-6B 模型，所以選擇採用 API 模式來部署。

　　為了實現本地能夠呼叫，需修改 ChatGLM-6B 模型原始程式碼中 api.py 檔案中模型的位置變數，將「THUDM/chatglm-6b」修改為本節「4」小標題中加粗的「ChatGLM-6B 模型檔案位址」，之後直接執行 api.py 即可啟動模型。

```
python api.py
```

　　在完成 API 模式部署之後，可以透過 POST 方法呼叫 LLM 服務。

```
curl -X POST "http://{ 本機 IP 位址 }:{ 通訊埠編號 }" \
```

```
-H 'Content-Type: application/json' \
-d '{"prompt": "你好", "history": []}'
```

LLM 服務的傳回值如下：

```
{
  "response":"你好 🙂 ！我是人工智慧幫手 ChatGLM-6B，很高興見到你，歡迎問我任何問題。",
  "history":[["你好","你好 🙂 ！我是人工智慧幫手 ChatGLM-6B，很高興見到你，歡迎問我任何問題。"]],
  "status":200,
  "time":"2023-06-11 18:15:16"
}
```

6. 為 ShoesGPT 專案採用的大型語言模型增加 ChatGLM-6B 可選項

首先，定義一個 GLMService 模組來呼叫 ChatGLM-6B 模型的介面，整體上與呼叫 ChatGPTService 模組中的模型介面非常類似，程式如下：

```
import requests

def get_ans(prompt,history):
    message = []
    for item in history:
        message.append(item[1])
    try:
        ans = chatglm_api(prompt, history=message)
    except:
        ans = "服務呼叫失敗"
    return ans

def chatglm_api(query, history=[], top_p=0.7, temperature=0.95):
    headers = {
        'Content-Type': 'application/json',
    }    api_link = "http://ip:port"
    output = requests.post(api_link, headers=headers,
                        json={"prompt": query, "history": history, "top_p": top_p,
"temperature": temperature,
                            "max_length": 4096})
    return output.json()["response"]
```

接下來為 11.2.3 節的 QABot 程式中的大型語言模型部分增加 ChatGLM-6B 選項。具體的修改在以下程式的最後一行（見加粗部分）。透過增加新的選項，我們可以讓 QABot 支援使用 ChatGLM-6B 模型進行問答互動，從而進一步擴充其功能和應用範圍。

```
class QABot(object):
    def __init__(self, config:QABotConfig):
        self.config = config

        self.prompt_template = """
                你目前是電子商務客服,你的職責是回答使用者對於商品的問題。
                要求:
                1. 基於已知資訊,簡潔且專業地回答使用者的問題。
                2. 如果無法從中得到答案,請說「對不起,我目前無法回答你的問題」,不允許在答案中
增加編造成分。

                已知資訊:
                {context}
                使用者問題:
                {question}
                回答:
                """

        self.source_service = kb_service.KBSearchService(config)
        self.llm_model_dict = {"ChatGPT":ChatGPTService,"ChatGLM-6B":GLMService}
```

11.3.3 本地部署並微調 ChatGLM-6B-SFT 大型語言模型

本地部署並使用開放原始碼大型語言模型,能夠節約成本,保障資料安全。但是,開放原始碼大型語言模型的水準參差不齊。為了在開放原始碼大型語言模型上實現真正可用,對其進行「基於特定任務資料的微調」往往是不可缺少的環節。

需要注意,ChatGLM-6B 是一個基礎的大型語言模型,而 ChatGLM-6B-SFT 則是在 ChatGLM-6B 上進行微調得到的模型。ChatGLM-6B-SFT 在實際應用中具有更好的表現,特別是在需要高安全性和高可靠性的場景中。

1. 大型語言模型微調技術介紹

通常需要大量資料來訓練大型語言模型,其成本對大多數企業或個人來說是難以承擔的。大型語言模型微調是一種專注於特定任務、利用少量資料調整大型語言模型參數的技術,是目前最廣泛採用的大型語言模型最佳化方法之一。

對大型語言模型的所有參數進行微調被稱為「全參數微調」。面對大型語言模型上千億的參數規模,即使只利用少量資料對全部參數進行微調,運算成本也非常高。為了降低微調大型語言模型的成本,研究人員提出了「參數高效微調」(Parameter-Efficient Fine-Tuning,PEFT)技術。

參數高效微調技術僅微調大型語言模型的少量參數，從而大大降低運算和儲存成本。在資料較少的條件下，參數高效微調往往比全參數微調效果好。

參數高效微調技術最常用的方法如下。

- Adapter Tuning：在預訓練大型語言模型的某些層後增加 Adapter 模組，在微調時，凍結預訓練大型語言模型的全量參數，只訓練 Adapter 模組的參數，用以學習特定下游任務的知識。

- Prefix Tuning：採用構造首碼的方法進行微調。其核心思想是，在輸入序列的起始部分構造一段與特定任務緊密相關的虛擬資料（即首碼）。為了調配這種首碼，Transformer 模型中的相應模組也會擴充出專門的部分，這些部分將作為可訓練的參數參與微調。與此同時，為了保持模型的穩定性並加速訓練，其他與首碼無關的參數則會被凍結，不參與訓練。透過這種方式，我們能夠精確地調整模型以適應特定任務，同時確保模型的其他部分保持不變，從而實現更精準、更高效的微調。

- P-Tuning：將提示詞轉為可以學習的 Embedding 層（該層是神經網路中的一層，用於將單字或短語映射到一個連續的向量空間中），並用 MLP+LSTM 的方式來對 Prompt Embedding 層進行處理。可以認為 P-Tuning 能夠在不改變 LLM 結構主體的前提下，將下游任務獨有的知識學到 Embedding 層中，以此實現模型微調。

- LoRa：透過低秩分解的方式，將知識儲存到額外增加的網路層中。額外增加網路層是一個新的想法，它對特徵做一次升維操作再做一次降維操作來模擬固有秩（Intrinsic Rank）。LoRa 在微調時僅訓練新增的網路層參數，能夠以極低的代價獲得和全模型微調相當的效果。

提示 從實際使用經驗來講，LoRa 的效果通常更好。其他方法都有各自的一些問題：
- Adapter Tuning 增加了模組，引入了額外的推理延遲時間。
- Prefix-Tuning 難以訓練，並且預留給提示詞的序列擠佔了下游任務的輸入序列空間，影響模型性能。
- P-Tuning 容易遺忘舊知識，微調之後的大型語言模型在處理之前的問題時表現明顯變差。

因此，我們選擇 LoRa 方法來對 ChatGLM-6B 模型進行微調，並採用 Hugging Face 社區的 PEFT 工具來實現這個過程。

2. 準備用於微調大型語言模型的資料（也稱訓練資料）

接下來準備用於微調大型語言模型的資料。在 ShoeseGPT 專案中，要讓大型語言模型能夠根據資料回答問題，我們需要按照以下範本來準備資料：

```
{「question」:你目前是電子商務客服，你的職責是回答使用者對於商品的問題。
    要求：
    1. 基於已知資訊，簡潔且專業地回答使用者的問題。
    2. 如果無法從中得到答案，請説「對不起，我目前無法回答你的問題」，不允許在答案中增加編造成分。
        已知資訊：
    #context#
        使用者問題：
    #question#
「answer」: #問題答案#
}
```

上述程式展示了一筆訓練資料的格式，需要將其中的「#context#」部分替換為真正的文字資料，將「#question#」部分替換為真正的使用者問題，將「#問題答案#」部分替換為真實的答案。

在實際工作中，為了獲取微調後的資料，我們可以採取多種策略：

- 利用公開的大型語言模型微調資料集中與當前任務類似的資料集。這些資料集經過專業整理，能夠為我們的模型提供有價值的參考。

- 透過人工資料標注來建構資料集。這種方式雖然耗時，但準確性較高，能夠確保資料的品質。

- 呼叫 ChatGPT 等生成式模型來生成訓練資料，這也是一個高效且常用的方法，它能夠快速生成大量與任務相關的資料。

3. 採用 LoRa 方法對 ChatGLM-6B 模型進行微調

使用 Hugging Face 社區的 PEFT 工具來進行 LoRa 微調非常便捷，只需要呼叫 get_peft_model 包裝原始的 ChatGLM-6B 模型即可。

```
# 匯入工具
from peft import get_peft_model, LoraConfig, TaskType
from transformers import AutoConfig, AutoModel
# 建立配置
peft_config = LoraConfig(
    task_type=TaskType. CAUSAL_LM, inference_mode=False, r=8, lora_alpha=32, lora_
dropout=0.1
```

```
)
# 匯入原始模型
model = AutoModel.from_pretrained(model_name_or_path, trust_remote_code=True)
# 用 PEFT 包裝原始的 ChatGLM-6B 模型
model = get_peft_model(model, peft_config)
```

在包裝完原始的 ChatGLM-6B 模型後，可以採用與原始 ChatGLM-6B 模型相同的訓練方式訓練它。

4. LoRa 微調結果的儲存與呼叫

呼叫 model.save_pretrained(「path_to_output_dir」) 將 LoRa 方法的微調結果儲存到 path_to_output_dir 目錄下，path_to_output_dir 目錄可根據個人開發環境設定。

呼叫利用 LoRa 方法微調後的模型也非常便捷，只需在原始模型基礎上增加 LoRa 方法的微調結果即可，核心程式如下。

```
from peft import get_peft_model, LoraConfig,
peft_model_id = 「output_dir」
# 匯入原始模型
model = AutoModel.from_pretrained(model_name_or_path, trust_remote_code=True)
# 匯入 lora 參數並融合原始模型
model = PeftModel.from_pretrained(model, peft_model_id)
```

之後可以參考 11.3.2 節的原始 ChatGLM-6B 模型的部署方式進行部署，並將其連線 ShoseGPT 專案。

第 12 章
AIGC 安全與符合標準風險

科學史告訴我們，技術進步遵循的是一條指數型曲線。我們在幾千年來的農業革命、工業革命和資訊革命中都看到了這一點。想像一下，在未來 10 年，人工通用智慧（AGI）系統將超過 20 世紀 90 年代初人類所具備的專業水準。

近年來，人工智慧保持快速發展的勢頭，但人工智慧所帶來的安全風險也不容忽視。伴隨著人工智慧應用的推廣，對人工智慧安全問題的研討也持續開展。

1. OpenAI 的安全理念

OpenAI 的聯合創始人兼 CEO 山姆‧奧爾特曼（Sam Altman）被譽為矽谷新一代創業明星和人工智慧領域的佈道師，他持續不斷地在公開場合輸出關於人工智慧發展路徑、監管等一系列問題的認知和思考。

山姆‧奧爾特曼認為，在人工智慧爆發式增長的背景下，未來 10 年內可能會出現超強 AI。他呼籲全球共同對其進行監管，並且在相關的研究及部署上對齊，建立全球範圍的互信 AI。山姆‧奧爾特曼之所以持續呼籲儘快進行全球範圍的協作監管，一方面是因為 AI 全球大爆發的緊迫性，另一方面則是因為「最小化風險」的理念（在實際應用場景中大型語言模型可能存在的錯誤。山姆‧奧爾特曼希望 AI 在風險較低時犯錯，然後透過迭代來讓其變得更好），這是 OpenAI 在人工智慧安全方向的迭代理念。

2. Google 的安全實踐

Google（Google）在 2023 年 4 月發佈了「Google 雲端 AI 安全工作環境」。在此工作環境上，Google 整合了最新的 AI 對話技術和已有的諸多安全能力，比如威脅態勢檢測能力、殺毒平臺等。這對運商來說具有重要啟示：應加強科技研發和資本佈局，以打造「以 AI 制衡 AI 的生態閉環」；大力提升內部安全人員的 AI 實戰素養，讓生成式 AI 成為助力「安全型企業」建設的重要手段。

Google 雲端 AI 安全工作環境致力於解決三大安全挑戰（威脅的蔓延、煩瑣的工具和人才的缺口），從而引領「負責任的 AI」的發展。該工作環境本質上是一種可擴充的安全外掛程式架構，讓客戶可以在平臺之上進行自由的安全模組建構，同時能控制和隔離資料。

Google 認為「安全現代化」的重要標識是工具盡可能簡化和自動化。其中：

- 工作環境內嵌的「威脅情報 AI」建立在公司龐大的威脅資料庫之上，可利用大型模型快速查詢和應對威脅。

- 「安全指揮中心」也可以與工作環境整合，使用不間斷的機器學習來檢測在客戶環境中執行的惡意指令稿，並立即發出預警，為操作員提供即時的分析報告，可以預測對手可能攻擊的方式和位置，並評估整體風險。

- 「程式查殺平臺」能夠直接且快速地辨識惡意程式碼中的威脅。

借助「安全指揮中心」的情報整理和快速檢測功能，初級安全人員可以快速上手工作環境，從而成為一名安全操作員，負責安全態勢感知、自由搜尋安全事件、與結果進行對話、提出跟進問題並快速生成檢測結果。

3. AIGC 引入的新安全挑戰

與一般的資訊系統相比，除基本的網路安全、資料安全和對惡意攻擊的抵禦能力外，人工智慧安全還需要考慮以下挑戰。

- 隱私性：包括對個人資訊和個人隱私的保護、對商業秘密的保護等。隱私性旨在保障個人和組織的合法隱私權益，常見的隱私增強方案包括最小化資料處理範圍、個人資訊匿名化處理、資料加密和存取控制等。

- 可靠性：人工智慧及其所在系統，在承受不利環境或意外變化（如數據變化、雜訊、干擾等因素）時，仍能按照既定的目標執行，並保持結果有效。通常需要綜合考慮系統的容錯性、恢復性、健壯性等多個方面。

- 可控性：人工智慧在設計、訓練、測試和部署過程中，保持可見和可控的特性。只有具備了可控性，使用者才能夠在必要時獲取模型的有關資訊，包括模型結構、參數和輸入 / 輸出等，方可進一步實現人工智慧開發過程的可稽核和可追溯。

- 可解釋性：描述了人工智慧演算法模型可被人理解其執行邏輯的特性。具備可解釋性的人工智慧，在其計算過程中使用的資料、演算法、參數和邏輯等對輸出結果的影響能夠被人類理解，這使人工智慧更易於被人類管控，也更容易被社會接受。
- 公平性：人工智慧模型在進行決策時，不偏向某個特定的個體或群眾，也不歧視某個特定的個體或群眾，平等對待不同性別、不同種族、不同文化背景的人群，保證處理結果的公正和中立，不引入偏見和歧視因素。

人工智慧安全問題的研討需要考慮多個方面的屬性，只有在這些屬性得到保障的情況下，人工智慧才能更進一步地服務於人類社會，為人類帶來更多的福祉。接下來我們全面分析一下 AIGC 的風險。

12.1 AIGC 風險分類

與一般的資訊系統風險相比，AIGC 具有以下風險。

（1）AIGC 的安全問題不僅會影響裝置和資料的安全，還可能產生嚴重的生產事故，甚至危害人類生命安全。舉例來說，對於給患者看病和做手術的醫療機器人，如果因為程式漏洞出現安全問題，則可能直接傷害患者性命。

（2）一旦 AIGC 被應用於國防、金融和工業等領域後出現安全事件，AIGC 風險將影響國家安全、政治安全及社會穩定。

（3）AIGC 的安全問題會引起更加複雜的倫理和道德問題，許多這種問題目前尚無好的解決方案。舉例來說，在將 AIGC 技術應用於醫療診斷和手術時，醫生是否應完全相信 AIGC 的判斷，以及如何確定醫療事故責任等問題；在採用人工智慧技術實現自動駕駛時，需要更好的機制來解決「電車難題」等倫理問題。

> 📌 **提示** 「電車難題」（Trolley Problem）是倫理學領域最知名的思想實驗之一，其內容是：一個瘋子把五個無辜的人綁在電車軌道上；一輛失控的電車朝他們駛來，並且片刻後就要碾軋到他們。幸運的是，你可以拉一下拉桿，讓電車開到另一條軌道上，然而那個瘋子在另一個電車軌道上也綁了一個人。考慮以上狀況，你是否應拉動拉桿？

新興技術都會經歷從野蠻生長到安全符合標準的過程，AIGC 同樣不可避免，其風險類型可分為 4 類：演算法類風險、資料類風險、應用類風險和其他風險，如圖 12-1 所示。

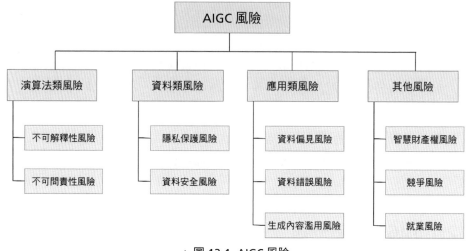

▲ 圖 12-1 AIGC 風險

12.1.1 演算法類風險

演算法類風險主要包含以下兩種。

1. 不可解釋性風險

由於演算法模型的黑箱運作機制，所以其執行規律和因果邏輯並不會顯而易見地擺在開發者面前。這使演算法的生成機制不易被人類理解和解釋，一旦演算法出現錯誤，則透明度不足無疑將阻礙外部觀察者的糾偏校正。

長期以來，不可解釋性一直是限制 AIGC 在司法判決、金融信貸等關鍵領域應用的主要因素，但時至今日，這些問題尚未解決，並且變得更為棘手。出現演算法的不可解釋性主要有以下兩方面原因。

（1）深度模型演算法的複雜結構是黑盒，人工智慧模型天然就無法呈現出決策邏輯，從而使人無法理解和判斷演算法決策的準確性。為提升可解釋性，技術上也出現了降低模型複雜度、突破神經網路知識表達瓶頸等解決方法，但在現實中使用這些方法的效果有限，主要是因為當前模型參數越來越多、結構越來越複雜，解釋模型和讓人類理解模型的難度變得極大。

（2）近年來，人工智慧演算法、模型、應用發展演化速度快，如何判斷人工智慧是否具備可解釋性一直缺乏統一認知，難以形成統一的判別標準。這需要加強對人工智慧可解釋性的研究和探索，包括探索新的可解釋性方法、建立可解釋性評估標準等。

> **提示** 為解決不可解釋性問題，部分研究正朝借助人工智慧解釋大型模型的方向探索。這樣可以透過人工智慧自身的能力來解釋模型，提高模型的可解釋性。但是，這個研究方向仍處於初級階段，需要進一步深入探索和研究。

不可解釋性是限制人工智慧應用發展的重要因素之一，需要加強對可解釋性的研究和探索，為人工智慧應用在關鍵領域帶來更多的可能性。

2. 不可問責性風險

當你在音樂平臺漫不經心地聽歌時，突然聽到孫燕姿翻唱了一首其他人的作品，你也許會驚訝她什麼時候唱過這首歌。初聽音色頗像她本人，仔細一聽則發現略有瑕疵。類似的還有 AI 周杰倫、AI 王心凌、AI 披頭四。音樂圈內多位從事版權工作的人表示，這已經涉嫌侵權。這不僅令我們對 AI 作品產生恐慌，更引發從未經歷的符合標準和問責問題。

在 AIGC 對話場景中，使用者諮詢一些高風險問題（如使用者描述病情，讓 AIGC 給診斷和用藥建議），AIGC 很可能做出錯誤的回答，進而對使用者造成不利影響。而此時，由於內容生成的主體是演算法程式，從而導致按照之前的法律規章無法追究法律責任。

12.1.2 資料類風險

當前，利用服務過程中的使用者資料進行 AI 訓練的情況較為普遍，但可能涉及在使用者不知情的情況下收集個人資訊、個人隱私和商業秘密等，其安全風險較為突出。

1. 隱私保護風險

互動式人工智慧的應用，降低了資料流程入模型的門檻。使用者在使用互動式人工智慧時往往會放鬆警惕，這樣就更容易洩露個人隱私、商業秘密和科研成果等資料。舉例來說，企業員工在辦公時容易將商業秘密輸入 AI 應用程式中尋找答案，繼而導致商業秘密的洩露。這類問題的解決方法是加強對使用者資料的保護，包括加強對使用者資料的收集、使用和儲存的監管，以及對使用者資料隱私的保護。

2. 資料安全風險

AI 模型日益龐大，開發過程日益複雜，資料洩露風險點更多、隱蔽性更強，AI 使用開放原始碼函式庫漏洞引發資料洩露的情況也很難杜絕。這類問題的解決方法是加強 AI 系統的安全性能，包括加強對資料的保護、對系統的監控和管理等。

由於訓練大型模型時需要輸入大量的資料，其中不乏有大量的付費資料和版權資料，有使用者甚至開始利用大型模型的資料來「淘金」，舉例來說，有使用者透過話術誘使 ChatGPT 提供 Photoshop 的序號。

為應對資料安全問題，特別是為保護個人資訊安全，部分歐洲國家甚至已禁止 ChatGPT 等 AI 應用。這在一定程度上雖然可以確保個人資訊安全，但也會限制 AI 應用的發展。筆者認為，需要在保障個人資訊安全的前提下，積極推進 AI 技術的發展和應用，為人類社會帶來更多的福祉。

12.1.3　應用類風險

1. 資料偏見風險

在偏見與歧視方面，演算法以資料為原料，如果初始使用的是有偏見的資料，那麼這些偏見可能會隨著時間流逝一直存在，無形中影響了演算法的執行結果，最終導致 AI 演算法生成的內容存在偏見或歧視，引發使用者對演算法的公平性爭議。

2. 資料錯誤風險

演算法執行容易受到資料、模型、訓練方法等因素干擾，出現非健壯性特徵。舉例來說，如果訓練資料量不足，那麼在特定資料集上測試性能良好的演算法很可能被少量隨機雜訊的輕微擾動影響，從而導致模型舉出錯誤的結論；在演算法被投入應用後，隨著線上資料內容的更新，演算法很可能會產生系統性能上的偏差，進而引發系統失靈。

現實場景中的環境因素複雜多變，AI 難以透過有限的訓練資料覆蓋現實場景中的全部情況。因此，模型在受到干擾或攻擊等情況時會發生錯誤，甚至會引發安全事故。雖然可以透過資料增強方法等方式提高 AI 的可靠性，但是這些方法仍然無法完全覆蓋所有的異常情況，可靠性仍然是限制自動駕駛、全自動手術等關鍵領域應用廣泛實踐的主要因素。

> **提示** 解決演算法錯誤問題時，需要加強對 AI 可靠性的研究和探索，包括探索新的可靠性提升方法、建立可靠性評估標準等。同時，也需要加強對 AI 模型的安全性研究和探索，為 AI 應用在自動駕駛等精密領域帶來更多的可能性。

3. 生成內容濫用風險

AI 的目標是模擬、擴充和延伸人類智慧，但如果 AI 只是單純地追求統計最佳解，則可能表現得不那麼有「人性」；相反，包含一些人類政治、倫理、道德等方面觀念的 AI 會表現得更像人，更容易被人所接受。

為了解決 AI 面對敏感、複雜問題的表現，開發者通常將包含著他們認為正確觀念的答案加入訓練過程，並透過強化學習等方式輸入模型。模型在掌握了這些觀念後，能夠產生更能被人接受的回答。

然而，由於政治、倫理、道德等複雜問題往往沒有全球通用的標準答案，所以符合某個區域或人群觀念判斷的 AI，可能會與另一個區域或人群在政治、倫理和道德等方面有較大差異。因此，使用內嵌了違背社會共識和公序良俗的 AI 可能對網路意識形態安全造成衝擊。

> **提示** 若要解決生成內容濫用問題，則需要加強對 AI 的倫理、道德等方面的研究和探索，建立符合當地社會共識和公序良俗的 AI 標準。同時，也需要加強對 AI 的監管，防止 AI 對網路意識形態安全造成衝擊。只有在保障 AI 的合法性和公正性的前提下，才能更進一步地推動 AI 技術的發展和應用。

12.1.4 其他風險

1. 智慧財產權風險

AIGC 作品的版權有待厘清。著作權的指向物件為「作品」。僅從法律文字來看，現行智慧財產權法律系統均規定法律主體為享有權利、負有義務和承擔責任的人。因此，非人生產的智慧化內容難以透過「作品—創作—作者」的邏輯獲得著作權的保護。

智慧財產權風險不僅導致 AIGC 作品無法獲得著作權保護，阻礙 AI 技術發揮其創作價值，還有可能因 AI 的巨量摹寫行為稀釋既有作品權利人的獨創性，威脅他人的合法權益。

2. 競爭風險

當今，AI 大型模型的參數量已經躍升至兆規模，大投入、大算力、強演算法、大型模型，它們共同堆砌了一道普通開發者和中小企業難以闖進的圍牆。所以，大型模型的「壟斷性」也隨之日益凸顯。

AI 訓練資料的獲取，以及模型的開發已經逐漸變成重資產投入、重人力投入的工作。演算法模型、參數、加工後的訓練資料已成為核心技術門檻。訓練和使用大型模型所需的運算資源和基礎設施，基本阻礙了大部分企業自研大型模型的道路，只能選擇應用大型模型這條路。

因此，大型模型的開放原始碼和反壟斷監管迫在眉睫，以求透過開放原始碼讓更多的人參與大型模型，將大型模型從一種新興的 AI 技術轉變為穩健的基礎設施。

3. 就業風險

公眾對 AI 的巨大擔憂是它將如何影響就業。企業裁員與 AI 的爆發式增長相結合，加劇了這種擔憂。

雇主發現 AI 工具足以媲美人工服務，並且價格低廉，這必然會減少相關職位，甚至導致企業大規模裁員。隨著 AI 的能力越來越強大、思維越來越像人類，必然會有越來越多的工作被取代，尤其是對那些從事重複性和機械性工作的人來說，他們的工作可能會很快被機器取代，將會導致大量人員失業，增加社會的不穩定性。

12.2 安全政策與監管

AIGC 新技術增加了對 AIGC 安全監管的難度。近年來，隨著 AI 技術不斷成熟，機器深度學習後生成的內容愈發逼真，甚至能夠達到「以假亂真」的效果。相應地，應用門檻也在不斷降低，人人都能輕鬆實現「換臉」「變聲」，甚至成為「網路水軍」中的一員。由於契合民眾「眼見為實」的認知共通性，技術濫用後很可能使造假內容以高度可信的方式透過網際網路即時觸達使用者，導致使用者難以判別虛假資訊。而這又牽涉一個現實的難題：由於網際網路提供的虛擬身份外衣和相關技術的發展，造假內容生產者具有分散性、流動性、大規模性和隱蔽性的特點，導致追蹤難度和複雜性與日俱增，再加上標準指引的模糊性和落後性，對於那些具有「擦邊球」性質的造假行為存在難以界定的現實困境，這無疑嚴重阻礙了對內容的監管。

12.2.1　國際安全政策進展

聯合國教科文組織於 2021 年 11 月發佈了《人工智慧倫理問題建議書》，旨在為和平使用 AI 系統、防範 AI 危害提供基礎。建議書中提出了 AI 價值觀和原則，以及落實價值觀和原則的具體政策建議，推動全球針對 AI 倫理安全問題形成共識。2023 年 3 月 31 日，該組織號召各國立即執行《人工智慧倫理問題建議書》。

1. 國際組織

國際標準組織（ISO）在 AI 領域已開展了大量標準化工作，並專門成立了 ISO/IEC JTC1 SC42 人工智慧技術委員會，制定了與人工智慧安全相關的國際標準與技術框架類通用標準，主要分為 3 類：人工智慧管理、可信性、安全與隱私保護。

- 在人工智慧管理方面，國際標準組織主要研究人工智慧資料的治理、人工智慧系統全生命週期管理、人工智慧安全風險管理等，並提出建議。相關標準包括 ISO/IEC 38507:2022《資訊技術 - 治理 - 組織使用人工智慧的治理影響》和 ISO/IEC 23894:2023《資訊技術 - 人工智慧 - 風險管理指南》等。

- 在可信性方面，國際標準組織主要關注人工智慧的透明度、可解釋性、健壯性與可控性等方面，指出人工智慧系統的技術脆弱性因素及部分緩解措施。相關標準包括 ISO/IECTR 24028:2020《資訊技術 - 人工智慧（AI）- 可信度概述》等。

- 在安全與隱私保護方面，國際標準組織主要聚焦於人工智慧的系統安全、功能安全、隱私保護等問題，幫助相關組織更進一步地辨識並緩解人工智慧系統中的安全威脅。相關標準包括 ISO/IEC 27090《解決人工智慧系統中安全威脅和故障的指南》、ISO/IEC TR 5469《人工智慧功能安全與人工智慧系統》和 ISO/IEC 27091《人工智慧隱私保護》等。

2. 歐盟

歐盟專門立法，試圖對人工智慧進行整體監管。2021 年 4 月，歐盟委員會發佈了立法提案《歐洲議會和理事會關於制定人工智慧統一規則（人工智慧法）和修訂某些歐盟立法的條例》（以下簡稱《歐盟人工智慧法案》），在對人工智慧系統進行分類監管的基礎上，針對可能對個人基本權利和安全產生重大影響的人工智慧系統建立全面的風險預防系統。該預防系統在政府立法統一主導和監督下，推動企業建設內部風險管理機制。

2023 年 5 月 11 日，歐洲議會的內部市場委員會和公民自由委員會通過了關於《歐盟人工智慧法案》的談判授權草案。新版本補充了針對「通用目的人工智慧」和 GPT 等基礎模型的管理制度，擴充了高風險人工智慧覆蓋範圍，並要求生成式人工智慧模型的開發商必須在生成的內容中揭露「來自於人工智慧」，並公佈訓練資料中受版權保護的資料摘要等。

歐洲電信標準化協會（ETSI）近期關注的重點議題是人工智慧資料安全、完整性和隱私性、透明性、可解釋性、倫理與濫用、偏見緩解等方面。已發佈多份人工智慧安全研究報告，包括 ETSI GR SAI 004《人工智慧安全：問題陳述》、ETSI GR SAI 005《人工智慧安全：緩解策略報告》等，描述了以人工智慧為基礎的系統安全問題挑戰，並提出了一系列緩解措施與指南。

歐洲標準化委員會（CEN）和歐洲電工標準化委員會（CENELEC）成立了新的 CEN-CENELEC 聯合技術委員會 JTC 21「人工智慧」，並在人工智慧的風險管理、透明性、健壯性和安全性等多個方面提出了標準需求。

3. 美國

相較於歐盟，美國監管要求少，主要強調安全原則。美國參議院、聯邦政府、國防部、白宮等先後發佈了《演算法問責法（草案）》《人工智慧應用的監管指南》《人工智慧道德原則》《人工智慧權利法案》《國家網路安全戰略》等檔案，提出風險評估與風險管理方面的原則，指導政府部門與私營企業合作探索人工智慧監管規則，並為人工智慧實踐者提供自願使用的風險管理工具。

美國政府鼓勵企業依靠行業自律，自覺落實政府安全原則保障安全。美國企業透過產品安全設計，統一將美國的法律法規要求、安全監管原則、主流價值觀等置入產品。

美國國家標準與技術研究院（NIST）關注人工智慧安全的可信任、可解釋等問題，最新的標準專案包括：NIST SP1270《建立辨識和管理人工智慧偏差的標準》，提出了用於辨識和管理人工智慧偏見的技術指南；NIST IR-8312《可解釋人工智慧的四大原則》草案，提出了可解釋人工智慧的 4 項原則；NIST IR-8332《信任和人工智慧》草案，研究了人工智慧應用安全風險與使用者對人工智慧的信任之間的關係；NIST AI 100-1《人工智慧風險管理框架》，旨在為人工智慧系統設計、開發、部署和使用提供指南。

整體而言，國際標準的出臺和完善，既為整個 AI 行業發展提供了多方位的監管和保障，也為人工智慧國際協作發展提供了規章依據。

12.3 安全治理框架

針對人工智慧帶來的安全挑戰，我們可以參考圖 12-2 所示的人工智慧安全治理框架。

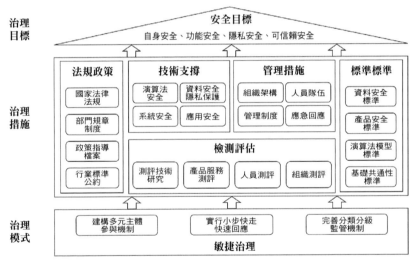

▲ 圖 12-2 人工智慧安全治理框架

一般資訊系統中強調的安全主要指系統自身安全，而人工智慧安全治理的目標應該包括以下 4 個方面。

- 自身安全（security）：在人工智慧技術發展和應用中，應當加強內在安全能力建設，在演算法設計、程式編制和系統部署等方面儘量減少可能存在的安全性漏洞，降低系統出錯和被攻擊的風險。

- 功能安全（safety）：應避免由系統功能性故障導致不可接受的風險，包括可能導致人員的傷亡、環境破壞、裝置財產損失等方面的風險。

- 隱私安全（privacy）：應特別注意個人資訊的保護，防止過度擷取、超許可權使用和濫用，避免可能帶來的隱私侵犯、金融財務損失、名譽身份受損等方面的風險。

- 可信賴安全（trustworthiness）：應確保人工智慧具有可理解性、可解釋性、穩健性、公平性及以人為本等特徵，即人工智慧演算法和系統具有能夠被人類理解、其行為和決策結果能夠進行合理的解釋、能夠在雜訊環境下進行穩定和正確決策、能夠公平對待不同群眾、能夠尊重人權和民主價值觀的能力。

12.3.1　多措並舉的治理措施

當前，國際社會在人工智慧安全治理方面開展了大量探索，並在法規、政策和標準方面獲得了積極的成果。但是，要實現人工智慧安全治理並取得成效，僅依靠法規政策和標準標準來進行符合標準引導是不夠的，還應在技術支撐、管理措施和檢測評估等方面加強具體實踐措施。

1. 法規政策

應圍繞人工智慧安全治理頂層設計、重點領域安全應用、倫理道德約束等方面，系統化地制定更多和更明確的法規政策、行業標準和自律公約，增強人工智慧安全的法律治理和倫理治理能力。

2. 標準標準

應圍繞人工智慧領域的安全與隱私保護、資料安全方面的標準，透過制定安全要求和指南標準等標準，為人工智慧安全治理提供標準支撐。

3. 技術支撐

針對技術內生、應用衍生、資料安全和隱私保護等方面的安全挑戰，建構人工智慧安全治理技術系統，在演算法安全、資料安全和隱私保護、系統安全和應用安全方面加強前端安全技術研究，以及推動關鍵技術應用，是落實人工智慧安全治理的必要措施。

- 在演算法安全方面，主要需要研究增強演算法可解釋性、防範演算法歧視、提高穩健性和公平性等方面的安全技術。

- 在資料安全和隱私保護方面，主要需要研究隱私計算、密碼技術、防洩露、流通安全、資料品質評估等技術。
- 在系統安全方面，主要需要研究漏洞發現、攻擊檢測與阻止、可信計算、防逆向攻擊等技術；在應用方面，主要需要結合應用場景研究能夠幫助防止濫用、確保倫理的技術，包括倫理規則化、智慧風險監測、穿透式監管等技術。
- 網路安全防護方面，主要包括對抗樣本攻擊、爬蟲攻擊、模型竊取、供應鏈攻擊等新型攻擊威脅，需要研究在資料集防護、演算法模型保護、抗逆向攻擊等方面的安全技術措施指南，幫助人工智慧服務提供者保護業務資料及人工智慧模型參數等的機密性和完整性。

4. 管理措施

針對人工智慧安全治理挑戰，除積極採用技術措施進行安全保護外，還應建構一套完整的安全管理系統，從組織架構、人員隊伍、管理制度、應急回應等方面著手，透過有效的管理措施實踐人工智慧安全治理工作。

- 在組織架構方面，主要包括確立職責明確的部門和負責人，明確各安全職位的職責和考核心機制，以及貫徹執行各項制度和開展監督檢查等。
- 在人員隊伍方面，主要包括確定人員應徵與聘用、培訓與能力提升、日常管理與離職等管理要求。
- 在管理制度方面，主要包括在法規政策和標準標準的指導下，設計一整套完備的安全管理制度、管理辦法、安全操作流程以及執行記錄單等。
- 在應急回應方面，主要包括確定一系列對不同情況的應急回應預案、準備應急技術工具和方案，並開展定期的應急回應演練等。

5. 檢測評估

考慮到人工智慧安全挑戰會帶來更加嚴重、廣泛、複雜的安全影響，以及人工智慧安全治理願景的整體目標是實現自身安全、功能安全、隱私安全和可信賴安全等多方面的要求，應當在現有資訊技術安全測試與評估的基礎上，針對性地加強人工智慧安全檢測評估系統建設。具體地說，需要在人工智慧安全測評技術研究、產品和服務測評、人員測評、組織測評等多個方面進一步開展相關工作，如加大測評技術的攻關力度、豐富測評內容、開發更智慧的檢測工具、建立更加高效的監測預警平臺，以及開展更加廣泛的測評實踐等。

由於 AIGC 技術愈發複雜，並且在企業中的運用往往具有高動態性等特點，所以，企業作為技術設計者和服務提供者應具備相應的技術管理能力。然而，企業具有商業屬性，在資源有限的情況下，它們往往傾向於優先滿足自身利益，而對技術安全和制度保障投入不足。在這方面，各企業的差距十分明顯。那些投資累積「家底」豐厚、發展時間長的企業，其技術防護和管理水準就可能更好。反之，諸多初入市場的小型企業在技術管理能力不及格的情況下將 AIGC 投入應用，就可能為抄襲、造假、惡意行銷等不法行為提供可乘之機，助長「灰黑產業鏈」的發展。

12.3.2　多元治理模式

史丹佛大學以人為本人工智慧研究所發佈的《2023 年人工智慧指數報告》指出，在過去十年裡，全球人工智慧相關論文的總數從每年的 20 萬篇增長到每年近 50 萬篇，而企業在人工智慧領域的投資額也增長了 18 倍。

顯然，以人工智慧等技術為代表的新一代資訊技術，正在驅動當今世界的新科技革命和產業變革，成為影響全球經濟、政治、文化、社會和生態發展的主導力量。但人工智慧的技術及其應用的特點，使其正面臨典型的「科林格里奇困境」，即如果放任人工智慧自行發展，那麼一旦發現其在應用中出現嚴重的不良後果，人工智慧可能已經成為整個經濟社會結構的重要組成部分，此時解決問題就會變得異常困難，並且會付出昂貴的代價；而如果一開始就採取過於嚴厲的控制措施，則可能嚴重限制人工智慧的發展，阻礙其更廣泛的應用。

提示　結合人工智慧安全治理場景的特殊性，我們認為，既要激勵人工智慧技術的發展，又要保證人工智慧技術的安全性，最關鍵的要素是：在完整的監管機制的基礎上，引入多元的主體參與共建安全治理，同時建立快速靈活的回應機制。

1. 全面的監管機制

人工智慧已經在購物推薦、客戶服務、人臉辨識、遊戲競賽等許多場景中得到廣泛應用，並在智慧駕駛、智慧診療、智慧製藥等領域進行試驗驗證。然而，不同應用場景面臨的安全風險並不相同，甚至在同一個場景中，由於人工智慧技術發展變化和利用深度不同，也會帶來各種安全風險。某些安全風險可能只會導致輕微損失，但其他安全風險可能引起人體生命健康方面的嚴重問題。

因此，應採取分類分級的治理方針，實施靈活多樣的監管機制。根據人工智慧應用的領域、風險等級、安全後果及容錯能力，劃分人工智慧應用的類別和安全監管等級，並設置差異化的監管措施。同時，可以根據業務特徵創新監管模式，舉例來說，根據實際情況採取監管沙箱、應用試點、認證審核、報備匯報、認證認可、政策指南等多種不同的監管措施。在促進人工智慧產業安全可控和快速發展之間保持平衡，既要採取措施避免出現重大的安全事件，又不能因過度監管而限制產業發展。

2. 多元主體參與

人工智慧安全治理應由政府扮演主導角色，但考慮到人工智慧技術發展速度快和業務模式更新頻繁等特徵，在安全治理過程中不能忽視企業、行業組織等其他主體的作用，因為這些主體掌握著第一手資料和豐富的實踐經驗。以企業為例，當前人工智慧企業在資料和算力等方面佔有明顯優勢，並且其工作處於產業鏈前端，在解決安全事件方面累積了豐富的經驗。

因此，應建立由政府主導，行業組織、研究機構、企業及公民等多元主體共同參與的治理系統。政府應負責制定法規政策和執行核心行動，是法規和政策的最終決定者。同時，政府需要建立廣泛的合作機制，加強與行業組織、研究機構、企業和公民的溝通。政府需要及時吸收人工智慧產業創新成果和市場回饋，並將有效的引導措施、監管要求和審查標準反映在新的法規政策中，進而指導行業組織和企業進行自我監管。

此外，行業組織應制定行業標準和自律公約，一方面，引導企業的業務創新方向，另一方面，透過行業共識約束企業遵循社會公德和道德要求。研究機構應擔任第三方監督角色，對熱點應用和創新業務進行技術、法規和道德分析，以支援政府提高監管能力和辨識潛在風險的能力。企業則應主動建立內部監管機制，並向行業組織和政府提供人工智慧安全治理方面的最佳實踐。

建議「官產學研用」各主體基於開放原始碼共用平臺促成協作合作、加速應用創新。圍繞 AIGC 產業發展與治理需求，推動行業在算力、演算法技術、AI 專案化等方面的聯合研發，特別是聚力突破演算法的透明度、堅固性、偏見與歧視等問題，以消除行業發展的障礙。

3. 快速回應機制

　　政府在制定法律或發佈政策時，通常會在深思熟慮的基礎上採取包容的方式，但這也容易導致笨拙而緩慢的回應速度。而人工智慧技術具有顛覆性強、發展速度快和引領作用顯著等特徵，由此會帶來新技術應用的快速變化、高度複雜性和深刻變革性等問題。這使得政府原來按部就班的政策制定方法、過程和週期變得不再適用，導致治理效率低下，難以跟上技術創新的步伐。

　　在多元主體共同參與的基礎上，敏捷治理能夠根據內外部環境的動態變化和不確定性，快速辨識問題、總結需求，並透過積極採取小步快走和多次迭代的方式，實現對治理訴求的快速回應。針對技術發展快和日益複雜的人工智慧領域，敏捷治理要求建立動態調整機制。這需要及時追蹤技術和應用的發展勢態，儘早分析並辨識各種安全風險的嚴重程度，基於包容和可持續的理念，敏捷治理需要採取策略動態調整和快速回應的手段。